现代农业产业技术体系建设理论与实践

大麦青稞
体系分册

DAMAI QINGKE TIXI FENCE

张　京　李先德　主编

中国农业出版社

北　京

前　言

　　大麦青稞主要分布在我国高海拔和高纬度的高原高寒地区，大麦青稞产业是农业的重要组成部分，担负着为藏区居民提供主粮，为麦芽和啤酒工业提供原料，为畜牧和水产、水禽养殖提供饲料饲草的特殊功能。实现我国大麦青稞产业升级与可持续发展离不开产业技术创新，而稳定的科研人才队伍是大麦青稞产业技术创新的基础。20世纪中后期，由于国家和地方大幅减少大麦青稞科研投入，绝大多数地市级农科所和部分中央及省级农科院与高校，撤销了原有的大麦青稞研究室或课题组，大量相关科研人员纷纷转行，只有中央和个别省级农科院坚持从事大麦青稞遗传育种，但生产栽培和病虫害防治研究基本放弃，加工开发和产业经济研究更是完全停止。进入21世纪，为增强我国农业科技自主创新能力，农业农村部和财政部自2007年开始，联合组织实施了以农产品为单元，以产业为主线，从产地到餐桌、从生产到消费、从研发到市场的50个国家现代农业产业技术体系建设，国家大麦青稞产业技术体系是其中之一。正是得益于该体系的建设，逐步组织恢复并全新打造出了一支由中央和主产区省、地市各级农业科研单位和高校优秀科研人员组成的国家级大麦青稞产业技术研发队伍，涵盖了种质资源、遗传育种、土壤肥料、耕作栽培、植保、农业生态、农业机械、农产品加工和产业经济等学科，涉及大麦青稞产业的全链条、全过程。

　　国家大麦青稞产业技术体系建设实施10年来，紧跟大麦青稞产业日益变化的生产消费需求，大力开展协同攻关，培育多元加工专用品种，革新传统种植制度，研发籽粒和绿植体新产品及加工工艺，创新粮草双高农牧结合的生产技术和产业化生产模式，逐步突破品种、栽培、农机、加工等关键技术瓶颈，补齐优质加工专用品种缺乏、栽培技术不配套、机械化程度低、专用加工品质差、综合利用途径少等一系列制约产业发展的技术短板，改变了几千年来大麦青稞单纯作为粮食作物和以籽粒为主的生产消费传统，维护了藏区主粮安全，缓解了畜牧业春季青饲草料短缺，为大麦青稞单产提高、节本增效、农牧民增收脱贫等做出了重要的积极贡献。体系密切跟踪国内外大麦青稞生产、流通、贸易、加工和消费变化，分析种植要素投入、生产结构、成本收益、技术需求等，向中央和地方政府主管部门提交了数十份政策咨询建议。经过连续 10 年的规范化和制度化建设实践，逐步铸成了国家大麦青稞产业技术体系"脚踏实地立足三农，坚持产业技术需求导向，淡泊名利、求真务实、守岗尽责、诚信担当、合作共享、集成创新"的良好科研文化，锻炼和培养出了一批技术创新人才。

本书遵照农业农村部科技教育司的相关通知要求，由国家大麦青稞产业技术体系执行专家组组织体系岗位科学家、综合试验站站长和团队骨干成员，从体系的机构建设与运行管理、任务目标、产业技术集成创新、产业技术支撑、产业技术扶贫、主要技术成果、体系认识与工作感悟等方面，对体系工作进行认真梳理总结而成。真实反映了国家大麦青稞产业技术体系建设的成功经验和科研成绩以及科研人员的工作面貌与真情实感。由于时间仓促和水平所限，本书中的错误和不足在所难免，敬请读者批评指正。

编　者

2020 年 6 月 18 日

目　录

下编　体系认识与工作感悟

上 编
体系创新与技术推广

第一篇
国家大麦青稞产业技术体系
组织建设与工作任务

组织机构建设与运行管理

国家大麦青稞产业技术体系是农业农村部和财政部为提升我国农业科技自主创新能力，保障国家粮食安全、食品安全，实现农民增收和农业可持续发展，在不打破现有管理体制的基础上，按照主要优势农产品区域布局规划，依托具有创新优势的中央和地方科研力量与科技资源，于2008年在国家现代农业产业技术体系建设中，建立的50个产业技术体系之一。

一、组织结构与职能分工

国家大麦青稞产业技术体系由产业技术研发中心和地区综合试验站两个层级构成。

（一）国家大麦青稞产业技术研发中心

下设遗传改良、土肥与栽培、病虫草害防控、机械化生产、加工和产业经济6个功能研究室。建设依托单位是中国农业科学院作物科学研究所。

主要职能：开展大麦青稞产业技术发展需要的基础性研究、关键和共性技术攻关与集成、产业技术培训、产业信息收集分析与动态监测、产业政策研究与咨询服务、功能研究室和综合试验站运行等。

（二）地区综合试验站

现设23个地区综合试验站。分布于北京、黑龙江、内蒙古、安徽、江苏、浙江、上海、河南、湖北、四川、云南、甘肃、新疆、青海和西藏等15个省（自治区、直辖市），每个综合试验站带动5个技术示范县（场、厂）。

主要职能：开展大麦青稞产业技术创新集成的试验与示范、基层推广人员和科技示范户的技术培训、生产实际问题调查与技术需求信息收集、生物病害和气象灾害监测等。

二、岗位设置和科研团队

国家大麦青稞产业技术体系设有首席科学家1人。产业技术研发中心的每个功能研究室设置室主任 1 名，并根据学科研究发展和生产需要，各设置若干个岗位专家职位，每个岗位专家带领 3～5 人的技术研发创新团队。每个综合试验站设置 1 位站长，带领 3～5 人的技术试验示范团队，带动 5 个示范县（场、厂）。每个示范县（场、厂）配备 3 名技术示范骨干。首席科学家、岗位专家和综合试验站站长均由农业农村部聘任。

目前，国家大麦青稞产业技术体系现有首席科学家 1 人、岗位专家 21 人、综合试验站站长 23 人，技术研发团队人员 200 人。带动的示范县（场、厂）115 个（家），包括 98 个行政县区、7 家大型农垦农场和 10 家龙头加工企业，基层技术推广人员 328 人。

2008—2018 年，国家大麦青稞产业技术体系岗位聘用人员如下：

（一）首席科学家

张京（中国农业科学院作物科学研究所）

（二）岗位科学家

1. 遗传改良研究室

主任：杨建明（浙江省农业科学院）

种质资源收集与评价：张京（任期 2008—2015 年）、郭刚刚（2016 年接任）（中国农业科学院作物科学研究所）

育种技术与方法：黄剑华（任期 2008—2015 年）、陆瑞菊（2016 年接任）（上海市农业科学院）

春播啤酒大麦育种：李作安（黑龙江省农垦总局红兴隆农业科学研究所）

秋播啤酒大麦育种：曾亚文（云南省农业科学院）

饲料大麦育种：杨建明（浙江省农业科学院）

高原旱地青稞育种：迟德钊（青海省农林科学院）

高原灌溉青稞育种：尼玛扎西（西藏自治区农牧科学院）

种子扩繁与生产技术：潘永东（甘肃省农业科学院）

2. 土肥与栽培研究室

主任：张国平

栽培生理与调控：张国平（浙江大学）

生态环境与土壤管理：孙东发（任期 2008—2015 年）、任喜峰（2016 年接任）（华中农业大学）

水分生理与节水栽培：王化俊（甘肃农业大学）

养分管理：许如根（扬州大学）

耐旱耐盐栽培：张凤英（任期 2008—2017 年）、刘志萍（2018 年接任）（内蒙古自治区农牧科学院）

土壤和产地环境污染管控与修复：邱成（2019 年设岗聘任）（西藏自治区农牧科学院）

3. 病虫草害防控研究室

主任：高希武

病害防控：陈万权（任期 2008—2010 年）、徐世昌（任期 2011—2015 年）、蔺瑞明（2016 年接任）（中国农业科学院植物保护研究所）

虫害防控：高希武（中国农业大学）

4. 机械化生产研究室

主任：朱继平

机械化生产：朱继平（农业农村部南京机械化研究所）

5. 加工研究室

主任：朱睦元（任期 2011—2015 年）、佘永新（2016 年接任）

青稞加工：朱睦元（任期 2008—2015 年）、韩凝（2016 年接任）（浙江大学）

饲草及副产物综合利用：强小林（任期 2008—2017 年）、唐亚伟（2018 年接任）（西藏自治区农牧科学院）

质量安全与营养品质评价：佘永新（中国农业科学院农业质量标准与检测技术研究所）

6. 产业经济研究室

主任：李先德

产业经济：李先德（中国农业科学院农业经济与发展研究所）

（三）综合试验站站长

1. 北京麦芽试验站

建设依托单位：中国食品工业研究院　　站长：张五九

2. 巴彦淖尔综合试验站

建设依托单位：内蒙古自治区巴彦淖尔市农牧科学研究所　　站长：史有国

3. 海拉尔综合试验站

建设依托单位：内蒙古自治区海拉尔农垦集团　　站长：吴国志

4. 哈尔滨综合试验站

建设依托单位：黑龙江省农业科学院　站长：刁艳玲

5. 盐城综合试验站

建设依托单位：江苏省沿海地区农业科学研究所　站长：陈和

6. 合肥综合试验站

建设依托单位：安徽省农业科学院　站长：王瑞

7. 驻马店综合试验站

建设依托单位：河南省驻马店市农业科学研究所　站长：王树杰

8. 武汉综合试验站

建设依托单位：湖北省农业科学院　站长：李梅芳（任期 2008—2015 年）、董静（2016 年接任）

9. 成都综合试验站

建设依托单位：四川农业大学　站长：冯宗云

10. 甘孜综合试验站

建设依托单位：四川省甘孜藏族自治州农业科学研究所　站长：冯继林（任期 2008—2012 年）、杨开俊（2013 年接任）

11. 保山综合试验站

建设依托单位：云南省保山市农业科学研究所　站长：尹开庆（任期 2008—2015 年）、刘猛道（2016 年接任）

12. 大理综合试验站

建设依托单位：云南省大理白族自治州农业科学推广研究院　站长：李国强

13. 迪庆综合试验站

建设依托单位：云南省迪庆藏族自治州农业科学研究所　站长：闵康

14. 青稞加工试验站

建设依托单位：西藏自治区农牧科学院　站长：顿珠次仁（任期 2011—2015 年）、张文会（2016 年接任）

15. 拉萨综合试验站

建设依托单位：西藏自治区农牧科学院　站长：尼玛扎西（任期 2008—2010 年）、唐亚伟（任期 2011—2017 年）、扎西罗布（2018 年接任）

16. 日喀则综合试验站

建设依托单位：西藏自治区日喀则市农业科学研究所　站长：闫宝莹

17. 昌都综合试验站

建设依托单位：西藏自治区昌都市农业科学研究所　站长：耿继林（任期 2011—2012 年）、金剑波（任期 2013—2017 年）、叶正龙（2018 年接任）

18. 武威综合试验站

建设依托单位：甘肃省农业工程研究院　站长：何庆祥（任期 2011—2015 年）、张想平（2016 年接替）

19. 甘南综合试验站

建设依托单位：甘肃省甘南藏族自治州农业科学研究所　站长：刘梅金

20. 海西综合试验站

建设依托单位：青海省海西藏族自治州农业科学研究所　站长：任钢

21. 海北综合试验站

建设依托单位：青海省海北藏族自治州农业科学研究所　站长：安海梅

22. 石河子综合试验站

建设依托单位：石河子大学　站长：齐军仓

23. 奇台综合试验站

建设依托单位：新疆维吾尔自治区农业科学院　站长：李培玲

三、运行管理

国家大麦青稞产业技术体系建设每 5 年为一个执行周期，实行"开放、流动、协作、竞争"的运行机制。每个执行周期都通过投票选举，并报请农业农村部审批同意，建立体系执行专家组。目前，体系执行专家组组成人员为：

组长：张京

成员：杨建明、张国平、高希武、佘永新、朱继平、李先德、李作安、曾亚文、王化俊、迟德钊、王瑞、唐亚伟

执行专家组在农业农村部现代农业管理咨询委员会的领导和监督评估委员的监督下，具体负责本体系的日常管理，包括产业调查、产业中长期技术研发规划与分年度任务制定、体系阶段总体任务上报审批、任务落实与实施的监督、聘用人员考评等。

体系首席科学家及其所在的产业技术研发中心建设依托单位代表本体系，与农业农村部签订大麦青稞产业技术体系阶段总体任务委托书。通过区域和学科分解与岗、站协调，将体系总体任务书中的各项任务逐一落实到每个岗位专

家和综合试验站站长，并分别与其及所在建设依托单位一并签订任务协议。

为保证体系研发任务的顺利完成，大麦青稞产业技术体系建立了首席科学家和功能研究室主任，分别负责督导体系和研究室重点任务的实施与完成，产业基础数据库建设由专人负责，岗位专家和综合试验站长负责本团队研究任务的实施与完成等管理制度。为保证国家大麦青稞产业技术体系各项工作的规范化、科学化、民主化，提高工作绩效，根据农业农村部、财政部《现代农业产业技术体系建设实施方案（试行）》和财政部、农业农村部《现代农业产业技术体系建设专项资金管理试行办法》，制定了《国家大麦青稞产业技术体系工作细则》，对本体系的任务确定与执行、岗位职责管理、经费预算与使用、考评与奖惩、日志填报、工作总结与会议交流、技术培训、团队建设与人才培养、资源共享、重大产业事件上报、信息发布与保密、产业技术档案管理等各个方面做出具体明确的规定。建立了种质资源、育种技术、植保和产业经济等公共服务岗位，面向整个体系提供技术服务，以及东西部区域和岗、站对接等，工作协作共担、成果利益按贡献共享的长效合作机制。成立了产业预警与灾害应急专家小组，建立了覆盖全国大麦青稞主产省区的病虫和气象灾害以及产业生产要素监测与市场跟踪分析系统，实时监测产区气候、生产和市场异常变化。体系考核以解决实际产业技术问题和对产业发展贡献为目标，实行 2 年末位淘汰制，避免了"干好干坏一个样"的现象出现。树立了求真务实、科学民主、诚信守则、分工协作、精诚团结的科学理念，形成了良好的体系文化。

（首席科学家　张京）

产业技术工作任务

　　国家大麦青稞产业技术体系的总体任务是：围绕大麦青稞产业发展升级的技术需求，组织开展产业共性技术研究、集成和试验、示范；进行产业技术与经济信息收集、产业发展动态分析，开展产业技术发展规划与产业经济政策研究；进行产业技术培训与产业信息咨询服务。

　　国家大麦青稞产业技术体系自 2008 年建立以来，分别在每个 5 年周期开始的前一年，产业技术研发中心和首席科学家组织本体系人员，全面调查征集大麦青稞产业技术用户，包括中央和产区地方政府部门、技术推广部门、行业协会、学术团体、进出口商会、加工龙头企业、生产农场、农业生产合作社和种植大户等，提出需要解决的产业技术问题，经体系执行专家组认真讨论梳理，提出本体系未来 5 年产业技术研发和试验示范任务规划与年度计划，上报现代农业管理咨询委员会审议后，由农业农村部审批下达。

一、2008—2015 年重点研究任务

（一）任务一：青稞粮草双高增产技术集成与示范

1. 针对的产业问题

　　青稞作为青藏高原地区最重要的农作物，是藏民族的基本口粮和畜牧养殖的主要饲草。由于当地海拔高，气候复杂多样，自然条件差，农业基础设施薄弱，耕作粗放，机械化程度低，栽培技术落后，病虫草害防治意识淡薄等原因，青稞籽粒和干草产量低，稳产性差。

2. 核心技术与实施内容

　　（1）青稞粮草双高型优良品种选育。选育适合藏南河谷半干旱产区、青海中西盆台地灌溉产区、（青）海北—甘南草原旱地产区、川西藏东荒漠干旱产区种植的，生物量大、抗倒性强、耐寒性好、抗病性广、籽粒和干草产量双高的青稞品种。

　　（2）青稞粮草双高良种配套栽培技术研究。开展种子包衣、深耕保墒灭

草、机械精量播种、配方平衡施肥等单项技术研究，优化集成青稞粮草双高栽培模式，开展高产创建、生产示范和技术培训。

（3）青稞主要病虫害防控技术研究。评价现有防治青稞主要病虫草害方法的有效性和安全性，筛选安全、高效、低成本药剂，制定综合防控技术方案，编制技术明白纸，开展生产示范与技术培训。

（4）提高青稞抗旱性和耐寒性的关键栽培技术研究。针对限制西藏海拔4 100m以上、周边藏区 3 800m 以上的高寒干旱农区青稞高产的低温、干旱因素，研制提高青稞抗寒性和耐旱性的关键栽培技术，并进行生产示范。

（二）任务二：提升啤酒大麦品质的生产关键技术研究与示范

1. 针对的产业问题

我国啤酒大麦的生产质量较差，啤酒原料长期依赖国外进口。啤酒大麦生产主要以家庭为单位分散种植，规模小、成本高。栽培技术欠系统优化集成，耕作管理粗放、灌溉施肥不当，病虫草害防控效果差、污染重。国产啤酒大麦普遍存在蛋白质和β-葡聚糖含量过高、浸出率低、籽粒整粒度差、发芽不一致等质量问题。

2. 核心技术与实施内容

（1）优质高产多抗啤酒大麦品种选育。分别筛选与培育适合沿海滩涂和内陆盐碱地种植的耐盐型、适合邻牧区种植的粮草双高型、适合东中部农区间作套种和中晚稻茬免耕直播的矮秆早熟型等优质高产啤酒大麦品种。

（2）啤酒大麦优质高产配套栽培技术。开展啤酒大麦轮作套种、直播免耕、种子包衣、精量播种、配方平衡施肥、节水灌溉、化控防倒、病虫草害防治等单项栽培技术研究，优化集成啤酒大麦优质、高产配套栽培模式，开展超高产创建和生产示范、原料加工中试和技术培训。

（3）啤酒大麦优质高产病虫草害防控技术。对现有防治啤酒大麦主要病虫草害的方法进行有效性和安全性评估，筛选安全、简便、高效、低成本药剂，集成综合防控技术方案，编制技术明白纸，开展生产示范与技术培训。

（4）啤酒大麦优质高产机械化作业技术。针对提高啤酒大麦播种出苗率和整齐度、降低中耕除草和喷灌能源与资源损耗、减少收获脱粒的损失率和破碎率等，开展机械化作业技术研究。

（三）任务三：大麦青稞育种新技术研发与种质评价创新

1. 针对的产业问题

大麦青稞在我国用途多、分布广。育种工作面临着复杂多变的生态气候条件，以及目标不一和品质指标多样的特殊要求。大麦青稞的品质性状涉及营养、适口性以及与食品生产、饲料生产、麦芽加工和啤酒酿造等众多的理化指标，遗传复杂、环境影响大，测试鉴定成本高、效率低。提高表型鉴定的精准度，将分子标记辅助选择、细胞工程单倍体加倍快速纯化等技术与常规杂交育种相结合，实现大麦青稞多目标性状基因的高效聚合，提高育种和种质创新水平和效率。

2. 核心技术与实施内容

（1）分子标记辅助选择技术。对控制大麦青稞的麦芽浸出率、糖化力、籽粒蛋白质含量、淀粉酶活性、赤霉病抗性、氮高效利用、耐盐和耐酸等重要育种目标性状，进行精准表型鉴定、分子标记开发与高通量分子标记筛选、QTL 精细定位、近等基因系培育、基因克隆测序、生物信息学分析与候选基因的功能验证等。

（2）单倍体快速育种技术。研究克服杂交组合亲本基因型的影响，提高花药小孢子培养的出愈率和出苗率，完善单倍体细胞水平的耐低氮、抗盐碱等胁迫筛选技术。

（3）重要性状鉴定筛选技术。改进大麦青稞早代育种材料的营养和麦芽加工品质的快速检测、赤霉病等抗病鉴定以及耐盐、耐酸、抗旱和抗寒性等鉴定技术。

（4）优异种质鉴定与创新。开展大麦青稞种质资源的收集与鉴定评价，筛选和创制超高产、专用品质优良、强抗生物与非生物逆境胁迫的特异种质。

（四）任务四：大麦青稞主要病虫草害灾变特点与防控技术研究

1. 针对的产业问题

我国大麦分布地域广，生物灾害种类多。省级植保系统几乎不考虑大麦病虫草害的防控工作，对大麦特别是西藏青稞主要病虫草害的种类分布，至今没有基本的认识：①对大麦青稞病虫草害的种类不能准确地诊断和识别；②对病虫草害的灾变特点、发生规律不清楚；③对防控大麦青稞病虫草害的主要药剂的安全性认识不足，缺乏药剂防治的替代技术；④各种病虫草害防治指标和防治方法缺乏必要的规范化研究。

2. 核心技术与实施内容

（1）青藏高原青稞主要病虫草害调查与诊断技术。针对青藏高原的气候特点，重点调查青稞地上病虫害的种类、危害现状。

（2）主要病虫抗药性风险评估。针对每年大麦蚜虫防治完全依赖农药的现状，对主要药剂品种的抗药性风险进行评估，筛选出抗性治理的替代药剂。

（3）主要病虫草害农药使用规范。针对大麦田麦蚜、野燕麦等有害生物，开展大麦常用农药的使用技术、田间消解动态、主要药剂环境风险和抗性风险评估，针对大麦青稞上主要病虫草害防控药剂的特点，结合防治靶标的特性，制定大麦青稞主要农药使用技术规范。

（4）抗病虫鉴定技术。从分子、蛋白质、个体、群体水平上，研究大麦青稞的抗病虫鉴定评价方法，为种质资源和育种后代的抗源筛选与抗性鉴定，制定标准化技术规范。

（5）综合防治技术体系构建。研究大麦青稞主要病虫害的生物学特性和危害特征，制定防治指标，组建大麦青稞病虫草害预警和综合防治技术体系。

（五）任务五：大麦青稞抗逆生理与轻简栽培技术研究

1. 针对的产业问题

大麦青稞主要在盐碱滩涂和高原坡地种植，比其他作物更需要保证稳产、丰产的抗逆栽培技术。过去由于科研投入不足，队伍不稳，仪器、设备缺乏，对于各种不良土壤因素如盐碱、酸铝、水渍，以及异常气象条件如干旱、低温冷害和高温逼熟等非生物胁迫，影响大麦青稞生长发育及产量和品质形成的机理，缺乏全面、深入、系统的研究和了解，抗逆栽培技术研究几乎无人问津。

2. 核心技术与实施内容

（1）抗低温和抗倒伏关键栽培技术。研究大麦青稞产区低温危害和倒伏发生规律和品种间的差异，明确主要栽培技术因子的减灾效应，确定减灾防灾关键栽培技术措施。

（2）节水抗旱关键栽培技术。明确大麦青稞生产品种的抗旱遗传特性及水分胁迫造成产量损失的机理，研究主要栽培技术因子在节水和提高抗旱能力上的作用，制定大麦青稞节水、抗旱丰产优质栽培综合配套技术。

（3）抗盐丰产优质栽培技术。研究不同盐分胁迫对啤酒大麦产量和品质形成的影响，明确啤酒大麦耐盐机理和主要农艺因子对缓解盐分胁迫的效应，制定盐土环境下啤酒大麦丰产、优质的关键栽培技术。

（4）轻简栽培技术。研究免耕直播、稻田套播、机耕机播等轻简栽培方式对大麦产量和品质的影响，制定适合不同生态区和种植制度的高效轻简栽培模式。

（六）任务六：大麦青稞大众化食品与高值产品的加工技术研发

1. 针对的产业问题

青稞属裸大麦，是青藏高原地区的特色粮食作物和藏民族的主要食粮。青稞含有较高的功能活性成分，能够防止皮肤氧化损伤和血管硬化，显著降低人体总胆固醇和血脂，极具开发价值和良好的市场前景。

2. 核心技术与实施内容

（1）大众化食品加工生产技术。开展青稞米、青稞麦片、青稞面条、青稞糕点等大众化食品的生产技术研发与优化，制定生产技术标准。

（2）发酵食品加工生产技术。筛选适合大麦青稞发酵的微生物菌株，优化发酵条件和工艺，开展"藏稞红"等大麦青稞发酵食品及其加工技术研发，制定大麦青稞发酵食品生产技术规程。

（3）功效成分检测技术。优化改进大麦青稞母育酚、β-葡聚糖、γ-氨基丁酸（GABA）、黄酮等功效成分及其组成的测定程序，建立高效快速轻简检测技术。

（4）功效成分代谢机理及分离技术。研究大麦青稞母育酚、β-葡聚糖等功效成分的形成机理，建立分离提取和纯化技术。

（七）任务七：大麦青稞产业技术经济跟踪分析和政策研究

1. 针对的产业问题

随着农村土地流转和劳动力的转移，大麦青稞的规模化生产加快，劳动力成本增加，品种和技术的产业贡献更加突出，国内外市场联动趋势增强，价格不确定因素增多，产业链各主体对科学、合理的政策需求强烈，政府管理与调控难度加大，影响了大麦青稞产业的持续稳定发展。为应对这些复杂变化，需要加强对大麦青稞生产要素、市场供需形势、价格波动情况的跟踪监测、调查、分析与研究，构建产业政策预测预警模型，根据实地调查和监测数据信息进行预测预警，及时为产业主管部门提供及时、准确、客观的产业信息与决策咨询意见。

2. 核心技术与实施内容

（1）生产要素变化监测评估。在 100 个示范县培训信息调查员，运用问卷调查和固定观察等方法定期开展大麦青稞生产要素变化调查监测，构建生产要素监测调查系统。

（2）市场形势跟踪分析。跟踪大麦青稞生产、加工、消费、贸易和库存数据与信息，运用一般均衡分析方法开展分析，定期形成大麦青稞供需平衡表，分析市场价格发展趋势。

（3）产业政策预警、预测模型构建。在构建产业经济数据库和开展生产要素监测、市场跟踪监测的基础上，运用经济建模方法、计量经济学理论、统计学理论，构建大麦青稞产业政策预测模型和预警指标体系。

（4）产业发展政策研究。跟踪国内外大麦青稞产业政策动态，根据产业发展的形势变化和阶段性特征提出政策建议，并就政策的目标、手段、任务与实施方案进行研究设计。

二、2016—2020 年重点研究任务

（一）任务一：大麦青稞提质增效生产及加工技术创新与产业化示范

1. 针对的产业问题

随着生活水平的提高，居民对肉、蛋、奶等动物性食品消费不断增加，农业生产结构正沿着"种养一体化"的方向发生根本性调整。2013—2015 年我国的大麦青稞消费从 818 万 t 增至 1 604 万 t，国外进口量从 234 万 t 增至 1 074 万 t。饲料大麦从 2013 年的零进口，猛增到 2015 年的 796 万 t。然而，国产大麦青稞由于生产成本高、价格高于国际市场、种植分散和运输困难等原因，反而出现了销售难的问题。同时南方地区还存在上亿亩*的冬闲田。因此，降低国内大麦青稞生产成本，提高生产效率，缩小与国外的价格差距，增强产品性价比与市场竞争力，加强新型食品和饲料产品开发，满足社会日益增长的食物和饲料多样化与营养健康的多元化消费需求，加快产业链向中高端延伸，是大麦青稞产业迫切需要解决的重大问题。

2. 核心技术与实施内容

（1）多元个性化育种。根据各产区生态禀赋、生产特点、企业多元产品加工和原料专业生产定制需求，选育啤用、食用（青稞）、饲用（饲料和饲草）和健康食品加工等，各类特色专用的"粮草双高、优质卫生、资源高效"大麦

---

* 亩为非法定计量单位，1 亩＝1/15hm²。

青稞新品种。

（2）提质降本生产技术研发与集成。以减少化肥和农药用量、节约灌溉用水等降本减污提质增效为目标，通过革新种植方式与养分调施精准化、病虫草害防控一体化、栽培方法轻简化、农艺操作机械化等研究，优化集成啤用、食用（青稞）、饲料和饲草大麦"卫生安全、资源高效、环境友好"的优质高效生产技术；创新秋播大麦青稞"冬放牧、春青刈、夏收粮"种养结合的生产方式和春播与豆类及豆科牧草混种等种植模式；制定生产技术规程、规范和标准，开展生产示范和技术培训。

（3）多元产品开发与加工示范。优化提升青稞主粮食品和发酵饮品加工技术；创新主粮复配和绿苗制品等健康营养食品、配方饲料、青饲麦芽、绿植饲料、发酵饲料和秸秆饲料及其加工技术；开展国家区试品种的啤酒和白酒酿造性能评价；进行研发产品的企业中试和试产。

（4）产业化模式创建与示范。以创制的新品种、新技术和新产品为支撑，联合区域啤酒、麦芽、食品、饲料和饲草加工及畜牧、水产养殖等龙头企业，帮助组建农民生产合作社，结合技术示范建设专用加工原料生产基地，通过订单生产销售，进行专业化生产和规模化经营，创建"市场牵龙头，龙头带基地，基地连农户"的产业化模式，并开展生产示范。

（二）任务二：大麦青稞个性化育种技术研发与种质创制

1. 针对的产业问题

根据满足市场多元消费与个性化育种和应对环境气候变化等潜在育种需要，开展种质评价与育种材料创制，进行重要育种目标性状基因与优异单倍型发掘，进一步创新高效育种技术，做好育种材料和技术储备，是育种研究室重要的前瞻性研究任务。

2. 核心技术与实施内容

（1）分子定向育种技术。应用遗传学、基因组学、分子生物学方法，开展大麦青稞个性化育种目标性状（包括适于多元化利用的不同品质性状、营养功能成分、抗病和抗逆性状、产量构成性状和农艺性状）基因定位、克隆、功能解析，发掘重要育种目标性状的优异基因，创制分子标记包，并与体系已成熟的小孢子培养和夏繁冬播、冬繁春播及穿梭育种技术相结合，建立大麦青稞个性化目标性状的分子定向育种技术，提高育种效率。

（2）种质资源高效利用技术。根据育种目标性状开展大麦青稞核心资源表型和基因型精准鉴定，将符合个性化育种目标的优异种质分工配制杂交组合与集中穿梭鉴定选择相结合，进行特异种质创制与阶梯改良应用，促进种质资源的高效利用。重点创制耐旱、耐盐、耐重金属污染、抗条纹病、抗白粉病、抗赤霉病、抗根腐病、高麦芽浸出率、高蛋白质含量、高淀粉含量、高营养成分等育种材料。

（3）新品种营养功能成分评价。在国家大麦青稞品种区试基础上，对不同区试点品种的籽粒、秸秆或嫩草进行营养功能成分检测，揭示大麦青稞不同营养功能成分的基因型及生态差异，发掘特高营养功能成分的专用品种。

（三）任务三：大麦青稞病虫草害生态区差异性综合防控技术构建

1. 针对的产业问题

我国大麦青稞生产地域分布广，跨越多个生态区。不同生态区的病虫草害及其优势种群、天敌种类和生物多样性等差异较大，致使同一防控技术不能在其他生态区应用。大麦青稞登记的农药品种较少，妨碍了化学防治向高效、低风险的发展与改进。目前，大麦青稞田还没有成熟的替代化学防治的物理或生物防治技术。

2. 核心技术与实施内容

（1）主要病虫害的物理与生物防治技术。开展利用黄、蓝色板和诱虫灯等物理方法控制大麦青稞蚜虫、吸浆虫等害虫研究；评价蚜茧蜂、瓢虫、蜘蛛等天敌对大麦青稞害虫的控制效果及利用途径。

（2）高效低风险药剂与隐蔽施药及天敌保护利用技术。通过生物测定、协同增效测定、田间药效评价等，筛选高效低风险药剂，制定大麦青稞田间病害防治的关键配套施用方法，研发协同增效的低风险拌种和种子包衣等隐蔽施药技术。

（3）种质资源和育成品种的抗病虫鉴定与利用评价。对大麦青稞种质资源、生产主栽品种和新育成的品种、品系，开展多年多地的多病虫联合抗性鉴定，为育种筛选新抗源，为生产评价新品种。

（4）典型病虫的抗药性监测、抗药性基因检测与抗药性治理技术。对大麦青稞旗叶和穗部上的两种麦蚜实施田间抗药性监测，研发基于钠离子通道、乙酰胆碱受体和乙酰胆碱酯酶等分子靶标基因的点突变，以及细胞色素 P450、羧酸酯酶和谷胱甘肽转移酶基因表达量的抗药性基因检测技术；发展抗药性基因早期快速检测技术，并实施早期抗药性治理技术。

（四）任务四：大麦青稞优质高产形成机理与调控技术

1. 针对的产业问题

目前，不同用途国产大麦青稞的品质状况整体欠佳，市场竞争力弱，销路不畅，严重影响农民的生产积极性。同时，大麦青稞种植范围广，且大多种植区生态条件差，土壤与气象逆境胁迫严重，产量不高、品质不稳，因此，增强抗逆性、提高产量与品质是增加大麦青稞生产效益的重要技术需求。

2. 核心技术与实施内容

（1）主要专用品质性状的品种及环境效应与调控技术。研究环境因子对主要品质性状的影响，明确主要品质性状基因型与环境差异的分子生物学基础；研究主要栽培技术对不同类型大麦青稞品种品质形成的影响，明确影响优质生产的关键栽培技术。

（2）超高产形成的生物学机制与调控技术。以各麦区高产、超高产攻关田为对象，系统观察与测定群体结构、冠层结构、养分代谢、物质积累与分配、产量结构等性状，分析以上表型参数与产量及主要气象和土壤理化因子的关系，解析高产形成特征及其关键环境与栽培因子，创新大麦青稞超高产理论与技术。

（3）气候变化对产量和品质的影响与调控技术。面对全球气候变化，研究二氧化碳与温度升高对大麦青稞产量和主要品质性状的影响，明确产量与品质性状响应的生理与分子机制，探索调控相关的关键栽培技术。

（4）主要品质和产量性状的逆境胁迫响应与调控技术。重点研究干旱、酸（铝）毒、盐害和重金属污染对大麦青稞主要品质和产量性状的影响，明确大麦青稞对逆境胁迫的生理与分子响应及耐性形成机理；研究关键栽培技术对调控大麦青稞品质与稳定产量的作用。

（五）任务五：大麦青稞机械化高效生产技术及装备集成创制

1. 针对的产业问题

大麦青稞在我国种植范围广，地理环境和生产条件多样。研究区域种植机械化生产模式，探索机械化发展途径，补强产业发展短板，提高区域机械化生产水平是"十三五"时期研究重点。重点围绕"双减"、节水等目标，根据丘陵山区、高寒藏区等产业发展的需要，集成创制高效精准、轻简化的耕、种、管、收等技术和装备，筛选土壤机械化保育技术，提升土壤肥力，为农业增产和农民增收、促进产业的可持续发展提供技术和装备支撑。

2. 核心技术与实施内容

（1）生产全程机械化技术集成与应用。研究西南丘陵山区、高寒藏区等区域影响大麦青稞生产机械化发展的因素，以高效、轻便、适用为研究目标，分析影响全程机械化的环境条件、土壤耕整方式、种植制度和技术经济条件等，研究区域生产机械化的发展模式，研究制定区域全程机械化机具配置技术方案、机械化作业的技术规范，开展机械化生产技术示范和机具技术培训。

（2）区域高效机械化生产关键技术。按照丘陵山区、高寒藏区等区域大麦青稞生产机械化发展需要，集成创制高效耕整、化肥分层定量深施、精准施药、节水灌溉、高效低损收获等技术装备，推动高效、轻简化种植技术应用示范。

（3）特色种植和机械化生产技术。围绕干旱、半干旱等区域特色种植模式的机械化发展需要，集成筛选适用的耕整、播种、灌溉等技术装备，提升区域产业机械化水平。针对大麦青稞青贮饲料化利用发展需要，集成创制高效、轻简化的收获、打捆等技术装备，促进产业拓展延伸，提高产业的市场竞争力。

（六）任务六：大麦青稞营养功能评价安全检测和代谢机理研究

1. 针对的产业问题

针对食品安全社会热点，提高大麦青稞原料及其加工食品和饲料产品的安全性，保障大麦青稞粮食安全。拓展大麦青稞籽粒、幼苗、秸秆、绿植等饲料开发范围，增加大麦青稞加工饲料产品的技术深度，提高动物利用转化效率，扩大饲料生产利用比重，促进畜牧业发展。加快大麦青稞食品研发，增强加工食品营养功效，提高大麦青稞在主粮食品加工中的添加比例，扩大食用消费，促进农民增收和社会健康水平提升。

2. 核心技术与实施内容

（1）原料及其加工产品特异成分营养功效安全检测技术。通过细胞学、免疫学、分子生物学等方法，研究大麦青稞原料及其加工产品特殊营养和功效因子对动物和人细胞系的生长影响和功能效应，建立大麦青稞及其加工产品安全毒理检测以及特殊营养成分的功效活性分析技术。

（2）加工食用和饲用产品的健康和营养功能评价与代谢机理研究。采用生化分析技术、发酵技术和检测技术，研究不同生长发育阶段收获取材的大麦青稞籽粒、幼苗、秸秆等，基于食用健康和饲用营养的各种功效成分含量及其组分变化规律，并对其作出评价；研究不同加工技术对于大麦青稞食品和饲料产品的营养功效成分含量及其组成的影响；探索研究大麦青稞发育和微生物发酵过程中，营养功效成分的合成和降解代谢机制以及动物消化利用转化代谢机理。

（3）储藏和加工产品中营养功效成分变化规律和有害物形成与毒理学分析。研究不同储藏条件和技术对食用和饲用大麦青稞原料营养功效品质性状的影响，研究不同加工方法和工艺对加工产品的有害物形成的影响及其规律和毒理学效应。

（4）食品和饲料加工原料生产的基础种质鉴定筛选。根据食品和饲料的不同功能要求，保证产品质量，对大麦青稞食品和饲料加工原料生产的基础种质进行鉴定和筛选。

（七）任务七：大麦青稞产业链跟踪监测与技术经济效益评价

1. 针对的产业问题

我国大麦青稞主要分布在较为落后的农牧结合区和少数民族边疆地区。提高大麦青稞的生产水平，加快产业化发展，是促进产区农民脱贫致富的重要途径。近年来，我国大麦青稞产业受到了国际市场的低价冲击，农业生产成本快速上升。迫切需要及时跟踪分析大麦青稞产业形势，评估产业关键技术效益，研究提出政策支持措施，发挥大麦青稞在啤酒酿造、牲畜养殖、藏区人民主食、贫困地区生计等方面的重要作用，促进产业可持续发展。

2. 核心技术与实施内容

（1）生产要素与市场形势监测预警。开展大麦青稞年度生产调查，收集大麦青稞种植者基本情况、种植结构、种植规模、成本收益、技术需求等信息；跟踪大麦青稞生产、加工、消费、贸易、库存等方面情况，定期形成大麦青稞供需平衡表，监测并对市场运行情况进行预警分析，研究提出对策建议。

（2）国内外大麦青稞产业竞争力评估。跟踪国内外大麦青稞产业动态，比较主要大麦青稞生产国的生产成本与市场价格，采用统计学方法与计量经济模型，探究国内外大麦青稞价格差距的演变规律及其成因机制。基于多利益主体调研与统计学分析，评估国内大麦青稞产业的竞争力，研究提出国内大麦青稞生产效率的改进方向与提升途径。

（3）全产业链发展与种植户生计提升。评估大麦青稞产业价值延伸与全产业链发展情况，根据产业发展形势与变化特征，提出全产业链发展的有效途径。采用可持续生计分析框架，评估大麦青稞种植户生计资本与生计策略，分析农户技术选择意愿及其影响因素，研究通过大麦青稞产业发展带动种植户脱贫增收的政策措施。

三、产业基础数据平台建设

（1）大麦青稞产业技术国内外研究进展数据库。

（2）大麦青稞产业全国省以上立项的科技项目数据库。

（3）大麦青稞产业全国从事研发的人员数据库。

（4）大麦青稞产业主要仪器设备数据库（仅限于本体系人员所在的单位）。

（5）其他主产国产业技术研发机构数据库（国外相关研究单位的概况）。

（6）大麦青稞优异种质资源数据库。

（7）大麦青稞品种数据库。

（8）大麦青稞种子企业数据库。

（9）大麦青稞病虫草害数据库。

（10）大麦青稞产业技术示范县土壤肥力数据库。

（11）大麦青稞产业技术示范县栽培模式数据库。

（12）大麦青稞加工企业数据库。

（13）国内外大麦青稞主要生产品种 DNA 指纹数据库。

（14）国内大麦青稞生产情况、国外进口、市场销售、利用消费数据库。

（15）国外大麦生产、进（出）口、市场价格、利用消费数据库。

（16）产业生产气象和生物灾害预警与应急应对系统。

（17）大麦青稞病虫草害防控信息网。

（18）大麦新品种和生产技术信息网。

四、应急性技术服务

（1）监测本产业生产和市场的异常变化，及时向农业农村部上报情况。

（2）发生突发性事件及农业重大灾害，及时制订分区域的应急预案与技术指导方案。

（3）组织开展应急性技术指导和培训工作。

（4）完成农业农村部各相关司局临时交办的任务。

（首席科学家　张京）

第二篇

大麦青稞产业技术集成创新

遗传育种技术与新品种选育

育种是一个不断创新的过程,包括育种技术、遗传资源和品种的不断创新。育种过程包含三个主要步骤:一是通过各种途径创造变异;二是按育种目标选择变异;三是使有益变异迅速稳定并将其发展成为新品种。根据这三个阶段应用的技术不同,大麦青稞育种通常分为杂交育种、诱变育种、加倍单倍体育种、分子标记辅助育种和转基因育种。我国大麦青稞主要种植在高寒、贫瘠、盐碱、干旱等气候严峻地区和农牧交替地区,同时大麦青稞用途极其广泛,需要多种多样的大麦青稞品种类型,再加上原先基础和底子薄弱,导致品种选育创新难度较大。国家大麦青稞产业技术体系建立以来,以推动我国大麦青稞产业发展和提升农民效益为宗旨,紧密围绕我国大麦青稞生产实际和国际发展趋势,针对不同生态条件、耕作制度和用途需求,开展大麦青稞重要育种目标性状遗传规律解析、分子基因挖掘和育种技术创新等前瞻性研究,进行优质、高产、抗病、抗逆的啤用、饲用、食用和加工用等专用大麦青稞新品种选育,取得了一系列重大育种技术和品种创新成果,为大麦青稞产业的发展提供了源头保障。

一、种质资源评价与创新

我国大麦青稞遗传资源十分丰富,国家库保存有大麦青稞遗传资源近2万份,保存量居世界第三位,但以往对资源的挖掘利用和创新明显不够。国家大麦青稞产业技术体系针对我国大麦青稞育种的需要,重点对肥水高效利用的资源、抗环境和土壤灾害的资源、抗病虫害的资源、高营养成分和优质的资源进行了逐级鉴定、利用与创新。

"十二五"任务期间,国家大麦青稞产业技术体系新收集国内外种质资源3 048份,鉴定编目2 743份,交存国家长期库2 691份、国家中期库3 805份。完成9 949份种质资源的育种利用鉴定,筛选出各类优异种质494份,创制氮磷高效等育种材料174份,社会分发共享利用3 654份次。创制的大穗超高产种质小穗粒数 5～10 粒，穗粒数 150～200 粒，千粒重 30g 以上，单穗粒重超过 5g，突破了大麦三联小穗最多只结 3 粒种子的自然常规，打破了大、小麦的植物学分类界限。筛选出脂肪氧化酶缺失（LOX‑1）自然突变体，打破了国外大公司垄断。"十三五"时期以来通过与美国、德国、哈萨克斯坦、以色列、叙利亚国际干旱中心等进行国际合作，收集栽培大麦青稞和以色列野生大麦种质 935 份，进行基本编目性状和各类育种目标性状的多点田间精细鉴定评价。筛选和创制出优质、抗病、抗逆、养分高效、早熟等各类优异种质 1 263 份，社会分发利用 1 128 份次。这些遗传资源的收集、鉴定、创新和有效利用，为大麦青稞育种奠定了遗传变异基础，显著提升了育种效率和品种水平。

二、育种技术研究与创新

国家大麦青稞产业技术体系组织协同创新育种，深入开展大麦青稞遗传育种的前瞻性研究，提供可持续发展的育种技术支撑。利用现代分子生物学技术，研究大麦青稞重要品质、抗病、抗逆和产量性状的基因调控机理和快速鉴定筛选技术，许多育种目标性状的调控基因被精细定位和克隆，运用分子育种技术结合细胞工程快速育种技术改良常规杂交育种效率，实现多种重要农艺性状的多基因高效聚合。

精细定位了籽粒颜色、白颖壳、穗型等基因，发现早熟、条纹和赤霉病抗性、麦芽浸出率、糖化力、蛋白质、淀粉和 γ‑氨基丁酸（GABA）含量等主效 QTL。确定多节矮秆茎分枝、耐旱性和啤酒混浊蛋白等性状的候选基因。发现 4 个 α‑淀粉酶活性增效位点，开发出 SSR 分子标记。在大麦青稞的 2H、4H 和 7H 上，分别发现 4 个早熟相关 QTL 位点。定位到 17 个与大麦青稞籽粒 8 种矿物元素相关联和 7 个与苗粉 6 种矿物元素相关联的 QTL 位点。建立春化（$HvVRN1$）基因的分子标记，完成中国大麦春化基因的单倍型分析，发现中国特有的春性单倍型 V1‑10。在中国大麦中，发现春化基因 $HvVRN3$ 存在 67 个，光周期基因 $PPD‑H1$ 具有 44 个，$PPD‑H2$ 存在 13 个等位变异位点，明确了各种单倍型在不同生态区和不同种质类型中的分布规律。发现大麦青稞从二棱进化为六棱，绝大部分主要是由于 $Vrs1$ 基因单碱基缺失导致的功能失活，个别为单碱基转换单核苷酸多态性（SNP）（$C907G$）变异引起。将穗突变基因 $prbs$ 定位在 3H 上，图位克隆和测序显示，突变体的穗分枝表型是由于 $VRS4$ 基因的缺失导致。通过耐旱和不耐旱材料的根毛长度测定和差异表达基因的转录组测序分析，鉴定出耐旱相关候选基因 *XTH*。

克隆出大麦矮秆（*sdw1*/*denso*）基因并建立了用于育种的分子检测标记，发现 *denso* 基因用于啤用品种，*sdw1* 基因用于饲用品种。克隆分离出控制大麦青稞棱型的主要基因 *Vrs1* 和 *Int-C*、皮裸基因 *Nud*、脆穗基因 *Btr1* 和 *Btr2*。发现导致 LOX-1 酶活性缺失的碱基突变位点，开发出 SNP 标记并开始用于育种辅助选择。采用 cDNA 末端快速扩增技术（RACE）方法，从西藏野生大麦 XZ16 中同源克隆出耐铝（酸）候选基因 *HvACO5a* 和 *HvEXPA*，从 XZ5 中克隆 *HvXTH* 基因。利用基因芯片技术，通过比较不同大麦青稞基因型在镉胁迫条件下的基因表达差异，鉴定分离出 4 个籽粒低镉积累基因：*HvZIP3*、*ZIP5*、*ZIP7* 和 *HvZIP8*。利用 Gateway 克隆技术构建 4 个基因的沉默表达载体（RNAi 载体），建立了农杆菌介导转基因株系。同源克隆出与大麦体细胞胚胎发生有关的 3 条 SERK 基因家族序列。克隆出蛋白 LEC 基因 *HvLEC1* 和质膜转运蛋白基因 *HvHKT*。

发现大麦青稞单倍体细胞与植株水平的胁迫反应存在显著相关性，开发出耐低氮小孢子筛选技术。优化了大麦青稞小孢子培养技术，建立了基于气孔保卫细胞长度差异的大麦青稞小孢子再生植株倍性早期快速鉴定技术。发明了基于 SNP 分子标记的麦芽纯度快速检测技术，并用于企业技术培训和技术服务。

在育种实践中，国家大麦青稞产业技术体系采用杂交技术中效率较好的阶梯杂交、诱变技术中有益变异较高的空间诱变、细胞工程技术中大麦青稞体系具有技术优势的小孢子培养加倍单倍体育种，有效扩大变异群体和变异频率，提高育种效率。在此过程中尝试合理应用分子标记育种和转基因育种技术，将有益变异克隆到特定背景的优良材料中，克服常规育种的盲目性，增强育种的目的性，在更大程度上定向地改良大麦青稞育种目标性状，从而建立起由个体、细胞和分子组成的综合育种体系。

三、新品种选育与试种示范

国家大麦青稞产业技术体系成立以来，随着育种技术的提高和穿梭育种的广泛应用，根据"粮草双高、优质卫生、资源高效、特色专用"的大麦青稞育种目标，选育出的品种水平不断提高，产量、品质和抗性迅速提升，各项指标已能满足生产和企业加工的不同需求，各地涌现出的一批优良品种在生产上发挥了重要作用。逐步形成了甘啤系、垦啤麦系、苏啤系、扬农啤系、云啤系等啤酒大麦品种品牌，驻大麦系、浙皮系、保大麦系、华大麦系、鄂大麦系等饲料大麦品种品牌，昆仑系、康青系、藏青系、北青系等青稞品种品牌。

啤酒大麦因其特殊的籽粒和麦芽品质要求，需要较高的麦芽浸出率和糖化力、适中的蛋白质含量、较高的发芽率和籽粒饱满度。针对啤酒大麦产区的不同生态特点和生产需求，以改进品质、提高抗性为育种目标，采取多种杂交组合方式，综合运用单倍体加倍、分子标记辅助选择、异地加代、抗病性与抗逆性鉴定、品质分析与小型加工等技术手段，育成分别适合沿海滩涂和内陆盐碱地种植的耐盐型、邻牧区种植的粮草双高型、适合东中部农区间作套种和中晚稻茬免耕直播种植的矮秆早熟型等各类啤酒大麦新品种。国家大麦青稞产业技术体系成立 10 年来，已经选育并通过省级以上审（认、鉴）定和登记的啤酒大麦新品种 64 个，其中苏啤 4 号和 6 号、甘啤 6 号、垦啤 6 号、甘垦啤 7 号、云啤 2 号、浙啤 33、扬农啤 9 号、凤大麦 7 号、垦啤麦 10 号、蒙啤麦 4 号等啤酒大麦新品种已在甘肃、江苏、云南、内蒙古等冬春啤酒大麦产区大面积推广种植，作为进口啤酒大麦原料的有力补充。64 个啤酒大麦新品种已经累计推广种植 3 930 万亩。

饲料大麦又分籽粒应用饲料大麦、籽粒和秸秆并用饲料大麦、青饲料和青贮饲料大麦，总体要求籽粒与生物学产量、抗病性、蛋白质与可消化纤维含量均达到较高水平。国家大麦青稞产业技术体系已经培育出许多产量高、抗病抗逆性强、养分利用效率高的饲料和饲草大麦青稞新品种，满足了我国大麦青稞饲料生产的品种需求。特别是育成了如红 09 - 866 等生长速度快、耐刈割、再生性好、植株繁茂、抗病性好、抗倒伏性强、株高 1.4～1.5m、单季每亩鲜草产量 4～5t 的大麦青稞专用饲草品种，填补了我国大麦青稞专用饲草品种选育的空白，补齐了大麦青稞春季青饲生产缺乏专用品种的短板，为发挥大麦青稞在粮改饲和种植业结构调整中的优势作用提供了主导品种。国家大麦青稞产业技术体系成立 10 年来，共选育通过省级以上审（认、鉴）定和登记的饲料大麦新品种 49 个，其中保大麦 8 号、华大麦 9 号、鄂大麦 507、云饲麦 3 号、驻大麦 7 号、浙皮 10 号等饲料大麦新品种已在云南、湖北、河南、安徽、浙江等地大面积推广种植，促进了当地畜牧饲料业的发展。49 个饲料大麦新品种已经累计推广种植 2 120 万亩。

针对青藏高原不同生态区的青稞生产需求，以粮草双高为育种目标，采取多种杂交组合方式，结合青稞常规育种，创新性进行了青稞小孢子培养单倍体育种。生物量大、抗倒性强、耐寒性好、抗病性广、籽粒和干草产量双高的青稞优良品种日益增多。国家大麦青稞产业技术体系成立 10 年来，已经选育出 18 个青稞新品种并通过省级以上审定和登记。藏青 2000、康青 8 号、昆仑 15 号、北青 9 号等青稞新品种，已在西藏、青海、四川等高原地区大面积推广种植，满足了藏民和食品加工业对优质青稞的需求。18 个青稞新品种已经累计推广种植 870 万亩。

国家大麦青稞产业技术体系培育的大麦青稞新品种，在我国大麦青稞生产中占据绝对主导地位，为大麦青稞产业的稳定和发展发挥着不可或缺的支撑作用。育成的早熟、高产、高浸出率、耐盐啤酒大麦新品种苏啤 6 号，2017 年种植面积 80 万亩，占我国东南地区啤酒大麦生产面积的 1/3，成为沿海地区盐碱滩涂开发利用、稳定国产啤酒大麦市场份额、满足水稻机插秧和直播水稻生产的茬口需要的主导品种。云啤、云饲麦、保大麦和凤大麦等新品种的育成和产业化应用，使云南省的大麦种植面积从 2008 年不足 200 万亩，快速发展到 2017 年的 384 万亩，10 年内实现规模翻番。昆仑 15、16 和藏青 2000 等青稞粮草双高新品种的育成和生产应用，提高了西藏、青海等四省藏区的青稞良种使用率和青稞生产水平，保障了藏区粮食安全。2017 年青海省青稞种植面积较 3 年前增加近一倍。结合青稞粮丰工程，大力开展青稞新品种的示范推广，2016 年藏青 2000 种植面积超过 100 万亩，占西藏自治区全部青稞种植面积的 50%，成为西藏历史上种植面积最大的青稞品种。

国家大麦青稞产业技术体系建立 10 年来育成的 131 个大麦青稞新品种，已经累计推广种植 6 920 万亩，增加社会经济效益 40 亿元。其中，累计种植面积前 20 位的品种恰好也是种植 100 万亩及以上的新品种，累计推广种植 5 474 万亩，占新品种面积的 79.1%（表 2-1）。

表 2-1　大麦青稞产业技术体系推广种植百万亩新品种表

品种名称	审定年份	第一育种人	获得荣誉	品种权号	年度最大面积（万亩）	累计面积（万亩）	种植地区
苏啤 4 号	2009	陈和		CNA20040303.6	95	680	江苏、湖北
苏啤 6 号	2011	陈和		CNA20080409.X	80	630	江苏、湖北
甘啤 6 号	2010	潘永东	农业部主导品种	CNA20090822.3	80	520	甘肃、新疆、内蒙古

（续）

品种名称	审定年份	第一育种人	获得荣誉	品种权号	年度最大面积（万亩）	累计面积（万亩）	种植地区
保大麦 8 号	2014	郑家文	2015 和 2016 年云南省主推品种		80	450	云南
鄂大麦 507	2009	李梅芳	2014 年湖北省科技进步三等奖		50	400	湖北及周边
藏青 2000	2013	强小林	2017 年西藏自治区科学技术一等奖		100	350	西藏、四川
华大麦 9 号	2011	孙东发	2015 年湖北科技进步三等奖		40	310	湖北
垦啤 6 号	2010	张想平		CNA20090438.9	60	248	甘肃、新疆
华大麦 8 号	2009	孙东发			31	230	湖北
S-4	2013	曹丽英			35	205	云南
澳选 3 号	2013	曾亚文			26	198	云南
云啤 2 号	2013	曾亚文	云南省科技进步三等奖	CNA20050704.4	45	195	云南
凤大麦 6 号	2013	李国强	2017 年云南省主导品种，2016 年云南省科技进步三等奖		32	171	云南
康青 8 号	2011	冯继林			40	150	四川、青海、西藏
康青 9 号	2012	冯继林			40	150	四川、青海、西藏
凤大麦 7 号	2013	李国强	2016 年和 2018 年云南省主导品种		51	149	云南
甘垦啤 7 号	2014	张想平		CNA20110644.5	45	133	甘肃、新疆
云饲麦 3 号	2013	曾亚文		CNA20130988.7	38	111	云南
浙啤 33	2009	杨建明	2015—2017 年浙江省主导品种，2016 年浙江省科技进步二等奖	CNA20090423.6	18	99	浙江
保大麦 13 号	2014	刘猛道	2015 年云南省主推品种	CNA20131013.4	16	95	云南

四、育种知识产权和获奖成果

国家大麦青稞产业技术体系建立 10 年来，通过前瞻性遗传育种理论研究与新品种选育，发表高水平基因定位与遗传机理研究 SCI 收录论文 105 篇，获得育种技术国家发明专利授权 15 件，育种技术创新与品种推广成果中获得省部级科技成果奖励 19 项。

在 19 项省部级获奖成果中，一等奖 5 项、二等奖 5 项、三等奖 9 项（表 2-2）。主要涉及大麦青稞育种技术研究创新与新品种选育推广，技术进步与社会经济效益显著，促进了我国大麦青稞产业技术的进步。

表 2-2　国家大麦青稞产业技术体系育种技术与品种获奖成果表

成果名称	第一完成单位	第一完成人	获奖年份	获奖级别
啤酒大麦优质育种关键技术研究与新品种选育	浙江省农业科学院	杨建明	2009	浙江省科学技术奖三等奖
啤酒大麦新品种垦啤麦 7、8 号及栽培技术推广	黑龙江省农垦总局红兴隆农业科学研究所	李作安	2010	黑龙江省科技进步奖三等奖
高 β-葡聚糖青稞品种昆仑 12 号选育与推广	青海省农林科学院	迟德钊	2010	青海省科技进步奖三等奖
青藏高原一年生野生大麦特异种质的发掘与利用	华中农业大学	孙东发	2011	湖北省科技进步奖一等奖
大麦小孢子育种技术与"花 11"的选育及应用	上海市农业科学院	黄剑华	2011	上海市科技进步奖一等奖
啤用大麦主要麦芽品质的遗传差异和环境调控研究	浙江大学	张国平	2011	浙江省科学技术奖一等奖
高产优质多抗大麦新品种驻大麦 3 号	驻马店市农业科学院	王树杰	2012	河南省科技进步奖二等奖
麦类作物品质和抗逆性状的生理及遗传特性	石河子大学	曹连莆	2013	兵团科技进步奖二等奖
青藏高原一年生野生大麦特异种质及其在大麦育种中的应用	华中农业大学	孙东发	2013	中华农业科技奖二等奖
高产优质多抗大麦新品种华大麦 6 号、华大麦 7 号的选育与应用	华中农业大学	孙东发	2013	湖北省科技进步奖三等奖

（续）

成果名称	第一完成单位	第一完成人	获奖年份	获奖级别
云南啤酒大麦新品种选育及生产技术研究与产业化	云南省农业科学院	曾亚文	2013	云南省科技进步奖三等奖
突破性食饲兼用米大麦鄂大麦 507 的选育与应用	湖北省农业科学院	李梅芳	2014	湖北省科技进步奖三等奖
高产多抗高蛋白优质饲用大麦新品种华大麦 8 号、华大麦 9 号的选育与应用	华中农业大学	孙东发	2015	湖北省科技进步奖三等奖
专用型大麦新品种选育关键技术创新与应用	浙江省农业科学院	杨建明	2016	浙江省科学技术进步奖二等奖
粮草双高青稞新品种选育及产业化	青海省农林科学院	吴昆仑	2017	青海省科技进步奖二等奖
大麦遗传多样性与特异种质研究	浙江大学	张国平	2017	高等学校自然科学奖一等奖
粮草双高型优质抗旱大麦新品种选育及综合利用	云南省农业科学院	曾亚文	2017	云南省科技进步奖三等奖
藏青 2000 新品种鉴定筛选及其栽培技术研制与大面积示范推广	西藏自治区农牧科学院	尼玛扎西	2017	西藏自治区科学技术奖一等奖
广适性高产优质多抗饲用大麦新品种华大麦 10 号的选育与应用	华中农业大学	孙东发	2018	湖北省科技进步奖三等奖

15 件育种技术发明专利主要涉及大麦青稞小孢子培养与花药培养等组织培养方法、基因标记与后代选择方法等技术创新（表 2 - 3），针对大麦青稞育种实践需求，已在大麦青稞育种上广泛应用，显著提升了育种水平。

表 2 - 3　国家大麦青稞产业技术体系育种技术授权专利表

专利名称	第一发明单位	第一发明人	授权日期	专利号
大麦成熟胚愈伤组织诱导法及所用的诱导培养基	浙江大学	韩勇	2009.08.03	ZL200910101067.3

（续）

专利名称	第一发明单位	第一发明人	授权日期	专利号
一种抗黄花叶病优质啤酒大麦品种的培育方法	江苏沿海地区农业科学研究所	沈会权	2011.04.20	ZL201010501838.0
农杆菌介导的大麦成熟胚愈伤组织转化方法	浙江大学	韩勇	2011.09.20	ZL201110278559.7
一种筛选麦类作物耐赤霉病粗毒素的方法	上海市农业科学院	黄剑华	2013.03.06	ZL200910200606.9
一种改良麦类作物耐低氮性状的方法	上海市农业科学院	黄剑华	2013.04.10	ZL200910200607.3
一种大麦脂肪氧化酶（LOX-1）合成缺陷基因的多态性分子标记方法	中国农业科学院作物科学研究所	郭刚刚	2013.05.22	ZL201210441696.2
一种改良禾谷类作物耐盐性状的方法	上海市农业科学院	陆瑞菊	2013.07.17	ZL200910200610.5
大麦花药快速培养法及所用培养基	浙江省农业科学院	杨建明	2013.10.02	ZL201210024418.7
抑制发芽/生根的大麦成熟胚组织培养法及所用培养基	浙江省农业科学院	华为	2013.11.20	ZL201210044472.8
大麦半矮秆基因 $sdw1/denso$ 的基因标记及其应用	浙江省农业科学院	贾巧君	2015.06.17	ZL201410053080.7
大麦幼胚成苗组织培养法及所用培养基	浙江省农业科学院	尚毅	2016.04.13	ZL201410161360.X
一种高叶绿素多蘖的大麦复合选育方法	上海市农业科学院	刘成洪	2016.06.29	ZL201310713460.4
一种用于大麦小孢子培养愈伤组织诱导的培养基	上海市农业科学院	陆瑞菊	2017.02.01	ZL201310596632.4
一种穗部无蜡质啤酒大麦品种的选育方法	江苏沿海地区农业科学研究所	乔海龙	2017.12.22	ZL201610576840.1
禾谷类作物单株来源小孢子连续培养高频再生植株方法	上海市农业科学院	郭桂梅	2018.07.09	ZL201510890842.3

（遗传改良研究室主任　杨建明）

土壤养分管理与耕作栽培技术

国家大麦青稞产业技术体系自建立以来，紧密围绕研究室重点任务协同攻关，在"青稞粮草双高增产技术""提升啤酒大麦品质的生产关键技术""大麦青稞抗逆生理与轻简栽培技术""大麦青稞提质降本生产技术"等研发与示范推广上取得了显著成效，有力地促进了大麦青稞产业的发展、增加了农户的经济收入，实现了大麦青稞在"边（周边）、少（少数民族）、穷（土质差、经济落后）"地区增产、增收的独特作用。

一、青稞粮草双高增产技术集成与示范

青稞不仅是青藏高原地区最主要的粮食作物，也是当地牦牛等动物的饲料主要供源，粮草双高是青稞生产的基本要求与目标。针对青稞生产上普遍存在经济（籽粒）产量和生物学产量不协调、高产易倒伏以及籽粒高产与秸秆营养品质矛盾等问题，以青稞粮草双高为目标，在青藏高原不同生态产区，开展了青稞种子包衣、深耕保墒灭草、机械精量播种、测土配方施肥、节水灌溉、强秆防倒和机械收获等单项关键技术研究以及系统集成。"十二五"期间，累计研制出 21 项青稞粮草双高生产技术，并完成了海西南盆台灌区亩产 500kg 春青稞高产创建、藏南河谷水浇地亩产 400kg 春青稞高产创建、海北甘南阿坝北部雨养旱地亩产 300kg 春青稞高产创建、川西藏东草原荒漠与坡沟旱地亩产 300kg 春青稞高（丰）产创建、藏东南及其相邻河谷农区亩产 300kg 冬青稞高产创建、西藏高寒农区旱地春青稞粮草兼收丰产创建等 6 套青稞粮草双高栽培模式图编制，相继提交全国农技推广中心，指导地方农技站进行大规模的青稞粮草双高创建。

同时，充分利用体系育种岗位及有关试验站育成的具有粮草双高优势的青稞新品种，以研发的各项粮草双高新技术为依托，开展了青稞粮草双高增产技术示范基地建设、技术示范和推广。几年来，建成青稞粮草双高生产试验示范基地 97 个，建立百亩高产示范方 103 个、千亩示范片 34 个、万亩示范区

5个，累计示范 88.6 万亩，辐射周边 400 万亩以上。据统计，试验示范点平均每亩增产粮食 42.7kg，增产饲草 63.2kg，分别增产 13.2％ 和 14.3％。尤其是研发的青稞豌豆混种粮草双高栽培模式，集豌豆青稞最佳配比、机械化混种混收、杂草防控、粮豆脱粒分离和秸秆打捆等关键技术于一体，建立了耕地用养结合的种植模式，克服了高原地区作物种类单一、连作严重，以及化肥投入逐年增多，导致耕地质量下降和病虫害加剧的实际生产问题，也为建立高产、优质、高效的农牧结合生产系统创造了新型的种植模式。这一种植模式在青海省塘格木农场示范推广 2 000 多亩，每亩生产青稞 150 多 kg、豌豆 250kg、秸秆饲草 600kg，产值 1 880 元，较粮豆单作增收 647 元。

二、提升啤酒大麦品质的生产关键技术研究与示范

改善啤用大麦品质是提高国产大麦市场竞争力、减少国内啤酒与麦芽企业依赖啤用大麦进口以及稳定与促进我国大麦生产的重要途径。国家大麦青稞产业技术体系将提升啤用大麦品质列为本体系"十二五"时期的重点研发任务，在实施以提高产量、改进品质为目标的育种计划的同时，进行优质关键生产技术的研发与集成。首先，系统研究了啤用大麦麦芽品质的基因型与环境变异，阐明了我国栽培啤用大麦主要品质性状的品种变异及地区分布规律，明确了主要气象和栽培因子对啤用大麦品质的影响，从而为构建改善啤用大麦品质的关键生产技术提供了思路。通过分析比较中国和澳大利亚及加拿大等国啤用大麦的品质性状，发现我国南方冬麦区目前栽培的大麦品种 β-葡聚糖含量并不比澳大利亚及加拿大的啤用大麦高，纠正了长期以来我国啤酒行业所持有的、国产大麦酿造品质劣于进口大麦的主要原因是国产大麦籽粒 β-葡聚糖含量较高的观点，同时明确麦芽 β-葡聚糖酶活性低才是造成国产啤用大麦加工性能差的重要因素。通过多年、多品种、多地区试验，系统分析了我国主要栽培大麦品种籽粒蛋白质、醇溶蛋白、β-葡聚糖、β-葡聚糖酶、β-淀粉酶、极限糊精酶活性的基因型与环境效应，明确了这些性状与麦芽品质的关系及其地区分布特性。糖化力、库尔巴哈值、蛋白质含量和麦芽浸出率的环境与基因型效应均达显著水平，且糖化力、库尔巴哈值的基因型效应大于环境效应，而蛋白质含量和麦芽浸出率的环境效应大于基因型效应；明确了主要栽培因子对大麦 β-葡聚糖、β-葡聚糖酶、蛋白质及其组分和麦芽品质的影响，氮肥水平和运筹对大麦 β-葡聚糖酶活性和麦芽品质有显著影响，后期（孕穗期）适量施用氮

肥可增强麦芽 β-葡聚糖酶活性，降低麦芽 β-葡聚糖含量；成熟期间喷施促进籽粒发育或同化物运输的生长活性物质可明显降低 β-葡聚糖和蛋白质的含量。研究还发现啤酒大麦的发芽率和蛋白质含量随海拔增高而下降，麦芽浸出物和库尔巴哈值则随海拔增加而升高。另外，还研究了干旱和盐双重胁迫下啤用大麦主要麦芽品质性状的变化，结果发现，单一和双重胁迫条件下总多酚含量和淀粉酶活性均显著增加，但增加程度基因型之间差异明显。

同时，针对各产区的不同生态特点和生产需求，开展了育成品种的生产技术规程研制，进行啤酒大麦轮作套种、直播免耕、种子包衣、精量播种、配方平衡施肥、节水灌溉、化控防倒、病虫草害防治等单项技术研究，探讨各项技术对啤用品种的影响，在此基础上进行技术集成与示范。在西北地区，重点开展了垄作沟灌、全膜覆土穴播、膜下滴灌等抗旱栽培和野燕麦防控技术研究；在东北地区，重点开展了免耕直播全程机械化生产、大麦复种牧草和蔬菜、种子与土传病害防治技术研究；在东南地区，重点进行了耐盐和稻茬免耕直播轻简栽培技术研究；在西南地区，重点开展了大麦抗旱减灾、稻茬免耕直播轻简栽培、病虫与恶性藕草综合防控技术研究；在中部地区，开展了病虫草害防控以及除草剂和杀虫剂施用对麦芽加工和啤酒酿造品质的影响。"十二五"期间，共研制出大麦高产优质节本生产主推技术 37 项，其中 33 项通过政府部门审定，作为地方标准颁布实施。另外，完成内蒙古东北部（呼伦贝尔）大麦亩产400kg、江苏稻麦两熟地区大麦亩产 450kg、河南省大麦亩产 450kg、湖北中稻冬闲田大麦亩产 400kg、湖北鄂北岗地大麦亩产 400kg、甘肃河西走廊水浇地大麦亩产 500kg、甘肃冷凉区大麦亩产 450kg、云南中产生态区大麦亩产400kg、云南高产生态区大麦亩产 500kg、新疆水浇地大麦亩产 450kg 和新疆山旱地大麦亩产 350kg 等 18 套大麦高产优质创建技术规范和栽培模式图编制，提交全国农技推广中心，用于指导各地的大麦高产优质技术创建与示范。

同时，以育成新品种和研发新技术为依托，开展啤酒大麦产业技术示范基地建设和高产创建技术示范。"十二五"期间，累计建成生产示范基地208 个，百亩高产示范方 309 个、千亩示范片 108 个、万亩示范区 44 个，累计示范 267.6 万亩，辐射周边 1 100 万亩。据统计，以上示范点每亩增产6.7～139.3kg，增产幅度 3.6％～27.1％。例如，2012 年在新疆生产建设兵团第4 师76 团旱地啤酒大麦高产创建示范点，经兵团科技局组织专家组对其中两块高产田现场测产，面积分别为 200 亩和 400 亩，亩产分别达

786.9kg/亩和788.9kg/亩，均刷新了世界大麦高产纪录；又如，甘肃省永昌县精播垄作沟灌节水技术万亩示范区，平均减少田间作业3～4次，亩均节约种子12kg，节水60多 m^3，节约生产成本60元左右，每亩增产41.0～96.2kg，增收80～190元。

三、大麦青稞抗逆生理研究与轻简栽培技术研发

大麦（青稞）与水稻、小麦等其他禾谷类作物相比，具有较强的耐瘠抗逆特性，适应性广，但目前的大麦生产区域普遍表现为土质差、环境相对恶劣，对抗逆生产提出了新的要求；同时，大麦生产效益低，更需要轻简栽培技术来节省成本、提高效益。在耐盐生理研究上，鉴定到耐盐性强于目前国际公认耐盐大麦品种CM72的野生大麦 XZ16 和 XZ26，它们与栽培大麦相比，地上部 Na^+ 含量、Na^+/K^+ 较低，地上部 K^+ 含量较高，表明根系滞留 Na^+、维持地上部 Na^+ 和 K^+ 离子平衡是西藏野生大麦耐盐的主要机制之一；在明确 HKT 类基因为耐盐候选基因的基础上，证明 *HvHKT1* 和 *HvHKT2* 在调控 Na^+、K^+ 平衡上发挥着重要作用；进而采用代谢组学方法分析了作物耐盐生理机制，比较了耐盐栽培大麦品种 CM72 和耐盐野生种质 XZ16 根和地上部代谢途径对盐胁迫的响应差异，发现二者的耐盐生理机制不同，即前者主要通过增加代谢物的合成，增强渗透调节和离子平衡提供物质和能量，而后者具有较强的渗透调节能力，在盐胁迫下能维持相对正常的光合作用和合成代谢；进一步采用蛋白组学和基因表达分析方法，研究了存在于西藏野生大麦的特异耐盐机制，发现 XZ16 在盐胁迫下根部与离子转运相关（与 Na^+ 外排和根部区隔化）的基因表达显著增强。

在耐旱生理研究上，鉴定到耐旱性强于 Tadmar（普遍认同的耐旱栽培品种）的野生大麦 XZ5 和 XZ150。以耐旱、耐盐能力不同的野生和栽培大麦种质为材料，研究了它们对干旱和盐及其两者双重（复合）胁迫的反应。结果表明，干旱和盐的双重胁迫对植株生长的抑制作用呈现加性效应，西藏野生大麦 XZ5 不仅耐旱性突出，而且具有较强的耐盐能力，而这种旱、盐双重耐性表明西藏野生大麦在非生物胁迫下具有独特的氧化胁迫清除系统，也是其抗逆性普遍较强的主要生理机制。

在耐铝（毒）生理研究上，鉴定到耐铝强于国际公认耐酸品种 Dayton 的野生大麦种质 XZ28、XZ29 和 XZ113 等。通过全基因组关联分析鉴定到西藏

野生大麦中独有的 2 个耐铝毒遗传位点和仅存在于栽培大麦的 1 个耐铝遗传位点；代谢组分析显示，铝毒胁迫下野生大麦耐性与敏感基因型之间根系分泌的多种有机酸含量及 *HvMATE*（控制柠檬酸分泌）的表达无显著差异，同时发现铝毒胁迫下野生大麦根系中无机磷的转运与分布特点因基因型而异，证明根系无机磷代谢在野生大麦的耐铝中发挥着重要作用，发现与提出了植物耐铝的新机制。在湿害生理研究上，发现湿害导致大麦青稞叶绿素含量和抗氧化酶活性下降，丙二醛含量增加，根系中抗氧化酶活性和丙二醛均上升。检测到 100 个耐湿性差异表达蛋白，涉及能量代谢、蛋白修饰、RNA、光反应、卡尔文循环、细胞骨架、氧化还原反应和发育等功能。

在植物营养生理研究上，分析了大麦对低氮胁迫响应的表达谱，发现耐低氮大麦的氮素吸收能力、硝态氮转运速度和利用效率较高，同化耗能较低，鉴定到 695 个相关差异蛋白，主要参与氨基酸、淀粉和蔗糖代谢过程；发现低磷胁迫下，耐低磷大麦的蔗糖合成及酸性磷酸酶和 ATP 酶活性较强，柠檬酸和琥珀酸分泌较多。鉴定到 31 个耐低磷相关蛋白，功能涉及代谢、信号传导、细胞生长和分化、逆境防卫等；从基于转录组测序（RNA - Seq）技术、串联质谱标签（TMT）技术和代谢组分析研究了大麦耐低钾胁迫的分子生理机制，代谢组分析鉴定到 61 种低钾胁迫响应代谢物，发现根部和叶片代谢组响应低钾胁迫的典型特征；基于 RNA - Seq 技术分析了大麦响应低钾胁迫的表达谱，发现乙烯响应途径可能是大麦低钾耐性基因型差异的重要分子机制之一，耐低钾基因型反应迅速，能较早启动钾转运体等基因的表达，可以吸收与积累较多的钾；基于串联质谱标签技术研究了低钾胁迫下大麦蛋白质组，鉴定到耐低钾相关的蛋白 129 个，初步明确苯丙氨酸解氨酶（PAL）介导的苯丙烷类次生代谢途径和乙烯响应代谢通路是大麦耐低钾基因型差异的重要因素。

在抗逆栽培技术研发上，通过单项因素试验与综合技术分析，提出了多项有效的抗逆栽培措施。在抗盐栽培上，相继研究了播种深度、肥料配比与施用方法等对盐分胁迫的缓解效应，确定了沿海滩涂沙性土壤大麦的适宜播种深度；研究了免耕直播和机耕机播对北方大麦产量的影响和土壤修复作用，以及大麦与向日葵轮作倒茬改良内陆盐碱地和中低产田试验；制定了多套盐碱地大麦栽培技术规程。针对高海拔农牧区春季低温干旱影响青稞播种、延缓幼苗生长和提早结束幼穗分化以及秋季早霜造成灌浆停滞，导致少粒、秕粒和空穗的试验结果的实际，通过大量试验研究，提出了秋耕集墒、基施尿素提高地温和选用早熟抗寒品种等生产技术措施，显著降低了不良气候条件对大麦青稞的影响。

在轻简栽培技术研发上，新疆地区针对麦田滴灌技术尚不完善、应用范围仍十分有限的现状，借鉴当地棉花生产上取得的成功经验，结合大麦生产发育特性与生产特点，开展了水肥一体化的滴灌技术研发与集成研究，初步形成了有效的应用技术，并已在生产上大面积示范推广。南方稻麦复种地区大力推进稻茬免耕栽培等轻简技术，并针对近年来推广籼粳杂交稻及超级稻品种生育期长、影响大麦及时播种、秸秆生物量大还田影响大麦出苗，播种期雨水多、土壤烂而机械作业质量差、免耕栽培杂草多、大麦生育后期易脱肥早衰等问题，开展了稻田免耕大麦保齐苗、促早发、控杂草、防早衰的研究，制定了稻板大麦高产栽培技术规程，并进行相关技术培训，有力地推动了这项轻简栽培技术的应用。如西南地区集成的高原粳稻生态区"稻茬免耕大麦优质高产栽培技术"，2017 年应用 12.25 万亩，每亩节约用工成本 260 元，节本增效十分显著。

四、大麦青稞提质降本生产技术研发与集成

以减少化肥和农药用量、节约灌溉用水等降本减污提质增效为目标，开展了大麦青稞种植方式革新与养分调施精准化、病虫草害防控一体化、栽培方法轻简化、农艺操作机械化等生产栽培技术的研发与集成。近年来，先后制定"冬青稞栽培技术规程"等 7 项大麦青稞生产技术规程，"冬青稞复种饲草技术规程"等 13 项地方标准，基本满足了当前大麦青稞生产上的技术需求。

针对目前大麦青稞生产经济效益相对较低但适应性广、抗逆性强、生育期短、用途多样等特点，各地开展了旨在提高大麦利用价值和经济效益的新型种植模式研究，创建了基于生产的各具特色的新型农作制度和种植模式。其中主要有：

（1）大麦青稞"冬放牧、春青刈、夏收粮"种植模式。我国有数亿亩的内陆盐碱地、水涝地、旱坡地、果园林下地、冬闲田和沿海滩涂待开发，同时我国农区草食畜牧业发展中，规模化养殖存在冬春季青饲料短缺与家畜粪便处理困难两大问题。为此，在黄淮和南方地区研究创制出了大麦青稞"冬放牧、春青刈、夏收粮"生产，与牛、羊等草食牧畜生态养殖相结合的新型耕作栽培模式和农牧一体化生产技术，平均每亩青饲料产值 1 350 元，较单纯粮食生产增

收 500 元；与养羊结合，冬季放牧每头节约养殖成本约 100 元。同时，大麦青稞生物质经家畜过腹还田，减少了粪便堆积和秸秆焚烧造成的环境污染。这一技术 2017 年被农业部遴选为 100 项农业主推技术之一。

（2）"青稞＋豌豆"混播种植模式。为解决青海等高原寒冷地区青稞连作障碍和畜牧养殖对秸秆饲草的产量和品质要求，研制集成了"青稞＋豌豆"混播种植模式，充分利用豆科固氮作用，减少化肥施用，改善土壤结构耕地质量。据统计，该种植模式 2016 年在青海省海晏县金滩乡道阳村生产示范 150 亩，青稞平均亩产 308kg，产值 739 元（2.4 元/kg）；豌豆亩产 180kg，产值 864 元（4.8 元/kg），两项合计 1 603 元/亩。比单种青稞（亩产 400kg、产值 960 元）每亩增收 643 元；比单种豌豆（亩产 220kg、产值 1 056 元）每亩增收 547 元。同时，豌豆秸秆粗蛋白含量较高（8.80%），可以弥补青稞秸秆粗蛋白含量（5.98%）较低的不足。

（3）大麦、棉花（玉米）套种模式。针对长江流域地区冬前光温资源丰富且冬闲田多的现状，利用育成的大麦品种具有抗逆性强、适应性广和早熟、矮秆抗倒、播期弹性大等特点，以早熟、矮秆、优质、高产、多抗专用大麦新品种为核心技术，进行冬闲田大麦与棉花、玉米预留行的开发利用，形成了冬闲田棉花、玉米预留行种植大麦的新模式及配套规范化栽培技术体系，开辟出了一条充分利用冬季光温和土地资源发展大麦生产和提高作物生产经济效益的新途径。实践证明，这一种植新模式有明显的增产增收潜力，开发利用 1 亩棉花、玉米预留行可增收大麦 200kg 左右，迄今已在湖北、安徽等地大面积推广应用。

（4）大麦青稞春播青饲（贮）生产模式。在山东商河县现代牧业公司奶牛养殖场示范应用，平均亩产 1.85t，较冬小麦每亩增产鲜草 300kg，增加效益 138 元；种植面积 2017 年已扩大至 13 000 多亩，使山东省中断 20 多年的大麦青稞生产重新恢复种植。另外，体系研发并推广的"青贮大麦—青贮玉米一年三收栽培技术模式""大麦青稞复种燕麦优质饲草和秋菜技术模式""青藏高原青稞、蚕豆轮作模式""大麦—秋菜（大白菜、萝卜等）一年两季种植模式"等，在各地推广应用，取得显著的增产增收效果。

（土肥与栽培研究室主任　张国平）

病虫草害防控技术

大麦青稞在我国种植分布区域范围非常广泛，主要病虫草害的发生和危害情况存在较大的差异。另外受到气候变化的影响，近年来，大麦青稞病虫草害种类和危害程度发生明显变化。利用抗病虫基因改良或培育新品种，以及开发和筛选利用适合大麦青稞田使用的新型化学药剂，才能有效控制大麦青稞病虫草害的危害。

一、大麦青稞病害发生规律与防控

（一）主要病害分布及其危害

从 2011 年开始，进行了不同生态区大麦青稞主要病害种类的系统调查。东北地区大麦青稞栽培区域主要集中在内蒙古东部如呼伦贝尔市及黑龙江省北部地区，当地春季主要病害为根腐病，部分地块发生细菌性疫病；生育中后期为蠕孢菌叶斑病、黑胚病、赤霉病、条纹病、散黑穗病和坚黑穗病；西北地区大麦青稞种植区域主要分布在内蒙古河套地区、甘肃河西走廊和甘南藏族自治州（简称甘南州）、青海省和新疆塔城、昌吉等，主要病害为条纹病、散黑穗病、坚黑穗病、云纹病、穗腐病和斑点型网斑病，偶发条锈病、叶锈病和白粉病；在西南地区大麦青稞栽培区域，包括川西北、云南省和西藏，因生态环境差异较大，病害种类较多，包括条纹病、散黑穗病、坚黑穗病、黄矮病、云纹病、斑点型网斑病、白粉病、条锈病和叶锈病，偶发细菌性疫病和秆锈病，局部发生穗腐病；在中部地区，仅在河南省、湖北省和安徽省有小规模大麦种植，主要病害为条纹病、散黑穗病、白粉病、黄花叶病、黄矮病和赤霉病；在华东大麦青稞栽培区域，主要集中在江苏省北部、上海市和浙江省，主要病害为条纹病、散黑穗病、白粉病、黄花叶病、黄矮病和赤霉病。

植物病害发生与流行需要特定的生态环境条件，因而每种病害主要发生与流行区域也不同。条纹病是威胁我国大麦青稞生产的首要真菌病害，因带菌种子为唯一初侵染菌源，因而在各大麦青稞产区均有发生，未加防治的地块病株率为 20%～30%，甚至 100%。白粉病主要在长江中下游流域如湖北、江苏、浙江，西南地区如云南、川西北以及西藏等麦区发生，一般造成 6%～14% 产量损失，甚至减产 20% 左右，防治后白粉病仅引起减产 1% 左右。条锈病是典型的低温真菌病害，仅在云南滇西北和川西北高海拔山区、西藏、青海部分地区以及甘肃甘南州高海拔地区冷凉潮湿的气候条件下发生。在个别年份，条锈病能引起高感病品种如藏青 25 减产 1%～5%。云纹病也是属于低温冷凉型病害，主要在青海、甘肃甘南州、川西北、滇西北以及西藏麦区发生，近年来未造成严重经济损失。但在 2018 年，青海省海南州从西藏引入的黑青稞品种云纹病严重度达 50%～90%，发病率 100%，预期减产幅度达 30%～40%。因此，气候的原因可使次要病害上升为主要病害，偶发病害可能成为常发病害。

由大麦根腐平齐蠕孢菌（*Bipolaris sorokiniana*）侵染引起的苗期根腐病和生育中后期蠕孢菌叶斑病是东北麦区的首要病害。多数品种因根腐病减产幅度为 6%～20%，而高感品种减产 40%～50%；在抽穗至开花期降雨较多、气候较温暖潮湿年份，蠕孢菌叶斑病能造成大麦减产约 20%，感病品种减产 35%～40%。网斑病包括网型和斑点型网斑病，属于低温冷凉真菌病害。网斑病在我国麦区危害轻微，对绝大多数生产品种不会造成明显的经济损失，仅对个别高感病基因型会造成严重的危害。然而近年来，在东北春麦区以及在浙江冬麦区都发现了网型网斑病，网斑病的发生和危害范围呈扩大趋势。黄花叶病主要分布在江苏、浙江、安徽和河南省，目前已利用抗病品种和合理轮作基本控制了该病害造成的严重经济损失。黄矮病是由蚜虫以持续性传播病毒方式传播。黄矮病在云南和西藏局部麦区因未能及时防控蚜虫会造成严重损失。

大麦青稞除了上述主要叶部病害，还有一些常见的穗部病害，如黑穗病、赤霉病等。因带菌种子是主要的初侵染源，黑穗病在各麦区均有不同程度发生，经药剂拌种后黑穗病病株率不到 1%。赤霉病主要在长江中下游麦区，如浙江、江苏、湖北、安徽等省份以及中部河南麦区发生危害。北方麦区开花期常遇到当地雨季，赤霉病也能造成严重危害。近年来，赤霉病流行爆发频率增加，严重度和病穗率大幅度提高。穗腐病最初在 2009 年甘肃甘南州合作市青稞上发现，是一种真菌穗部新病害。2012—2018 年在青海省各州系统调查后发现，穗腐病田间病株率逐年上升，其自然寄主除青稞外，还能侵染小麦、黑麦、栽培燕麦、野燕麦、冰草，但不能侵染旱雀麦草，可能还存在其他潜在的自然寄主植物。

（二）病害防控的技术要点

根据不同生态区主要病害的发生流行规律和特点，制定相应的防控策略。针对种传病害，如条纹病、散黑穗病、坚黑穗病，主要采用药剂拌种的防治方法，如在青海门源县采用3%敌委丹悬浮种衣剂拌种（1kg 种子 2mL 药剂），对条纹病防效达 98.3%；在云南洱源县示范区，采用 10%苯醚甲环唑可湿性粉剂 2.0g/kg 种子拌种防治大麦条纹病。云纹病主要通过地表病残体及带菌种子作为初侵染菌源，采用药剂拌种结合苗期叶表喷施防控的措施，如在青海湟中县采用 3%敌委丹悬浮种衣剂种子拌种（1kg 种子 2mL 药剂），结合在拔节期用 75%拿敌稳水分散粒剂 20mL/亩叶表喷雾组合的防效最好，防治效果为 72.94%。黄矮病主要在云南及西藏麦区为害严重。蚜虫是该病毒的唯一虫媒介体。采用 40%氧化乐果，叶部喷施用量为 75mL/亩，或采用内吸性药剂如吡虫啉拌种，能有效控制大麦生育前期蚜虫发生，从而有效抑制黄矮病。

在东北春大麦区，麦根腐平齐蠕孢菌侵染引起根腐病、蠕孢菌叶斑病以及黑胚病，叶斑病严重流行年份能造成感病品种减产 35%以上，针对大麦根腐病和蠕孢菌叶斑病开展了防治药剂筛选及施用时期的药效试验。在喷施药剂各处理中，氟环唑和丙环唑中期叶面喷施防病效果较好，千粒重高，增产幅度较大。筛选获得药剂组合 26%吡唑醚菌酯＋咪鲜胺（1:1）和 26%吡唑醚菌酯＋咪鲜胺＋咯菌腈（15:4:7）拌种处理，对条纹病、黑穗病和根腐病具有较好防治效果，降低生育后期叶斑病严重度，分别比对照增产 14.5%和 17.1%。

针对大麦赤霉病，主要借鉴小麦赤霉病的化学药剂防治措施，如使用戊唑醇、三唑酮、多菌灵、咪鲜胺水剂、青烯菌酯和氟环唑等药剂，在开花初期（开花株率 5%～10%）喷施防治。然而随着赤霉菌抗药性增强，必须筛选其他新型药剂，如戊唑醇·福美双混合型农药，试验证明可以增产 4.3%，田间病穗率与病粒率分别降低 16.4%和 4.2%，表明戊唑醇·福美双对大麦赤霉病具有显著的防效。

（三）抗病基因鉴定与利用

抗病品种推广应用是防控病害的首选措施。我国抗条纹病大麦品种所占比例较低。由于条纹病原菌麦类核腔菌（*Pyrenophora graminea*）存在致病性分化现象，因此需要筛选抗谱宽、抗性稳定的重要抗原。目前已经将来自法国品种 Thibaut 的抗条纹病基因 *Rdg2a* 转育到青稞主栽品种柴青 1 号和品系 0006，构建中间抗原，推动 *Rdg2a* 在我国大麦青稞育种体系中的应用。抗白粉病和赤霉病育成品种处于中等水平，还有待提高。抗白粉病基因 *Mla3*、*Mla7k*、*Mla7a*、*Mla7*（*Lg2*）、*Mla9Mlk*、*Mla9*、*Mla10aDu2*、*Mla13Ml*（*Ru3*）、*Mla*（*Ru4*）和含有抗病基因近等基因系 P-29、P-30、P-31，可以继续在大麦抗白粉病育种中使用。我国大麦品种对黄矮病抗性水平较高。春大麦品种 Coracle（含有抗黄矮病基因 *Ryd2*）对我国当前黄矮病主要流行毒株表现为免疫（IM），而来自埃塞俄比亚地方品种 L94（含有抗黄矮病基因 *Ryd3*）对我国当前黄矮病主要流行毒株表现为抗病（R）水平。这 2 个抗黄矮病基因可以在我国大麦育种体系中继续应用。根腐病和蠕孢菌叶斑病是威胁东北春大麦区的关键病害，我国抗蠕孢菌叶斑病品种及抗原极为稀少。目前，我国几个抗叶斑病品种，如垦啤麦 1 号（Azare/Hazen）的亲本均来自美国，与北美地区持抗叶斑品种 ND B112 均有亲缘关系。

（汇总撰稿人：蔺瑞明、王凤涛、冯晶）

二、大麦青稞蚜虫发生规律与防控

（一）蚜虫发生与防治

蚜虫是大麦青稞生产中最重要的害虫种类，主要包括禾谷缢管蚜、麦长管蚜、麦二叉蚜和玉米蚜，不仅直接吸食大麦汁液，还能传播多种植物病毒，影响大麦青稞的产量和品质。

1. 麦蚜的发生与危害

麦蚜属同翅目（Homoptera）、蚜科（Aphidiae）。在我国，危害大麦青稞的蚜虫主要是禾谷缢管蚜 *Rhopalosiphum padi*（Linnaeus）、麦长管蚜 *Sitobion avenae*（Fabricius）和麦二叉蚜 *Schizaphis graminum*（Rondani）。蚜虫是典型的翅二型昆虫，通常以有翅蚜和无翅蚜混合发生，种群动态受气候、环境、种群基数等因素的影响。在适宜的环境条件下，以无翅蚜为主，当种群密度过大、环境恶化、温湿度、光照等不适宜及营养不足时，均会产生有翅蚜。

在大麦整个生长期，蚜虫均可为害，以抽穗后为害为主。蚜虫发育历期短，1年可发生10～30代，发生世代数因地区和气候条件而异。不同蚜虫种类在大麦青稞上的为害部位不同，麦长管蚜喜光耐湿，多集中在穗部为害，禾谷缢管蚜畏光喜湿，多为害植株茎秆和叶鞘，而麦二叉蚜畏光喜干旱，适宜的相对湿度为35%～75%，多集中在植株的下部和叶片背面为害。蚜虫的发生与周围环境条件密切相关，影响麦蚜发生危害的因素主要有气候、寄主品种、天敌及耕作措施等。

温湿度与蚜虫的世代周期、繁殖力有密切关系，温度在15～25℃、相对湿度在40%～80%有利于发生。在适宜的温度范围内，各种蚜虫的发育历期和世代周期均随着温度的升高而缩短。麦蚜适应高、低温能力较差，零度以下不能越冬。麦长管蚜在黄河以南地区以无翅成、若蚜在麦丛基部或麦田土块下越冬，来年春季随着气温回升，越冬麦长管蚜开始产生大量有翅蚜，随气流迁飞到北方春麦区进行繁殖、为害。禾谷缢管蚜在长江以北地区主要以若蚜在蔷薇科树木的树缝、芽腋等处越冬，在南方地区，以成、若蚜在麦丛基部及心叶内越冬。麦二叉蚜在北方以卵在杂草及麦田中越冬，在淮河以南地区则以成、若蚜在麦苗基部和土缝内越冬，麦二叉蚜无明显的休眠现象，冬季天暖时仍能活动取食。

麦蚜的发生与寄主和寄主品种密切相关。禾谷缢管蚜的生长发育不仅与温度有关，还受到食料等因素的影响，不同的食料、同一食料的不同生育期以及取食不同的部位，均能影响禾谷缢管蚜的生长发育。此外，大麦青稞品种抗蚜性的不同，不仅能直接影响麦蚜的发生数量，而且还能对其种群数量的消长动态造成影响。抗性品种对麦蚜种群有明显的抑制作用，品种抗蚜性程度不同，麦蚜种群的增长率存在显著差异。在抗性强的品种上，麦蚜数量上升速度慢、发生晚、高峰期蚜量少，为害时间短，而感蚜品种则相反。

麦蚜的发生还受到天敌因素的影响，如捕食和寄生性天敌。麦蚜的天敌主要有七星瓢虫（*Coccinella septempunctata* L.）、龟纹瓢虫（*Propylaea japonica* Thunberg）、食蚜蝇（*Syrphus corollae* F.）、中华草蛉（*Chrysopa sinica* Tjeder）、大草蛉（*Chrysopa septempunctata* Wesmael）、麦蚜茧蜂（*Ephedrus plagialor* Nces）、燕麦蚜茧蜂（*Aphidius avenae* Haliday）、草间小黑蛛（*Erigonidium graminicola* S.）等。田间试验结果表明，麦蚜天敌对麦蚜的控制作用比较明显，特别是七星瓢虫和草间小黑蛛对麦蚜具有非常好的控制作用。保护利用麦蚜的自然天敌，充分发挥自然天敌的控制作用，可有效地压低麦蚜虫口基数，把蚜虫控制在抽穗前，以减轻麦蚜对大麦青稞的危害。

麦蚜的危害主要包括直接危害和间接危害。麦蚜以成、若蚜直接吸食植株汁液，影响大麦青稞正常生长发育，严重时能使其生长停滞、不能正常抽穗、籽粒灌浆不饱满甚至形成白穗，造成严重的直接危害。间接危害指麦蚜直接危害植株的同时还能传播多种植物病毒，如黄矮病毒等，造成病毒病的流行，造成更大的危害。此外，麦蚜在发生危害时分泌的蜜露不仅能影响植株的光合作用，还为植物真菌病害的发生提供了温床，为植物真菌病害的发生提供了有利条件。总之，麦蚜发生会严重影响大麦青稞的产量和品质。

2. 蚜虫的农业防治

大麦青稞蚜虫应以农业防治为基础，进行综合防治。要及时清除田间杂草与自生麦苗，减少麦蚜的适生地和越夏寄主。实施机耕深翻、耙糖镇压、配方施肥等农田管理措施，利用作物多样性布局，有效地减少越冬蚜量和成株期麦蚜混合种群数量。适当控制氮肥用量和灌水，适期增施磷、钾肥等，可提高植株的抗（耐）害能力，抑制麦蚜种群增长，减轻危害。冬麦适当晚播，春麦适时早播，有利减轻蚜害。此外，还应选种大麦青稞抗虫品种，以降低麦蚜的危害。品种的抗蚜性不同，麦蚜发生量也明显不同。例如，对 61 个大麦青稞品种扬花期单株蚜量的统计，发现不同品种单株蚜量差异明显，在 0.43～13.6头，抗蚜品种着蚜量显著低于感虫品种。

3. 麦蚜化学防治

目前，我国大麦青稞蚜虫的防治主要依赖于化学农药的使用。田间药效试验表明，不同药剂对麦蚜的防效不同。例如，施药后 1、3、5、7 天，40％氧化乐果乳油对麦蚜的防治效果分别为 74.1％、88.1％、92.9％、95.4％；4.5％高效氯氰菊酯乳油的相对防效分别为 67.8％、72.9％、83.8％、87.2％；10％吡虫啉可湿性粉剂的相对防效分别为 62.1％、77.6％、88.1％、91.9％。同样，在河南许昌、山东汶上、江苏邗江试验田的田间药效试验表明，50％氟啶虫胺腈水分散粒剂对麦蚜的田间防治效果药后 3 天为 81.6％～88.0％，药后 7 天为79.2％～89.7％，显著高于 10％吡虫啉可湿性粉剂和 5％啶虫脒可湿性粉剂的防治效果。

由于化学农药的长期大量使用，我国麦蚜田间种群对常用杀虫剂已经产生了一定的抗药性。因此，在麦蚜化学防治过程中，要注意科学合理使用的化学杀虫剂，尽量避免长期大量使用同一药剂，以免产生抗药性，降低化学防治的效果。应根据不同麦蚜的发生特点和为害规律，合理进行化学防治。在播种期，做好药剂拌种，种药剂拌种不但能有效防治麦蚜的发生，还可兼治地下害虫和麦蜘蛛。当麦蚜发生数量大，危害严重，农业防治和生物防治等防治方法不能有效控制其为害时，应适时使用化学防治。例如，麦二叉蚜要抓好秋苗期、返青和拔节期的防治，麦长管蚜以扬花期防治最佳。采用化学防治时，要注意农药品种的选择和严格掌握施药技术，避免对天敌的杀伤。

4. 麦蚜生物防治

麦蚜的天敌种类较多，主要有七星瓢虫、草蛉、食蚜蝇、蚜茧蜂等。因为麦蚜种群发生动态与天敌密切相关，因此，在大麦青稞种植过程中要注意保护利用天敌，通过天敌的自然控制作用对大麦青稞蚜虫进行有效的控制。

（二）蚜虫的耐药性检测与风险评估

1. 蚜虫耐药性检测

为了掌握我国大麦青稞生产中麦蚜的抗药性水平，以禾谷缢管蚜和麦长管蚜两种在大麦青稞上的优势麦蚜种群为对象，监测了其对吡虫啉、啶虫脒、氟啶虫胺腈、高效氯氰菊酯、抗蚜威和氧化乐果等常用杀虫剂的抗药性现状。

检测结果表明，禾谷缢管蚜田间种群对吡虫啉和高效氯氰菊酯产生了一定程度的抗药性，江苏东台种群对吡虫啉产生了 11 倍的中等水平抗药性，河南驻马店种群对高效氯氰菊酯产生了 14 倍的中等水平抗性。田间禾谷缢管蚜种群对氟啶虫胺腈总体仍处于敏感水平阶段，仅河南西华种群对氟啶虫胺腈产生了 3.74 倍的耐药性，说明氟啶虫胺腈存在产生抗性的风险。禾谷缢管蚜对啶虫脒、抗蚜威和氧化乐果 3 种杀虫剂仍处于敏感水平，抗性倍数分别为 0.20~0.43 倍、0.74~1.88 倍、1.30~2.89 倍，说明目前用啶虫脒、抗蚜威等药剂对田间禾谷缢管蚜进行防治仍具有较好的防治效果。其他禾谷缢管蚜田间种群对啶虫脒、氟啶虫胺腈、抗蚜威和氧化乐果也均未产生明显抗性，均处于敏感阶段，其抗性倍数分布在 0.06~2.92。

麦长管蚜田间种群对吡虫啉、啶虫脒、氟啶虫胺腈、高效氯氰菊酯、抗蚜威和氧化乐果均未产生抗药性。监测的 10 个麦长管蚜田间种群中，仅陕西兴平种群对吡虫啉产生了 7.41 倍的低水平抗性，其余 9 个田间种群对吡虫啉的抗性倍数为 0.11~1.92，均处于敏感水平。监测的麦长管蚜田间种群对啶虫脒和氟啶虫胺腈的抗性倍数均小于 3，暂未产生抗药性。麦长管蚜对高效氯氰菊酯的抗性倍数分布在 0.37~9.17，湖北枣阳种群抗性倍数最高为 9.17 倍，已产生低水平抗性，其次为北京上庄种群产生了 3.22 倍的耐药性，其余 6 个种群均处于敏感水平。田间麦长管蚜种群对抗蚜威和氧化乐果的抗性倍数均小于 2，监测的 3 个田间麦长管蚜种群对抗蚜威和氧化乐果的抗性均处于敏感水平。

总体来看，我国禾谷缢管蚜和麦长管蚜田间种群对几种常用杀虫剂均比较敏感，除个别种群产生了低等到中等水平的抗药性外，其他种群均未产生抗药性，表明目前用这些药剂防治这两种麦蚜田间种群仍具有很好的效果。

2. 蚜虫对新颖杀虫剂的抗性风险评估

氟啶虫胺腈是美国陶氏益农公司研制并于 2013 年全球同步上市的一种亚砜胺类杀虫剂。由于氟啶虫胺腈对高等动物低毒、无交互抗性，且对许多取食植物汁液的害虫具有较高的防效，被广泛应用于刺吸式口器害虫的防治。在大麦青稞蚜虫田间防治实践中，氟啶虫胺腈越来越受到青睐。麦田蚜虫的抗药性监测发现，虽然禾谷缢管蚜和麦长管蚜对氟啶虫胺腈整体处于敏感水平，但已经有部分田间种群对氟啶虫胺腈产生了耐药性。因此，有必要对大麦青稞蚜虫对氟啶虫胺腈产生抗性的风险进行评估。通过构建种群生命表发现，氟啶虫胺腈亚致死剂量处理对麦长管蚜和禾谷缢管蚜 F_0 代的繁殖和寿命都没有产生显著影响，但对两种麦蚜的 F_1 代产生了显著影响。对于麦长管蚜的 F_1 代，其亚致死效应表现为显著缩短了成虫期。对于禾谷缢管蚜的 F_1 代，亚致死效应表现为显著缩短了成虫的产卵前期和整个产卵前期、平均世代历期缩短、净生殖率增加、内禀增长率和周限增长率显著增加。

氟啶虫胺腈亚致死剂量处理，虽对麦长管蚜和禾谷缢管蚜两种大麦主要害虫 F_0 代没有显著影响，但可以显著增加禾谷缢管蚜 F_1 代的内禀增长率和周限增长率，可能会对禾谷缢管蚜未来的种群动态产生影响，存在产生抗药性的风险。

3. 吡虫啉对蚜虫种群动态的影响

吡虫啉作为大麦青稞蚜虫田间防治中最常用的一种杀虫剂，对麦蚜种群动态有重要影响。在室内条件下，没有杀虫剂干扰，禾谷缢管蚜的种群瞬时增长率显著高于麦长管蚜的种群瞬时增长率，说明禾谷缢管蚜比麦长管蚜更具有竞争力，是优势种群。但当暴露于吡虫啉时，禾谷缢管蚜的种群瞬时增长率显著低于麦长管蚜的种群瞬时增长率，说明在吡虫啉压力胁迫下，麦长管蚜比禾谷缢管蚜更具有竞争力。田间试验同样发现，在自然状况下，禾谷缢管蚜的种群瞬时增长率显著高于麦长管蚜种群瞬时增长率，而在吡虫啉压力作用下，麦长管蚜具有更高种群瞬时增长率，与室内结果相一致；表明吡虫啉对两种麦蚜种群的竞争关系具有显著影响。此外，研究还发现，吡虫啉胁迫还能够对麦蚜天敌种群造成影响，并间接影响两种大麦青稞蚜虫的种间竞争关系。在自然状况下，天敌的密度在禾谷缢管蚜种群中是显著高于其在麦长管蚜种群中的密度。然而，在吡虫啉处理下，天敌的密度在禾谷缢管蚜种群中是显著低于其在麦长管蚜种群中的密度。

4. 大麦青稞品种抗蚜性鉴定

对121个大麦青稞栽培品种进行了抽穗、扬花、灌浆和蜡熟等不同生长期的抗蚜性鉴定。鉴定出抽穗期高抗品种（HR）8个，抗虫品种（R）9个，中抗品种（MR）6个；扬花期高抗品种3个，抗虫品种10个，中抗品种7个；抗蚜灌浆期高抗品种6个、抗虫品种12个，中抗品种10个；蜡熟期高抗品种4个，抗虫品种4个，中抗品种10个。种植大麦青稞抗蚜品种能够有效减轻麦蚜对大麦的为害程度，大麦青稞品种抗蚜性鉴定对制定大麦青稞蚜虫综合防治策略有重要促进作用。

（汇总撰稿人：高希武、马康生、梁沛）

新产品研制与加工技术

近年来，在国家大麦青稞产业技术体系的技术支撑下，大麦青稞加工产品逐渐从过去单一粗加工产品向多元化功能复合产品延伸，产业链向饲料、食品、保健食品、酒、饮料、化妆品等高附加值产业拓展，加工技术从简单作坊式操作向现代精深高效加工技术过渡转变。

一、大众化食品与高值产品研发及加工技术

为充分体现大麦青稞的独特风味，提升消费者对食用大麦青稞的兴趣，国家大麦青稞产业技术体系开展了一系列大麦青稞大众化食品的研发，研制出了青稞露饮品、青稞速溶粉、青稞面条、青稞馒头、青稞自发粉、青稞复合米、青稞奶片、青稞麦芽发酵饮料等多元化产品及其加工技术。为了提高产品的附加值，先后研制成功了众多功能性复合产品，其中包括"青稞雪饼""青稞曲奇""青稞珍珠露""青稞年糕""大麦茶""青稞杏意龙井酥""青稞米糕""青稞蛋糕""青稞贝果"等烘焙系列产品。其中，"青稞米糕"的加工，汲取浙江民间传统工艺的精华，不添加奶酪、黄油、脂肪，在保留米糕原有风味的基础上，提升产品的健康保健特色。多数大麦青稞加工产品陆续获得国家发明专利、省部级科技进步奖项，如"青稞杏意龙井酥"获得 2012 年度美国大杏仁创新大赛优秀奖。主要加工技术如下：

（一）大麦青稞发酵产品加工技术

收集不同红曲霉菌株，进行青稞发酵试验，测定青稞发酵物的红曲菌代谢功能产物洛伐他丁（Monacolin K）含量，最后筛选得到适合青稞功能红曲发酵的功能红曲菌株（2-KH）和适合在西藏高原环境下进行青稞红曲酒发酵的红曲菌株（DX-2）。然后通过青稞破碎程度、发酵菌种、发酵时间、发酵温度、水分等因子的优化，研发青稞发酵食品"青稞红曲酒""青稞红曲醋"等两种液体发酵新类型产品，建立生产发酵工艺，建立一能在西藏高原地区生产的青稞红曲酒的生产技术。与相关企业合作，进一步对发酵酿造工艺进行

了优化，完成扩大生产"青稞红曲酒"15t、"青稞红曲醋"6.2t。研究技术已经申报发明专利。同时，与企业联合制定"青稞红曲酒""青稞红曲醋"企业标准和生产技术规程。

为发挥青稞的健康保护功能，提升青稞产品的附加值，进行了"青稞红曲胶囊"和"青稞红曲咀嚼片"研发和工艺优化。以青稞为原料，通过筛选功能红曲霉菌株，优化发酵条件，获得具有红曲功效成分 Monacolin K 的青稞红曲，再通过食品胶囊加工技术生产青稞发酵红曲胶囊。在此基础上再添加维生素等成分配制，生产青稞红曲发酵咀嚼片。该产品和加工技术已获得国家发明专利。

此外，根据青稞籽粒富含母育酚的特点，建立了以青稞麸皮为原料，通过生物菌株发酵和萃取分离，提取获得青稞母育酚。该分离提取技术已获得国家发明专利，并研制生产了相应产品"青稞母育酚软胶囊"。

（二）大麦青稞复合产品加工技术

1. 青稞-银杏胶囊加工技术

以 β-葡聚糖含量高的青稞品种——藏青 25 为原料，利用萃取技术得到以 β-葡聚糖为主的青稞提取物，将青稞提取物和银杏提取物按规定比例进行混合，再添加一定量的配料，经灌装等工艺加工而成的保健品。该产品对降血脂具有显著的保健功效。

2. 青稞速溶粉加工技术

以青稞为原料，将青稞进行磨粉，利用青稞面粉经酶解、糖化、调配喷雾等工艺加工而成的速溶固体饮料。该产品具有冲调性好、食用方便等特点。

3. 青稞露饮品加工技术

以含 β-葡聚糖较高的藏青 25 为原料进行磨粉，收集青稞麸皮，以青稞麸皮为原料进行 β-葡聚糖提取，利用提取液经调配、均质、灌装等工艺加工而成。

4. 青稞麦芽发酵饮料制备技术

挑选饱满完好的隆子黑青稞籽粒，除杂后经浸麦、发芽后得到青稞麦芽。以青稞麦芽为原料经粉碎、糖化、发酵、调配、均质等工艺加工而成。

5. 青稞奶片制备技术

以青稞糌粑和奶粉为主要原料，经制粒、压片等现代工艺加工而成。由于青稞糌粑的不同，试制了青稞奶片和紫青稞咀嚼奶片。在保留青稞本身独特风味的同时，奶香味浓郁，风味协调，是营养丰富、方便的大众食品。

青稞银杏胶囊　青稞速溶粉　青稞露饮品　青稞麦芽发酵饮料

(三) 大麦青稞传统产品加工技术

1. 青稞复合米

由优质无污染的西藏青稞与原生态小米,按营养黄金比例配比采用挤压等现代加工工艺精制而成,其色泽淡黄,营养丰富。加工过程不添加任何化学成分,保证每一粒复合米是纯天然的。

2. 青稞面食

以西藏无污染的青稞为原料,青稞经清洗、磨粉得到青稞面粉或青稞全粉,以青稞面粉或青稞全粉与小麦粉进行复配,经和面、压条、切断、干燥等工艺加工而成。

青稞奶片　紫青稞咀嚼片

青稞自发粉　青稞小馒头

(四) 大麦青稞新型功能产品加工技术

近年来，对麦绿素或大麦青稞苗粉的研究开发进程明显加快，已研制开发出的麦苗系列产品有麦绿素、麦苗粉、麦苗纤维食品、麦苗饮料、麦绿素可乐、青麦酶营养品等，但目前大麦苗在食品领域的应用较单一，有的产品只是将大麦苗粉碎加工，营养成分难以释放，相当于大麦草，生物活性较差；有的产品配方为单一的麦苗汁浓缩粉，不仅成本高，而且产品中膳食纤维含量低，并且难溶解、易沉淀、稳定性差、口感不佳。一种麦苗的加工方法，包括如下步骤：取麦苗为原料，清洗干净，清洗后的麦苗浸入70～85℃的复合护色液中热烫2～8min，热烫后将麦苗用筛网过滤，将冷却至室温的麦苗移入破碎机中，加水进行破碎打浆，得打浆麦苗汁。其中，麦苗与水的重量比为1∶4～1∶8，将打浆麦苗汁过滤，得第一滤液和第一滤渣；将第一滤液倒入调质均质机中，在温度为60～70℃下进行高压均质两次，得均质麦苗汁；将均质麦苗汁进行喷雾干燥，得速溶麦苗粉，其中，喷雾干燥的进风温度为170～190℃，进料流量为250～265mL/h，出风温度为55～75℃。该技术通过控制喷雾工艺参数，取得了较好的喷雾效果，且工艺简单，操作方便，喷雾时间短，产品不结块。能够有效保留麦苗产品原有的营养成分、色泽和风味，可以根据消费者的需求，进行调味，弥补了麦苗汁饮料所存在的种种缺点。同时，麦苗汁提取后的滤渣经过冷冻干燥，可制备为麦苗纤维粉，可添加到各类面制品中作为天然色素和增加其膳食纤维含量。

二、大麦青稞营养功效成分检测关键技术

1. 建立完善了大麦青稞基本营养成分（蛋白质、氨基酸、功能肽、直链淀粉、支链淀粉、抗性淀粉、纤维、维生素）**和功效成分**（β-葡聚糖、母育酚、GABA、多酚物、花色素、黄酮等）**分析检测技术**

研究建立了荧光分光光度法测定青稞中母育酚含量方法、HPLC法测定

青稞母育酚的组分方法，细胞学观察淀粉结构特征技术。另外，还建立了青稞发酵代谢功能成分 Monacolin K、青稞蛋白功能肽以及红曲酒发酵品质特性（酒精度、酸度等）和红曲发酵特性（菌种生长特性、发酵代谢功能成分 Monacolin K 含量等）等分析方法。

对收集的 100 多份大麦青稞资源材料及其加工后产品做了营养成分和功效成分的测定分析，明确淀粉、蛋白质、氨基酸、β-葡聚糖、生育酚和生育三烯酚、GABA、黄酮、多酚类、膳食纤维等含量差异及变化。建立了大麦青稞花青素总含量及部分主要组成成分的测定方法技术。与西藏农牧科学院合作，开展大麦青稞资源和品种（系）的花青素含量分析测定，共测定分析材料 86 份。收集分析大麦青稞食品加工原料种质，通过对 100 余份西藏青稞种质资源材料的母育酚及各个组分的含量进行分析，结果表明母育酚总量及各个异构体含量在不同品种间有显著差异；青稞母育酚含量与多酚、花青素及提取液的抗氧化活性之间不存在相关性，母育酚与千粒重呈负相关；在籽粒发育阶段和萌发阶段，母育酚各组分均具有显著动态变化。这些为青稞材料在食品及保健品开发中的进一步应用提供了参考。

开展大麦青稞储藏过程中营养功效成分变化的研究。采用 4 个品种，设计不同储存条件（储存条件设计：低温-有空气、常温-有空气、常温-抽真空、低温-抽真空），不同储存时间（储存时间设计：半年、1 年、2 年、3 年）的处理，进行储存前后的性状指标测定。开展青稞种植环境对加工品质的影响研究。比较在西藏地区和浙江地区种植对青稞品质的影响。

开展了大麦青稞品种的饲料加工性状鉴定和筛选工作。已经从不同地方收集了 20 个大麦青稞品种，初步分析了营养品质性状，开展籽粒发酵饲料实验，通过企业使用比较青稞发酵和不发酵制作的饲料对生猪（品种为金华二头乌）的生长影响。结果显示发酵饲料的效果更好，这样很好地解决了青稞制酒后的酒糟综合利用问题，拓展了青稞应用范围，提高了效益。

2. 筛选和优化了大麦青稞中花青素等新型功能因子高效萃取技术及其高效快速检测技术

筛选和优化了大麦青稞中花青素的萃取工艺。以黑青稞为试验样品，在单因素试验基础上，以乙醇体积分数、液料比、提取温度、提取时间和酸度为因素，利用正交试验研究了各自变量交互作用及其对花青素提取量的影响，确定了最佳提取工艺条件为：乙醇体积分数 59.01%、液料比 23∶1（mL/g）、提取温度 65℃、提取时间 3h、pH 2.02。在此条件下，花青素的提取效率最高。

建立了 7 种花青苷类物质的高效液相色谱串联质谱定性和定量检测方法。样品经盐酸甲醇提取液提取，固相萃取小柱净化，在电喷雾离子源正离子多反应监测（MRM）模式下对目标物质进行定性和定量分析。结果表明：7 种目标化合物在 $0\sim100\mu g/L$ 范围内呈现很好的线性关系，采用该方法对青稞样品进行了方法学评价，该方法操作简单，灵敏度高，重复性好，花青苷类物质的分析覆盖面广，可用于花青苷类成分快速鉴定及含量测定。

三、大麦青稞多酚类物质的功效评价和安全监测关键技术

以细胞系和小鼠系为模型，初步建立了营养成分的毒理和功效分析体系。以 ICR 小白鼠为实验动物，研究黄酮类物质对小白鼠生殖能力的影响。通过测定小鼠脏器系数、精子活性、精子密度、精子畸形率、骨髓嗜多染红细胞（PCE）微核率、血红蛋白含量、肝组织过氧化氢酶（CAT）含量及活性等对小鼠的损伤指标，评价其是否存在毒理效应。

利用细胞生物学技术，以小鼠胚胎成纤维细胞（MEF）和胚胎干细胞（ESC）分化形成的拟胚体（EB）为模型，建立营养功效成分的鉴定平台。分析了黄酮对培养细胞生长的浓度效应；采用细胞学和分子生物学方法，进一步研究了黄酮对小鼠生殖及胚胎发育功能的影响及相关分子作用机制，为大麦青稞黄酮类和多酚类物质的营养、功效和毒理分析打下基础。

四、大麦青稞质量安全检测关键技术

1. 构建基于分子印迹技术的快速检测除草剂草甘膦残留的检测方法，创建了高效萃取样品前处理技术

针对农产品中草甘膦检测方法灵敏度不高、样品前处理复杂等技术难题，开展了大麦等农产品中草甘膦残留高效液相色谱串联质谱检测方法的研究，建立了以 0.2%乙酸水溶液提取溶剂，经过涡旋、离心、浓缩等快速萃取样品前处理技术之上的液相色谱-质谱/质谱（LC-MS/MS）快速检测方法，该方法灵敏度高、检出限可达 1ng/mL，避免了衍生化烦琐的步骤，节约了时间。同时，开展了基于石墨烯和纳米金信号增强、聚吡咯可控聚合、分子印迹高效识别的电化学检测技术的研究，建立了电化学快速识别大麦等农产品中草甘膦的残留检测方法。该印迹传感器对草甘膦分子具有很强的特异性识别能力且具有

良好稳定、重现性，成功地实现了对大麦青稞、小麦等样品中草甘膦准确快速、高灵敏和高选择的检测，能够满足当前国际上对农产品中草甘膦限量要求。

2. 建立了大麦青稞产品全链条生产过程安全检测关键技术

开发了一种非二噁英类多氯联苯污染土壤的生物技术检测方法，能用于多氯联苯（PCB）污染地区的粮食和加工食品的安全检测，有助于提高大麦青稞原料和产品的安全性，具有潜在的应用前景。研制了一种食品安全微生物（创伤弧菌）分子生物学检测技术，能用于大麦青稞粉与海产品加工制作"天妇罗"等食品的安全性检测。开发了一种能较广泛抑制革兰氏阳性菌和革兰氏阴性菌的新型抗菌肽，可作为天然防腐剂应用于食品加工，提高大麦青稞等食品安全。

五、大麦青稞功效成分的代谢机理及分子改良关键技术

利用转基因技术进行大麦青稞籽粒功效成分的代谢调控机理分析，以及大麦青稞品质改良研究。建立了快速高效的大麦原生质体瞬时转化体系，可应用于基因表达、蛋白定位、蛋白互作、基因功能等研究，获得一项国家发明专利。利用农杆菌介导的转基因技术，开展大麦 β-葡聚糖降解、合成相关基因、母育酚代谢关键酶基因的遗传转化，通过成分分析，农艺和品质性状的生理生化鉴定，以阐明大麦籽粒功效成分的代谢调控机制；利用最新的 CRISPR-Cas9 基因组编辑技术开展在大麦中的应用研究，为今后开展大麦功效成分含量和组成等品质改良的基因工程研究提供了新的技术手段，具有一定的应用前景，可望为今后的大麦青稞营养功效品质改良提供基础材料，在推动大麦青稞科技创新、农业提质增效和绿色发展等方面发挥重要作用。

（加工研究室主任　佘永新）

农机具研发与机械化生产技术

一、节能型反转埋茬旋耕机研发与稻麦秸秆轻简化机械埋茬还田技术

（一）技术研究与创新内容

针对我国江苏、安徽、上海、浙江等省（直辖市）稻麦两熟地区，稻麦秆机械化还田处理常用的反转埋茬旋耕机存在的功耗大、效率低、耕后地表平整度差、埋茬量小、埋茬深度不能完全满足农艺要求等问题，通过对影响机具作业功耗和作业质量的因素研究，以减少机具刀轴前部壅土壅草，提高作业部件向后的输土能力，减少刀轴缠草入手，通过对反转机切削机理、刀轴排列、刀片参数、机罩间隙，以及整机结构和运动参数配置等优化研究，利用 ProE、MATLAB 等计算机仿真技术，通过机具结构仿真、刀片运动仿真，对机具的结构进行优化，通过机具和旋耕刀片的优化对比试验、生产试验考核，创制一种新型节能型反转埋茬旋耕机。

（二）技术研究与创新成果

1. 研究成果

研发出节能型反转埋茬旋耕机 1 种，机具的技术参数：

①产品型号：1GF－200 型反转埋茬旋耕机；

②配套动力：80～120 马力*；

③作业幅宽：200cm；

④作业深度：10～15cm；

⑤传动方式：侧边齿轮传动；

⑥旋耕刀形式：专用直角刀（有稻麦和玉米专用两种）；

⑦旋耕刀数量：50 把。

---

* 马力为非法定计量单位，1 马力≈0.735 千瓦。

适用于稻麦两熟地区旱地稻麦秸秆覆盖还田土壤耕整作业，埋茬率高（95％以上）、埋茬深、功耗低、地表平整，一次能完成土壤的切削、碎土、茎秆（或植被）的覆盖作业。也能用于玉米秸秆整株切碎还田和土壤耕整作业，适应性强，作业效率高。

2. 技术创新

①整机能耗与传统的机具相比，节能达到8％～12％；

②旋耕刀采用专用的T形直角刀；

③刀轴排列："人"字形；

④机具的防护罩经优化设计，合理配置机具前部和顶部处刀辊和机罩的间隙。

3. 产品与田间作业照片

埋茬旋耕机

田间作业试验（麦茬地）

田间作业试验（稻茬地）

田间作业试验（玉米地）

（三）稻麦秸秆轻简化机械埋茬还田技术

该技术使用新研发的反转埋茬旋耕机，替代传统的犁耕翻埋秸秆＋土壤浅旋耕整作业，机具一次能完成对稻麦秸秆全量覆盖还田、土壤耕整等作业，是为后续作物的种植创造良好土壤条件的机械化作业技术。

该技术的核心使用新型反转埋茬旋耕机进行作业，机具适应的条件为：土壤含水率15％～25％，土壤质地为轻黏土、土壤、沙壤土，稻麦收获后，田间留茬高度在15cm左右，最大不超过20cm。联合收获脱粒后茎秆必须粉碎，粉碎长度不大于15cm，茎秆在田间抛撒均匀，没有拖堆现象；田面平整，田间作业时留下轮辙深度不大于10cm，如轮辙太深，会影响耕整作业深度稳定性，从而影响秸秆的覆盖效果。

机具作业的参数控制，作业深度一般不小于 12cm，刀轴转速控制在 220～250r/min，机组作业速度一般为 2～3.5km/h。作业时根据田间土壤的松紧程度和拖拉机负荷大小，选择作业速度。配套旋耕刀根据不同的秸秆类型选择，有适用稻麦秸秆和玉米秸秆还田的两种形式。机具田间作业路线根据田块大小确定，以减少机组空行转弯为准，通常采用小区套耕法。

二、高湿地稻茬麦播种施肥开沟联合作业机研发与高湿地稻茬麦机械化高效播种技术

(一) 技术研究与创新内容

针对我国江苏、安徽、上海、浙江等省（直辖市）稻麦两熟地区，大麦、小麦种植季节，雨水多，田间土壤水分高，普通的大型播种机、旋耕播种机等无法正常进行作业，导致无法按时播种，耽误农时，造成作物减产等问题，通过对影响播种质量的因素分析，以江苏苏南地区稻茬麦种植撒播盖籽技术为指导，考虑到秸秆覆盖和轮辙地表平整，防止输种管堵塞，提高播种质量，通过对撒播盖籽技术、秸秆覆盖技术、湿地开沟整平技术、播种施肥同步控制技术等研究，创制一种高湿地稻茬麦播种施肥开沟联合作业机。

(二) 技术研究与创新成果

1. 研究成果

研发高湿地稻茬麦播种施肥开沟联合作业机 1 种，机具的技术参数：

①产品型号：2BFG－16；

②结构形式：双轴式，前轴旋耕开沟；后轴浅耕；播种管后部为螺旋盖籽轴；

③作业速度：2～5km/h；

④生产率：6～12 亩/h；

⑤作业幅宽：230cm；

⑥耕深：10～14cm（前刀轴）；5～8cm（后刀轴）（以浮土为准）；

⑦播种深度：2～5cm；

⑧施肥形式：耕层施肥；

⑨配套动力：80～100 马力；

⑩动力输出轴转速：720r/min；

⑪播种行距：15cm，可调；

⑫行数：16 行（播种）、8 行（施肥）；

⑬播种量：6～20kg/亩；

⑭施肥量：10～90kg/亩；

⑮旋耕传动形式：侧边齿轮传动；

⑯播种/施肥驱动方式：调速电机驱动；

⑰播量/施肥量控制：电机转速和排种器/排肥器开度综合控制，种肥轴由调速电机驱动，实现机具提升时电机停止转动、电机转速与作业前进速度同步。

⑱开沟宽度：18～22cm（上口宽）；16～20cm（上口宽）；

⑲开沟深度：20～25cm。

适用于稻麦两熟地区高湿作业条件（土壤含水率不大于 30%），轻黏土、壤土作业条件下大麦、小麦的旋耕、播种施肥，同时完成田间开沟作业。机具一次能完成土壤的耕整、碎土、根茬覆盖、播种施肥、开沟等作业。作业效率高，播种质量能满足农艺要求。

2. 技术创新

（1）整机采用双轴旋耕结构，前部旋耕埋茬，后部浅旋盖籽，机具中间开沟，结构紧凑；

（2）播种采用浅旋盖籽技术，适应性强，播种质量满足农艺要求；

（3）施肥采用前部耕层混施技术，能保证施肥质量；

（4）播种施肥的驱动采用电机驱动，播种施肥量同步控制技术，适应高湿作业条件下使用，智能化程度高，调节方便。

3. 产品与田间作业照片

开沟施肥播种机

田间作业

（三）高湿地稻茬麦机械化高效播种技术

该技术是使用高湿地稻茬麦播种施肥开沟联合作业机，替代传统人工撒播＋手扶旋耕机浅旋盖籽，满足大农场、种植大户等大面积作业需要。机具一次能完成土壤的耕整、碎土、根茬覆盖、播种施肥、开沟等作业，作业效率高，播种质量能满足农艺要求，保证了高湿地稻茬麦能高效、高质播种，弥补国内高湿地稻茬麦机械化播种机具的不足。

该技术的核心是使用高湿地稻茬麦播种施肥开沟联合作业机进行作业，机具适应的条件为：土壤含水率不大于30％，土壤质地为轻黏土、土壤、沙壤土；田间留茬高度不大于15cm。联合收获脱粒后茎秆必须粉碎，粉碎长度不大于10cm，茎秆在田间抛撒均匀，没有拖堆现象；田面平整，没有影响播种作业的沟坎，配套拖拉机轮辙深度不大于20cm。

机具作业的参数控制，前部旋耕深度10～14cm，后部旋耕深度5～8cm（以浮土为准）；施肥适用于颗粒肥，播种量和施肥量通过电机转速和排种器、排肥器的开度双重调节，作业前必须按照机具说明书进行试运行，调整其播种量和施肥量；种子和肥料符合农艺要求，种肥箱加的种子和肥料量达到其容量的一半以上，确保种肥流动顺畅；机具的作业速度一般2～3km/h，按照机具作业负荷和作业质量确定作业速度大小。田间作业路线根据田块大小确定，以减少机组空行转弯为准，通常采用小区套耕法。

三、履带自走式耕整管理机研发与履带自走式耕整作业技术

(一) 技术研究与创新内容

针对我国丘陵山区、高寒藏区的坡耕地、梯田、小块地，以及科研育种地、果园茶园等设施农业中，缺少适用的多功能、操作方便适用的耕整作业机的问题，通过区域土壤、农机作业条件，以及应用需求分析研究，通过吸收国外先进的底盘设计和配置技术经验，从提高动力底盘的操控，增加作业部件通用性，提高机具使用功能入手，通过对动力底盘的遥控应用技术、作业部件配置技术、整机配置的平衡技术等研究，采用成熟的机电液控制技术，实现动力底盘的前进、转向，以及作业部件的升降，整机动力配置和传动设计等，以及动力输出采用应用较广的手扶拖拉机结构，提升作业部件配置的通用性，通过多轮样机的性能、应用试验考核，创制一种新型履带自走式耕整管理机。

(二) 技术研究与创新成果

1. 研究成果

研发出履带自走式耕整管理机 1 种，机具的技术参数：

①配套发动机标定功率：14.7kW；

②整机操作方式：遥控式；

③工作幅宽：120cm；

④耕深≥10cm；

⑤作业速度：0.15～0.5m/s；

⑥生产率：1.5～4.5 亩/h；

⑦刀辊转速：220r/min；

⑧总安装刀数：48 把；

⑨旋耕刀型号：R165；

⑩梯形沟开沟作业尺寸：上口宽 30～35cm，下口宽 25cm，沟深25～30cm；

⑪起垄作业尺寸：用于草莓起垄、烟草起垄等；垄型尺寸可调。

适用于我国丘陵山区、高寒藏区的坡耕地、梯田、小块地，以及科研育种地、果园茶园等设施农业土壤旋耕、开沟、起垄等作业，操控方便，效率较高，适应性强。

2. 技术创新

(1) 整机运动控制、作业部件的升降等采用遥控控制，操作方便；

（2）具备旋耕、开沟、起垄等作业功能，功能多，机具利用率高；

（3）底盘采用橡胶履带，通过性好，爬坡能力强；

（4）作业部件的平衡采用自翘头平衡技术，结构简单。

3. 产品与田间作业照片

履带自走式耕整机（配旋耕部件）

旋耕作业

开沟作业

烟地起垄作业　　　　　　　　　草莓地开沟起垄作业

（三）履带自走式耕整作业技术

该技术使用履带自走式耕整管理机，以替代传统微耕机、乘坐式履带式耕整机、"大棚王"小型拖拉机组作业，满足我国丘陵山区、高寒藏区的坡耕地、梯田、小块地，以及科研育种地、果园茶园等设施农业进行土壤旋耕、开沟、起垄等作业需要，操控方便，效率较高，适应性强，提升我国丘陵山区、高寒藏区等坡耕地、梯田机械化耕整作业，以及科研育种，林果业等机械化耕作技术水平。

该技术的核心是使用具备遥控功能的履带自走式耕整管理机，机具适应的条件为：土壤含水率 15%～25%，土壤质地为轻黏土、土壤、沙壤土；田间留茬高度少，地表平整；适应于低矮的果树下，窄小的树行间，设施大棚中作业。

机具作业的参数控制，旋耕深度 10～12cm，起垄参数可调，按照农艺要求进行调整；机具的作业速度按照作业负荷程度选择，负荷大，选低速，负荷小，选高速；机具的遥控功能有距离限制，一般控制在 20～30m 以内，防止失控，发生安全事故。田间作业路线根据田块大小确定，以减少机组空行转弯为准。

四、西藏青稞割晒打捆机研发与青稞高效低损收获技术

（一）技术研究与创新内容

针对西藏青稞收获机械化程度低，丘陵山地、小块坡耕地、梯田等青

稞收割缺乏适应高效收割机械等问题，考虑到西藏特殊的区域环境和气候，收获季节温度低、阴雨多，容易造成青稞倒伏，影响青稞的品质，因此青稞适时、高效收割尤为重要。通过对西藏自治区农机适应性系统调研，按照自治区青稞生产全程机械化行动部署，开展青稞高效低损技术研究，通过对青稞机械联合收割、割晒收割、割晒打捆收割等试验，结合西藏自治区动力配备情况，通过集成创新，研发出适应青稞收割的割晒打捆机。

（二）技术研究与创新成果

1. 研究成果

研发出自走式割晒打捆机 1 种，机具的技术参数：

①产品型号：4GK－90 型割晒打捆机；

②配套动力：8 马力（R180/水冷电启动柴油机）；

③割幅：90cm；

④留茬高度：≥50mm；

⑤铺放方式：侧向捆放；

⑥生产率：1.5～2 亩/h。

研发割晒打捆机（与皮带传动四轮拖拉机配套）1 种，机具的技术参数：

①产品型号：4GK－150 型割晒打捆机；

②配套动力：30～40 马力皮带传动四轮拖拉机；

③割幅：150cm；

④留茬高度：≥50mm；

⑤铺放方式：侧向捆放；

⑥生产率：4～6 亩/h。

适用于我国丘陵山区、高寒藏区的坡耕地、梯田、小块地大麦、青稞、小麦的收割打捆作业，自走式割晒打捆机也能用于科研育种收割用。可以弥补我国丘陵山区、高寒藏区收获机械的不足，提升了机械化水平。

2. 技术创新

（1）自走式割晒打捆机应用于青稞打捆收获，并开展系统收获试验研究；

（2）割晒打捆机（与皮带传动四轮拖拉机配套），提升了区域青稞收获的机械化水平，提高了皮带传动四轮拖拉机利用率，助力了藏区农业增产增收。

3. 产品与田间作业照片

青稞自走式割晒打捆机

青稞割晒打捆机（与皮带传动四轮拖拉机配套）

田间作业（收割青稞）

五、西藏青稞高效低损收获技术

该技术针对西藏青稞收获季节特殊的地域、气候条件，气温低，昼夜温差大，雨水多，以及区域青稞生长的特性，青稞成熟期穗头下垂，穗幅差大，穗头茎秆细小，易断脱落，再生株、分蘖株茎秆高度、穗长差异大，加之西藏青稞追求粮草兼用，部分品种易倒伏，对青稞收获技术提出新的要求。目前，西藏的青稞联合收割机类型不少，但使用存在不少问题，青稞机械化联合收获还存在效率低、损失大等问题，不少地区把谷物联合收割机当成移动式脱粒机使用，使用效率低、浪费严重；普通割捆机也有试验，但堵塞严重，影响了推广应用，使用最多的为手扶式割晒机以及背负式割晒机，但存在收割质量差、劳动强度大等不足。因此，积极开展青稞高效低损收获技术研究，研发、集成创制适用青稞高效低损收获的装备，高效使用已有联合收获机械，可以促进西藏青稞生产全程机械化的发展。

该技术的核心是适应西藏青稞高产栽培技术的推广应用，适应青稞育种技术的发展，按照西藏区域青稞环境、气候、青稞品种、区域土地条件、机械化作业条件等选择适宜的青稞收获方式。如河谷地区地块大，机械化作业条件好，适宜采用大型联合收割方式，割晒打捆方式作为补充；丘陵山地、坡耕地、小块地，机械化作业条件较差，宜选择割晒收获、割晒打捆收获，小型的联合收获根据机械化作业条件可作为补充。

青稞联合收割关键是适时收割，一般青稞成熟度达到蜡熟期，籽粒水分在20%～30%。检查籽粒成熟度时，取穗部中间的籽粒，当咬开籽粒，籽粒内部呈蜡状，没有乳液，判断青稞已到蜡熟期，一般西藏青稞的蜡熟期5～7天。一般用青稞到蜡熟末期，籽粒变硬后，就可进行联合收割作业，避免过早或过晚收割，以保证青稞有好的品质和产量。据研究，种用青稞收获，应该使青稞在田间自然生长，在完熟期初期到完熟中期收获，品质较好。

联合收割作业路线有顺时针、逆时针和梭形（小区作业法）。作业路线选择应尽可能减少机具转弯空行时间，以提高作业效率。转弯时要提起割台，不能边转弯边收割，以防分禾器和行走装置压倒未收割的青稞，造成漏割损失。作业速度选择按照试割的质量确定，发动机油门一般选择大油门作业，保证收割质量。

收割倒伏的青稞，通常需要降低割茬，拨禾轮前移，拨禾轮弹齿角度垂直或后倾15°～30°，作业方向尽可能沿倒伏方向收割，降低作业速度，尽量匀速作业，卸粮或处理其他事宜需要停止前进时，应及时提起割台。

收割过熟青稞时，应注意降低割茬，减小拨禾轮的速度，其余同收割倒伏的青稞方法。

机具收到地头时，不应立即减油门，应保持大油门工作，使得已收割的青稞完成脱粒、清选等作业。

青稞到蜡熟期就可进行割晒打捆作业，收割后青稞经适当晾晒，使得青稞也有时间后熟。应避免过早或过晚收割，以保证青稞有好的品质和产量。

割晒打捆作业路线一般选择顺时针作业路线；除乘坐式割晒打捆机外，割捆作业后收割的青稞摆放在机具的左侧，一般作业第一个圈，需要考虑收割作物的摆放的影响，必要时，需要有人辅助摆放，以减少收割损失。作业路线选择应尽可能减少机具转弯空行时间，以提高作业效率。

六、双轴式精整地作业机研发与区域土壤高效精整作业技术

（一）技术研究与创新内容

针对河南、安徽等特殊土壤条件下，土壤耕整时，干旱少雨，土壤耕翻后容易板结成块，土垡坚硬，不易碎土整地，普通的耕整机具需要多次作业才能达到种植要求，生产率低，缺乏高效的土壤耕整作业机等问题，通过区域土壤物理特性分析研究，考虑到区域配套拖拉机等动力条件，通过对双轴式旋耕机应用分析，借鉴国外蔬菜精整地作业技术，按照农业要求，创造适宜种植的表层土壤细碎，有利于种子的发芽；下层土壤土块较大，可增加土壤的通透性，有利于土壤蓄水保墒。通过对土壤正反旋综合切削机理、表层碎土技术、碎土

部件排列、碎土部件选型等研究，采用双轴式结构，前部正转耕层旋耕，后部反旋表层碎土；整机结构采用框架式结构，提高整机的结构强度，前部旋耕采用中间齿轮传动的旋耕结构，后部采用大刀轴管的摆动小锤爪，提高碎土能力；通过多轮样机的性能，应用试验考核，创制一种新型双轴式精整地作业机。

（二）研究成果及技术创新

1. 研究成果

研发出双轴式精整地作业机 1 种，机具的技术参数如下：

①配套动力：100～140 马力；

②作业幅宽：230cm；

③作业深度：旋耕 12～14cm，碎土：6～10cm（浮土）；

④刀轴转速：旋耕轴/碎土轴/动力输出轴转速 540r/min/720r/min；

⑤作业部件形式：前部旋耕刀，IT245；后部：摆动锤爪＋两端三角齿＝58＋4；

⑥传动方式：旋耕为中间齿轮传动；碎土为侧边齿轮传动；

⑦刀轴旋向：旋耕正转，碎土反转；

⑧整机结构形式：框架式。

2. 技术创新

（1）整机采用前部旋耕正转，后部碎土反转，结构新颖；

（2）表层碎土采用摆动锤爪，碎土能力强；也可选用三角齿，应用于比较疏松的土壤；

（3）碎土锤爪采用对称螺旋排列，受力均匀，冲击小。

3. 产品与田间作业照片

双轴式精整地作业机

田间作业（一）

田间作业（二）

（三）区域土壤高效精整作业技术

该技术就是使用新型的双轴式精整地作业机，以替代传统旋耕机、土壤耕整机等进行土壤犁耕后田间耕整作业，满足河南、安徽等省的特殊土壤条件下，干旱少雨，土壤耕翻后容易板结成块，土垡坚硬的土壤高效耕整作业要求，提高区域耕整作业生产率，促进大田作业机械化水平的提升。

该技术的核心是使用新型的双轴式精整地作业机，机具适应的条件为：土壤含水率 13％～22％，土壤质地为黏壤土；田间经犁翻耕后，地表比较平整，田间没有较大的垄沟，不影响机具正常作业。

机具作业的参数控制，作业深度：旋耕 12～14cm，碎土：6～10cm（浮土）；作业速度：2～3.5km/h，拖拉机动力输出轴转速一般为 540r/min，作业速度选较小值；土壤比较疏松可选 720r/min，作业速度可选较大值；田间作业路线根据田块大小确定，以减少机组空行转弯为准，一般采用小区套耕法。

七、全电动大麦青苗割晒机研发与大麦青苗无污染机械收割技术

（一）技术研究与创新内容

针对大麦青稞产业大麦苗粉、大麦绿色素等特种种植加工所需大麦青苗收割，适应大麦青苗无污染、低污染收割需要，避免大麦青苗收割时，配套的柴油机、汽油机等燃油动力的排气污染，以利于保证加工原料品质，满足产品的绿色环保要求。通过对大麦青苗适用加工的情况调研分析，吸收了国内外电动动力底盘和谷物割晒机动力配置设计经验，从提高电动动力底盘操控，减少动力消耗，增加割台的适应性入手，通过对电动动力底盘的应用技术、割台配置技术等研究，对割台结构、履带式行走机构进行优化设计，动力采用锂电池组，减轻整机重量，降低或避免污染。通过样机的性能、应用试验考核，创制一种新型全电动大麦青苗割晒机。

（二）研究成果及技术创新

1. 研究成果

研发出全电动大麦青苗割晒机 1 种，机具的技术参数如下：

①全电力驱动；

②割幅：90cm；

③适应大麦高度：50cm 以上；

④大麦种植模式：机器条播；

⑤机具结构形式：乘坐式；

⑥割后铺放方式：侧边条铺；

⑦机具行走方式：三角履带式；

⑧生产率：1.2～1.8 亩/h；

⑨电池续航时间：4～6h。

2. 技术创新

（1）整机全电动驱动，结构新颖，避免了收割产品尾气污染。

（2）采用三角履带，通过性好。

3. 产品与田间作业照片

全电动大麦青苗割晒机

田间作业

（三）大麦青苗无污染机械收割技术

该技术就是使用全电动大麦青苗割晒机，以替代内燃机动力的割晒机、人工背负式电动割晒机等，适应大麦青稞产业大麦苗粉、大麦绿色素等特种种植加工所需大麦青苗收割，满足大麦青苗无污染、低污染收割需要，避免大麦青苗收割时，配套的柴油机、汽油机等燃油动力的排气污染，以利于保证加工原料品质，满足产品的绿色环保要求，减少人工收割成本，提高作业效率。

该技术的核心是使用新型的全电动大麦青苗割晒机，机具适应的条件为：机具能下地作业，大麦生长高度达到50cm以上，种植密度同正常的大麦、小麦一致；田间比较平整，没有较大的垄沟，不影响机具正常作业。

机具作业的参数控制，割茬高度控制在 5cm 左右，作业速度按照收割的青苗密度确定，以控制喂入量，保证收割质量为准；青苗密度大，速度适当减小，反之，密度小，适当加大。田间作业路线根据田块大小确定，以减少机组空行转弯为准。

（机械化生产研究室主任　朱继平）

产业生产与市场监测及
基础数据平台建设

一、"十二五"期间

2011—2016 年，开展了大麦青稞产业生产与市场监测，建立了国内大麦青稞生产、销售情况数据库和国际大麦生产、贸易情况数据库。其中，国内数据库包括大麦青稞面积、单产、总产、销售情况、价格、进口量额、进口国别、进口价格等，国际数据库包括世界总体及主要国家大麦面积、单产、总产、出口贸易、价格、国别等。具体工作进展主要包括以下几个方面。

（一）体系重点任务及其技术措施监测与评价

完成了国家大麦青稞产业技术体系重点任务及其技术措施监测与评价。通过为体系重点任务之一"青稞粮草双高增产技术集成与示范"中，所列的每项单项技术（青稞粮草双高型优良品种选育、青稞粮草双高良种配套栽培技术研究、青稞主要病虫害防控技术研究、提高青稞抗旱性和耐寒性的关键栽培技术研究）和体系重点任务之二"提升啤酒大麦品质的生产关键技术研究与示范"中，所列的每项单项技术（优质高产多抗啤酒大麦品种选育、啤酒大麦优质高产配套栽培技术、啤酒大麦优质高产病虫草害防控技术、啤酒大麦优质高产机械化作业技术），设计技术措施的相关成本和收益问卷，并且每年定期收集相关的第一手资料和数据。根据收集的 2011—2015 年相关数据资料，分别对其技术经济效果进行评价，并在此基础上，进一步对整个体系的技术经济效果进行评价，总结技术研发成效，提出了确保技术效果发挥的政策措施。

（二）产业生产情况跟踪监测及数据库建设

开展了大麦青稞产业生产情况跟踪监测及数据库建设。针对产业经济研究室设定的大麦青稞有关生产要素变化监测工作内容，专门设计了农户调查问卷，包括 5 个部分：农户基本情况、大麦种植情况、近三年大麦青稞生产的投入产出情况、农户的技术需求与技术供给情况、户主参加农民专业合作社情况，调查问题有 100 多个。还对岗位/试验站调研问题进行了设计，具体包括 5 个方面：岗位/试验站的基本运行情况与主要工作、岗位/试验站的大麦青稞生产基地、示范农场或团场及示范县的大麦青稞种植基本情况、当地大麦青稞的供求状况与国内贸易情况、当地大麦青稞的消费状况和当地大麦青稞合作组织或协会的发展情况，调查问题有 25 个。2011—2015 年，赴黑龙江、内蒙古、新疆、西藏、青海、四川、云南、河南、安徽、江苏、浙江、湖北、上海等省份的示范县开展实地调查，邀请各岗位科学家和试验站站长、当地政府官员、农业技术人员、大麦种植户、专业合作社、啤酒厂、大麦酿酒厂等进行现场问卷调查与访谈，详细了解农户大麦种植情况、近三年大麦生产的投入产出情况、农户的技术需求与技术供给情况、户主参加农民专业合作社情况、大麦作为饲料与酿酒原料的投入产出情况等，在此基础上，构建了生产要素监测调查数据库。

目前，已经建立了覆盖主产省的大麦青稞生产要素监测调查系统，并且在"十二五"期间撰写了全国大麦青稞生产要素变化跟踪监测报告 13 篇，包括：豫鄂两省大麦产业发展调研报告、新疆啤酒大麦产业发展调研报告、安徽大麦生产现状及发展对策、内蒙古大麦生产现状及发展对策、湖北大麦生产现状及发展对策、云南大麦生产现状及发展对策、青海青稞生产现状及发展对策、浙江大麦加工业发展现状及对策、河南省大麦育种及生产调研报告、农户啤酒大麦销售意愿影响因素的实证分析、啤酒大麦产业链成本收益的实证研究、大麦青稞产业预警指标体系构建及应用、大麦青稞育种经济效益评价报告。

（三）产业市场情况跟踪监测及数据库建设

为了准确把握大麦青稞市场形势，围绕"产业生产情况监测及数据库建设"主要开展了以下工作：

一是广泛收集文献资料，包括与中国、世界总体以及世界主要生产和贸易国的大麦产业发展有关的研究报告、文章和市场形势分析报告，并通过联合国粮农组织、美国农业部、加拿大农业部、澳大利亚农业部、法国农业部以及大麦行业协会等重点网站，建立并更新大麦青稞生产、加工、消费、贸易、库存等数据。二是积极参加体系和行业内相关会议，包括：2011 年 1 月在黑龙江哈尔滨召开的国家大麦青稞产业技术体系 2010 年年终工作总结暨人员考评会议、2011 年 3 月在河北石家庄召开的"国家现代农业产业技术体系产业经济研讨会"、2011 年 4 月在四川召开的"国家大麦青稞产业技术体系建设 2011 年四川大麦青稞科研生产考察会议"、2011 年 6 月在江苏盐城召开的"2011 年中国啤酒大麦产业发展论坛”会议、2011 年 8 月在云南昆明召开的“第九届中国啤酒原料市场分析研讨会”、2012 年 4 月 6 日由加拿大驻华使馆和艾伯塔省驻中国办事处举办的“2012 加拿大大麦、小麦及谷物贸易说明会”、2012 年 5 月 25 日在河南郑州召开的“2012 年中国啤酒原料产业发展论坛”、2012 年 6 月 12～16 日在甘肃召开的“国家大麦青稞产业技术体系建设 2012 甘肃大麦青稞北方区试及生产考察会议”、2012 年 9 月 24～25 日在安徽合肥举办的“中国作物学会大麦专家委员会第 7 次会议暨大麦产业发展研讨会”、2013 年 8 月在北京召开的“《中国现代农业产业可持续发展战略研究（大麦青稞分册）》书稿初稿讨论会”、2013 年 10 月 31 日在江苏无锡召开的“2013 年中国啤酒原料产业发展论坛”、2014 年 7 月 3 日在内蒙古海拉尔召开的“2014 年内蒙古大麦生产技术示范交流会”、2014 年 7 月 15 日在西藏召开的“青稞田杂草防控现场观摩暨技术培训”会议、2014 年 9 月 17 日在北京召开的“全国大麦青稞青年学术交流会”、2015 年 11 月 20 日在江苏盐城召开的“2015 年度中国啤酒原料产业发展论坛”等，跟踪大麦青稞市场动向，多次邀请体系首席科学家及相关专家共同研讨大麦青稞生产和市场形势。三是实地调研时，对种子生产者、农民、专业合作社、麦芽厂、啤酒厂、大麦青稞酒厂、饲料加工企业等产前、产中、产后主体进行了深入细致的调查和研究，从产业链视角准确把握大麦青稞市场走向。

目前，建立了大麦青稞市场变化形势跟踪分析系统，并且在“十二五”期间撰写了市场跟踪监测分析与展望报告 22 篇，包括：中国大麦产业发展概述、中国大麦青稞产业政策研究、中国大麦青稞产业可持续发展的战略选择、2011 年大麦产业发展特点及 2012 年趋势分析、中国大麦生产格局变化及其决定因素、中国大麦生产布局优化分析、中国大麦产业国际竞争力分析、世界大麦生产及消费和贸易格局分析、世界主产国大麦产业政策研究、世界大麦消费问题研究、世界大麦进出口市场分析、加拿大大麦产业发展报告、澳大利亚大麦产业发展报告、法国大麦产业发展报告、日本大麦的生产和流通及对我国的政策启示、中国与世界大麦主要出口国生产贸易的比较分析、中国啤酒行业发展历程和特征及趋势、世界啤酒的生产及贸易格局分析、2013 年世界与我国大麦产业发展形势及 2014 年展望、2014 年世界与我国大麦产业发展形势及 2015 年展望、中国大麦青稞产业贸易和生产政策研究报告、2015 年世界与我国大麦产业发展形势及 2016 年展望。

（四）体系育种推广经济效益监测及评价

经济效益是收益与成本费用的比较。农业科研成果产生于科学研究领域，但它的经济效益却不能单独在研究领域内实现，而必须加进技术推广和生产单位的劳动耗费，在生产领域内实现。因此，计算农业科研成果的经济效益时，其收益在生产领域内计量，而成本则包括研制、推广和生产中应用该成果的全部费用。按照农业农村部科教司发布的农业科研成果经济效益评价计算方法，并遵循"科学、简明、易算、适用"的原则，采用单位规模新增纯收益、育种及推广的总投入、育种及推广的总纯收益和育种及推广的投入产出比等指标，对 2008—2015 年国家大麦青稞产业技术体系主要岗位和试验站大麦青稞育种及推广的经济效益进行分析，并在此基础上评价国家大麦青稞产业技术体系大麦青稞育种及推广的经济效益。

为了计算上述指标，设计了"大麦青稞品种培育及推广情况调研问卷"，主要包括：成本收益、育种周期、增产幅度、市场价格、推广面积及推广区域等指标，并发放给了国家大麦青稞产业技术体系各岗位科学家和试验站站长，然后根据收回问卷填报内容的完整情况，从中共筛选了 18 份问卷进行分析（涉及 9 个岗位和 9 个试验站）。在分析过程中，为了简化计算，从选定的各个岗位和试验站填报的 2008—2015 年全部新育成品种中分别选择一种具有代表性的新品种，并根据 2008—2015 年的总直接科研费用和新品种数量，通过简单平均计算得到该新品种的直接科研费用，然后结合相关指标，对该新品种培育及推广的经济效益进行分析。分析结果表明，体系主要岗位和试验站育种的单位规模新增纯收益在 38～127 元/亩，且平均为 81.73 元/亩；其中，主要岗位的单位规模新增纯收益在 69～123 元/亩，且平均为 84.44 元/亩，主要实验站的单位规模新增纯收益在 38～127 元/亩，平均为 79.01 元/亩。体系主要岗位和试验站育种及推广的投入产出比在 3～68 倍，且平均为 26 倍；其中，主要岗位的投入产出比在 4～68 倍，且平均为 35 倍，主要实验站的投入产出比在 4～41 倍，平均为 16 倍。

（五）产业预警指标体系构建与跟踪监测

根据大麦青稞产业发展的特点，构建了产业预警指标体系，由 6 个一级指标和 33 个二级指标构成，包括：生产预警指标（播种面积及播种面积增长率、占区域农作物总播种面积的比例、农用机械总动力及增长率、有效灌溉面积及增长率、化肥农药施用量及增长率、良种覆盖率、成灾面积系数）、加工预警指标（大麦青稞加工业总产值及产值构成、大麦啤酒加工业总产值、加工用大麦青稞总量、加工产品贸易量）、贸易预警指标（世界库存量、世界本年生产量、世界本年总需求量、世界供求差额、世界库存消费比、世界总贸易量、我国大麦青稞进出口量及进出口增长率）、价格预警指标（国际大麦青稞价格及价格指数、国内大麦青稞价格及价格指数、国际大麦啤酒价格及价格指数、国内大麦啤酒价格及价格指数）、经济效益预警指标（生产总成本、收购价格成本收益率、大麦青稞与其他农作物的比较效益）、产业发展环境预警指标（区域经济增长率、大麦青稞政策变化、农民的组织化程度、财政支持资金及比例、技术成果转化率、农业技术人员及比例、农民培训率）。同时，还用AM-RA模型、灰色预测模型、时间序列分析预测法对大麦青稞产业预警指标进行了预测。

二、"十三五"时期以来

自2016年起进入"十三五"时期以来，在"十二五"时期工作的基础上，继续深入开展了大麦青稞产业生产与市场监测，并对国内大麦青稞数据库和国外大麦数据库进行了更新，截至本书稿提交时，大多更新到2016年，按要求完成了大麦青稞产业生产与市场监测及基础数据平台建设。其中，国内大麦青稞数据库主要包括：年份、主产省份、啤酒大麦、饲料大麦、青稞种植面积、平均单产、总产、市场销售价格等。国外大麦数据库主要包括：年份、主要生产国家、大麦收获面积、平均单产、总产；主要进口国家、进口量、价格、消费用途等。具体主要开展了以下几个方面工作。

（一）生产要素与市场形势监测与预警

围绕"生产要素与市场形势监测与预警"主要开展了以下工作：一是赴大麦青稞主产区开展了实地调研与数据收集，涉及云南、新疆、西藏、安徽、江苏、甘肃、四川、云南、河南、内蒙古、青海、浙江等省份，与体系人员、大麦青稞种植户以及农技推广机构、农民专业合作社、种子公司、流通企业、加工企业等单位的负责人进行了现场问卷调查与访谈，详细了解并获取了当地大麦青稞产业发展概况、农户大麦青稞种植情况、农户大麦青稞种植投入产出情况、农户技术需求与技术供给情况、农户参加农民专业合作社情况等，在此基础上，构建了生产要素监测调查数据库。二是积极参加体系和行业内相关会议，跟踪大麦青稞市场动向，包括：重点农产品产业损害专家座谈会（2016

年 4 月 20 日)、国际国内大麦市场研讨会 (2016 年 5 月 6 日)、大麦专业委员会换届暨发展战略研讨会 (2016 年 9 月 26 日)、小宗作物跨体系交流会议 (2016 年 10 月 8 日)、"2017 年农业贸易救济形势分析会" (2017 年 11 月 31 日) 等会议。三是多次邀请专家共商大麦青稞生产与市场形势,组织召开了"我国大麦产业市场形势研讨会" (2017 年 11 月 27 日),并向产业技术体系岗位专家和试验站发放各省 (市、区) 大麦青稞生产情况年度问卷表,获取了相关数据。四是撰写了关于大麦青稞产业生产要素与市场形势的系列研究报告,包括:2016 年我国大麦青稞产业发展形势及 2017 年展望、2016 年大麦价格动态监测与预警分析、2016 年 1~10 月中国大麦进口形势分析、2015—2016 年中国啤酒行业市场形势分析、2016 年大麦产业损害监测预警、大麦青稞产业投资分析、2017 年大麦产业损害监测预警、我国农户大麦生产技术效率及其影响因素分析、2018 年大麦青稞产业发展趋势与政策建议等;其中部分报告已提交给政府主管部门,为其相关决策提供了重要的支撑。

(二) 国内外大麦青稞产业竞争力跟踪监测与评估

围绕"国内外大麦青稞产业竞争力跟踪监测与评估"主要开展了以下工作:一是跟踪国内外大麦青稞产业发展动态,比较世界主要生产国的生产成本与市场价格,采用统计学方法与计量经济模型,探究了国内外大麦青稞价格差距的演变规律及其成因机制。二是采用基于多利益主体的调研和统计学分析,评估国内大麦青稞产业竞争力,研究提出国内大麦青稞生产效率的改进方向与提升途径。初步研究结果表明,1995—2016 年我国大麦贸易一直处于净进口状态且近年来净进口规模以增为主;我国大麦产业一直不具有国际竞争力。究其原因,既有长期以来农业平均经营规模偏小、科技进步贡献率较低导致的农业劳动生产率不高、综合生产能力不强,也有近年来劳动力、土地、环境保护、质量安全成本的显性化和不断提高引起的农业生产成本快速攀升,更有近年来人口总量增加、居民膳食结构升级和工业用粮与饲料粮需求增长引起的粮食总需求持续刚性增长,还有大麦国际价格近年持续低迷引发的国内价格全面高于国际价格。对此,提出了紧抓种植业结构调整的政策机遇、加快推进大麦青稞精深加工与转化、强化大麦产业损害监测预警等方面的政策建议。

(三) 产业损害监测预警

2016 年以来,根据农业农村部和商务部等政府主管部门业务需要与大麦青稞产业发展特征,设计了大麦青稞产业损害评估体系与针对不同主体的调查问卷，并结合实地调研以及各位岗位专家与试验站建议，修改完善了评估方案与调查问卷，并连续收集了内蒙古、新疆、江苏、青海、甘肃、河南、四川、云南等大麦青稞主产省份的主产县、种植大户、普通农户等层面的相关数据。在实地调研、问卷收集与前期研究的基础上，撰写了大麦青稞产业损害评估研究报告并提交给政府主管部门，为其相关决策提供了重要的支撑。

　　大麦青稞产业损害评估分析结果表明，近年来，在大麦进口价格持续下行的背景下，国外大麦进口规模保持高位增长，对国内大麦市场价格形成了连续打压，不仅抑制了国内大麦价格随国内成本不断攀升而保持合理上涨，甚至还引起国内大麦价格出现了不断下跌，进而造成国内主要监测区的大麦净产值大多明显下降，使农户大麦种植收益遭受了很大损失，降低了其继续种植大麦的积极性，导致国内主要监测区以及全国的大麦种植面积和产量均出现了显著下降，国产大麦市场占有率也随之大幅降低，对国内大麦生产形成了很强的趋势打压和现实打压，严重影响了国内大麦生产的正常发展。我国大麦进口关税仅为3%，《中澳自贸协定》于2015年签署后，对作为我国大麦最主要进口来源国的澳大利亚的大麦进口关税已降为零，大麦贸易保护措施非常缺乏。目前，我国以啤酒大麦为主的大麦年产需缺口在300万t左右，而2014—2017年我国大麦净进口量持续显著高于该水平，即近年来我国大麦进出口贸易存在明显的持续过度进口问题。根据上述分析可知，从总体上来看，近年来国外低价大麦持续大量过度进口，已经对国内大麦产业的发展产生了重度损害。因此，急需启动相关贸易救助措施，保护国内大麦产业的可持续发展。

（产业经济研究室主任　李先德）

第三篇

产业技术支撑作用

立足育种技术创新，服务体系新品种选育

一、育种核心技术创新

（一）拓宽大麦青稞小孢子培养成功基因型的系列技术

针对大麦青稞游离小孢子群体的活力、愈伤组织诱导率和绿苗分化率等直接影响再生植株数量的因素，进行了技术攻关，成功拓宽小孢子培养成功的基因型。

（1）创建了大麦青稞供体植株大田（当季）和人工气候室（全年）种植与取材方法。保障了全年都有适宜的幼穗取材供小孢子培养；率先在大麦中实现了以单株为供体材料经小孢子培养再生成苗千株以上，从而减少田间杂交工作量、人工气候室占用空间，使得几粒杂交种的 F1 小孢子培养能够形成可供选育用的基因重组群体。

（2）优化了大麦青稞供体植株、器官（离体幼穗）、细胞（游离小孢子）不同水平的小孢子培养前预处理方法，提高愈伤组织的诱导数量与质量（分化潜力），包括 3～5℃ 低温处理供体植株幼苗 1 个月、4℃ 低温保湿处理离体幼穗 2～4 周、含 10～20mg/L 秋水仙碱的提取液 25℃ 黑暗预处理游离小孢子 2 天等综合预处理技术，成倍提高了小孢子诱导成胚量与分化绿苗数量。

（3）发明了适用大麦青稞的小孢子愈伤组织诱导的培养基。通过优化 N6 培养基中无机氮源（铵态氮、硝态氮）以及添加有机氮源（谷氨酰胺和水解酪蛋白），大幅度提高多个基因型的小孢子诱导成胚量（比 N6 培养基对照提高 1.3～9.0 倍），从而提高了单皿绿苗数量（比 N6 培养基对照提高 1.1～8.6 倍），单皿小孢子培养平均再生绿苗达到 100 株以上。

（二）大幅提高小孢子再生苗染色体加倍与移栽成活率的系列创新技术

对小孢子培养再生大量试管苗，需要及早进行染色体倍性检测与加倍，单倍体不育植株的及早检出是关键，不仅节省后期培养空间，而且提高加倍效率。云南昆明具有得天独厚的气候条件，适宜大麦等作物繁种，而大批量小孢

子试管苗从上海转移至昆明异地移栽成活与繁种，需要成套可靠的技术体系保障可育 DH 株系的产出。围绕这两方面难题进行了技术攻关，形成了系列创新技术。

（1）优化了小孢子试管苗染色体倍性大批量单倍体快速鉴定与加倍方法，以经典根尖染色计数为鉴定标准，发展了流式细胞仪检测结合叶片气孔保卫细胞复检的单倍体早期快速检测技术，对检出的单倍体苗采用秋水仙碱浸根加倍。

（2）创建了小孢子试管苗异地批量移栽成活技术，攻克了异地移栽中炼苗（水培漂苗）、运输（保湿空运）、大棚设施（场地消毒、越夏与越冬防护）、种植（专用营养基质）等关键环节的障碍，形成了专利小孢子育苗技术与设施。

二、特色高效育种新技术创新

首创以小孢子胁迫培养结合植株水平筛选的特色种质高效创制技术，证实了小孢子培养过程中对如高盐、低氮、赤霉病菌毒素胁迫的响应（愈伤组织形成与成苗能力）与供体品种植株水平对这些胁迫的耐受性存在一致性。在小孢子高效培养技术的支撑下，发明了 3 项基于小孢子水平的胁迫筛选方法：

（1）一种改良禾谷类作物耐盐性状的方法；

（2）一种改良麦类作物耐低氮性状的方法；

（3）一种筛选麦类作物耐赤霉病菌毒素的方法。

提高了小孢子水平的耐逆、抗病等目标性状定向筛选的效率。同时还采用全生育期营养液水培（发明专利）与大田种植，建立了配套的耐盐性、耐低氮性、赤霉病抗性鉴定方法，形成了特色种质鉴定体系。

三、为体系大麦青稞育种提供技术服务

1. 遗传改良共享平台

以小孢子培养高频再生与再生苗高效可育的创新技术为支撑，率先将该技术成功地规模化应用于大麦青稞的遗传改良。运用小孢子高效培养技术为全国大麦青稞育种团队提供 DH 育种公益服务，形成了在全国具有影响力的育种技术共享平台。

2. 小孢子育种技术共享平台的应用

自 2009 年以来，为我国大麦青稞以及小麦育种团队生产提供了 16 000 多份 DH 株系，在各地进入株系鉴定试验，已决选出大麦青稞 DH 品系 100 多

份,从中优选出一批优良新品系和几份新品种。其中"花11"为首次通过杂交结合小孢子盐胁迫培养技术育成,"空诱啤麦1号"为首次通过空间诱变结合小孢子盐胁迫培养技术育成,2个品种耐盐性强、丰产性好、制啤品质优。该共享平台的创建,有力推动了我国大麦青稞育种进程。

3. 小孢子胁迫培养+植株鉴定创新技术的应用

采用首创的以小孢子胁迫筛选为核心,结合植株水平耐逆抗病的鉴定技术,快速创制了耐盐性显著提高的DH新种质4份、耐低氮性明显提高的DH新种质14份和赤霉病抗性增强的DH新种质5份,弥补了现有育种资源中抗性种质缺乏的不足,同时也为相关遗传改良机理研究提供了特色材料。小孢子的低氮、赤霉病菌毒素胁迫筛选方法,为培育"减少化肥、减少农药"的"绿色农业"新品种,提供了有效的特色种质创新技术。

4. 举办育种技术培训

面向全国整个现代农业产业技术体系,举办了2届谷类作物花药和小孢子培养技术培训班。

第一届谷类作物花药和小孢子培养技术培训班,共有来自13个不同产业技术体系的47位科技人员参加了培训。

第二届谷类作物花药和小孢子培养技术培训班,共有来自国内10个产业技术体系的13种作物育种团队的成员参加了培训。

(育种技术岗位科学家　陆瑞菊)

大麦综合利用助推贫困地区产业升级

    大麦青稞不仅是综合利用率高及抗逆性强的贫困地区乡村振兴的重要作物，也是"健康中国"国家战略、农业农村部的畜牧水产饲草饲料目录、国家卫健委的药食同源中药材（麦芽）及其普通食品（大麦苗）目录，以及防治人类慢性病最佳的功能食品作物，并成为与其他作物间套轮混作控制病虫害、增加复种指数及提高效益的成功范例。据国家大麦青稞产业技术体系统计数据，西南地区是中国大麦青稞种植面积最大区域，2017 年以云南、西藏和四川为主的大麦青稞种植面积达 55.6 万 hm^2（其中，啤酒大麦 8 万 hm^2，总产 29.5 万 t；饲料大麦 22.2 万 hm^2，总产 80.3 万 t；青稞 25.5 万 hm^2，总产 94.8 万 t），约占中国大麦青稞种植面积的 51.6%；秋播大麦青稞区是中国种植面积最大的区域，2017 年以云南、江苏、湖北、四川、河南、安徽和上海为主，达 60.2 万 hm^2（啤酒大麦 18.2 万 hm^2，总产 90.7 万 t；饲料大麦 40.6 万 hm^2，总产 177.7 万 t；青稞 1.0 万 hm^2，总产 4 万 t），约占中国大麦青稞种植面积的 55.8%。

    10 年来，国家大麦青稞产业技术体系已初步建成了中国秋播大麦青稞区优良品种的生物多样性利用、饲料大麦与畜牧业、药食兼用大麦与健康产业、大麦青稞与酿酒产业、观赏大麦与旅游文化业渗透发展的综合利用体系。不仅推动了秋播大麦青稞区饲草饲料、酒业原料、功能食品、粮食、药材和观赏六位一体综合利用产业发展，而且为云南省八大重点产业中的高原特色现代农业（生猪、牛羊、中药材、核桃等）、食品与消费品制造业（功能食品及酒等）、生物医药和大健康产业、旅游文化产业等重点产业及传统优势产业（烟草）的持续发展，打造世界一流的绿色能源、绿色食品和健康生活目的地三张牌做出贡献。云南省农业科学院曾亚文研究员曾在 1995—1999 年，因无法申请到经费被迫中断大麦研发。正是从 2008 年开始，得益于国家大麦青稞产业技术体系建设，从担任体系昆明综合试验站站长到担任育种岗位科学家，逐步成长为云南省以大麦青稞为主的作物科学、食品科学及预防医学前沿交叉的功能食品作物学科人才。

一、西南地区大麦育种取得突破性进展

10 年来，发挥滇中四季大麦种植优势，采用大麦一年 2～3 代高效育种技术，先后协助体系内浙江、河南、湖北、江苏、四川和北京 6 个省份 9 个单位夏繁冬播季节生态驯化 8 000 份次大麦青稞育种材料，为加速秋播区育种进程做出突出贡献。

主持云南省啤麦区试及承担玉溪点省饲料大麦区试，据农业农村部数据，2017 年 8 月至 2018 年 7 月西南区育种——秋播啤酒大麦育种岗位联合首席科学家团队及中国食品发酵工业研究院育成国家登记的大麦青稞新品种 26 个，约占中国登记新品种（89 个）的 29.2%，其中云啤 15 号和云饲麦 7 号列为 2018 年云南省农业主导品种：①云啤 15 号：不仅 2014—2015 年省啤酒大麦区域试验 9 个试点折合每公顷（7 807.5kg）创历史之最，每公顷比平均对照增产（930kg）13.5%、增产点次 100%、居第 1 位和增产极显著，而且玉龙县黎明乡云啤 15 号高产样板 1.4hm²，平均 10 789.5kg/hm²，比 2016 年创中国最高产纪录的 82 - 1 增产 21.8%；②云饲麦 7 号：2013—2014 年云南省 7 个点饲料大麦区试，每公顷（6 090kg）比平均对照增产 15.0%，居第 1 位，增产极显著。这些品种的示范推广，带动云南及周边农民粮草双丰收、烟后大麦化肥减量 50% 及增产 10% 以上。

二、大麦良种生物多样性利用促进了云南支柱产业发展

大麦良种凭借极强的抗旱耐瘠、早熟高产及其功能成分含量高等优势，在生物多样性及其六位一体综合利用产业发展中潜力巨大。云南秋播大麦与秋季落叶果树（核桃、桑树、苹果、桃、梨等）套种、连作障碍的作物（烟草、蔬菜、花卉、中药材、大豆）轮作及培肥作物（蚕豆及冬豆类）套作混种，不仅在控制病虫害、增加复种指数及提高效益和促进支柱产业发展方面起了重要作用，而且成为农业农村部"一控两减三基本"的成功范例。保山秋季落叶果树（核桃、桑果）套种大麦，每公顷大麦增产 3 750～5 350kg、增收 7 500～10 500 元。

（一）核桃林下套种秋播大麦促进云南大麦及核桃产业发展

通过体系内（西南—秋播大麦育种岗位与大理、保山和迪庆试验站）外（林业、蚕桑）及体系间（大麦—桃）合作，云南秋季落叶果树及核桃面积约

333 万 hm²，套种大麦近 8 万 hm²，其中秋季落叶核桃林下套种秋播大麦 5.7 万 hm²（大部分未统计在大麦面积内），具有生长发育互补性强、光温水利用率高和秋季绿化山区等优势，促进核桃产业及旅游业的发展。昆明市盘龙区滇源镇南营村大麦夏繁基地，核桃旺长期（5～9月）及其秋落叶冬休眠春发芽期（大麦生育期11月至翌年4月）；昆明市大麦面积较大的禄劝县核桃面积 7.3 万 hm²，其中三年核桃旺长期（5～9月）套种秋播大麦生育期（10月至翌年4月），即云啤 15 号和云啤 11 号 10 月中旬播种至翌年 4 月中旬收获，全生育期178～180天，每公顷收籽粒5.4～5.6t及秸秆4.7～4.9t（杨顺安等，2016）；核桃套种大麦产量约为大麦净种的 2/3。2017 年大姚县核桃下套种大麦，大麦每公顷（4 336.5kg）比套种小麦增产 427.5kg；2016 年漾濞县干旱山地核桃套种大麦，大麦每公顷（1 950kg）比套种小麦增产 300kg。据云南省农业厅统计，2017 年云南省 286.7 万 hm² 秋季落叶核桃，总产 115 万 t（约占全球的 26%）及产值 315 亿元，惠及云南 90% 以上县 2 600 多万山区群众，涉及核桃加工销售企业（合作社）1 500 多个。2014—2017 年中国每年进口大麦在 505 万～1 074 万 t；云南核桃林下套种秋播大麦由 2009 年 1%（1.6 万 hm²）提升至 2017 年 2%（5.7 万 hm²）；若云南核桃林下套种秋播大麦由 2017 年 2%（5.7 万 hm²）提升 2025 年 5%（14.3 万 hm²），至少增加 40 万 t 大麦，有利于降低中国对进口大麦的过度依赖，同时降低云南核桃产业发展带来的贫困地区粮食及饲草缺乏的风险。

（二）烟草大麦轮作促进云南大麦及烟草产业发展

通过体系内（西南—秋播大麦育种岗位与大理、保山、迪庆试验站）外（大麦—烟草、花卉、蔬菜）及体系间（大麦—中药材）合作，大麦与其他作物轮作能充分利用肥水及光温条件使增加效益。例如，烟草—大麦轮作技术实现粮烟双丰收的技术优势在于：烟草钾肥吸收利用多而氮磷吸收少，收获叶片提早节令及减轻病害（尤其是黑茎病），每公顷至少增收 1 500 元；大麦氮肥吸收利用多而磷钾吸收少，收获籽粒，每公顷增产 450kg；大麦节约氮磷钾肥 50% 及烟草节约农药每公顷 600 元。2009—2018 年，以云饲麦 3 号、V43、保大麦 8 号、云饲麦 7 号、云啤 2 号、S-4、凤大麦 6 号、S500 和云啤 15 号为主，开展云南烤烟—大麦轮作示范推广 80 万 hm²，大麦增产 3.6 亿 kg 和烟草增值 12.0 亿元，烟麦化肥及农药节支 4.8 亿元。另外，2011—2012 年，啤饲兼用型云饲麦 3 号在云南省 7 个点饲料大麦区试产量折合每公顷 6 408kg，比平均对照增产 16.8%，居第 1 位，增产点次 100%；2014—2016 年云南及周边省示范推广 5.6 万 hm²，籽粒增产 760.5kg/hm² 及增产秸秆 913.5kg/hm²，新增籽粒总产 42.6 万 t 及新增秸秆总产 5.1 万 t；云南省高产示范样板及其烟后云饲麦 3 号比云南推广面积最大的主栽品种 V43 每公顷增产 1.5t 以上。例如，师宗县烟后云饲麦 3 号及其旱大麦抗旱技术 67hm² 旱地不施追肥不灌水下每公顷 6.0～6.8t，较 V43 增产 25%～30%，收购 100 多 t 良种供推广。2016 年大姚县烤烟—长寿仁豌豆—大麦，增收了一季大麦（129.8kg）。2017 年云南烟草 41.9 万 hm²，烟农收入 232.8 亿元、卷烟销售 525.2 亿元及税利 456 亿元。另外，2017 年云南烟草、蔬菜、花卉、中药材四大连作障碍作物种植面积（含复种）约 209.5 万 hm²，农业产值 1 490 亿元；秋播大麦还可与蔬菜、花卉、中药材等连作障碍作物轮作，减轻病害及节约肥药，实现农业农村部"一控两减三基本"的主攻目标。因此，大麦与经济作物轮作社会生态效益极为显著，值得大力推广。

三、大麦良种推广提升了云南畜牧业肉质及促进乡村振兴

秋播大麦籽粒及其秸秆在提升云南猪牛羊禽肉品质，尤其是增加功能成分发挥了重要作用。10 年来，通过体系内（秋播大麦育种—大理、保山、迪庆试验站）外（国家大麦青稞—省生猪体系）及体系间（大麦—羊）合作，云南大麦育种水平和大麦喂养猪牛羊提升肉质中亚油酸含量及其综合利用率提高。以云饲麦 3 号、V43、保大麦 8 号、云饲麦 7 号、云啤 2 号、S-4、凤大麦 6 号、S500 和云啤 15 号为主要良种及其技术集成示范推广，使云南大麦种植面积由 2007 年的 18 万 hm²，提升至 2018 年的 26 万 hm²。云南大麦主产区既是国家扶贫攻坚的集中连片特困区，又是优质火腿及高档雪花牛肉的主产区。据云南省农业厅数据，2017 年云南畜牧业产值（1 152.67 亿元）比 2008 年（507.01 亿元）增长 127.1%；2017 年云南猪牛羊禽肉总产量 385.4 万 t（猪肉 290.8 万 t、牛肉 37.3 万 t、羊肉 15.7 万 t、禽肉 41.6 万 t）。大麦青稞发展为实现高原特色的大麦种植业与猪牛羊禽协同发展，助推云南畜牧业产业升级及国际一流的云南火腿和云岭牛品牌建设发挥了重要作用，也为通过大麦青稞食用增加亚油酸防治人类慢性病提供了成功的具体实践。

（一）大麦主产区是优质火腿分布区

国家大麦青稞产业技术体系与云南省生猪体系的合作取得了一定进展。曲

靖、大理、保山、昆明、楚雄、丽江、怒江、临沧、昭通和玉溪 10 个州市不仅是云南大麦主产区（约占云南大麦播种面积的 85%），也是云南优质火腿的分布区：曲靖（宣威火腿、师宗火腿）、大理（云龙诺邓火腿、鹤庆火腿、剑川山老腿、永平杉阳火腿）、保山（昌宁火腿、施甸姚关火腿）、昆明（禄丰撒坝猪火腿、禄劝娇子山火腿）、楚雄（楚雄火腿、大姚山猪火腿）、丽江（三川火腿）、怒江（老窝火腿）、临沧（云县火腿）、昭通（鲁甸火腿）、玉溪（哀牢山火腿）和无量山火腿等主产区，不仅饲喂营养功能成分丰富的大麦比玉米增加猪干腌火腿的蛋白质、多不饱和脂肪酸（尤其是亚油酸）含量及增强氧化稳定性（张婷等，2016），而且云南秋播大麦收获期晴朗少雨、大麦饲料霉菌毒素极显著低于国标（高新等，2017）。

（二）大麦主产区是牛羊重点产业基地及高档雪花牛肉分布区

通过国家大麦青稞产业技术体系在肉牛体系间调查协作，揭示了大麦在生产高档雪花牛肉中的重要作用。200 日龄及 230kg 时初始阶段奶牛饲料添加大麦（600g/kg），比整个阶段（300g/kg）及结尾阶段显著降低 20% 奶牛胴体脂肪含量，在结尾阶段增加大麦添加量（600g/kg）显著提高了奶牛 30% 采食量和显著增加了 17% 的全期增肉量（Manni et al.，2016）。云岭牛不同部位的牛肉每千克 120~3 000 元，生产出与日本神户牛肉相媲美的国际上高标准的雪花牛肉（每头 20kg，每千克 3 000 元），这归结于云岭牛育肥（25 月龄—屠宰）精料中大麦占 65%（黄必志等，2018），生产出富含共轭亚油酸、多种维生素及矿质元素等功能成分的雪花牛肉；草食牛肉及其原乳制品是共轭亚油酸的最佳来源，共轭亚油酸能抗癌，防治哮喘等。大麦籽粒和秸秆分别是禾谷类作物中牛羊最好的精饲料及粗饲料；只有大力发展云南啤饲大麦产业，满足云岭牛育肥期精饲料的有效供给，才能实现云岭牛产业发展规划目标。据《云南省高原特色现代农业"十三五"云岭牛产业发展规划》，2020 年要"培育出具有国际竞争力的云岭牛品牌、产业，让云岭牛走遍云岭大地、走出国门"，出栏云岭牛 50 万头以上，肉产量 15 万 t 以上；综合产值 450 亿元以上，增加值 130 亿元以上。

大麦不仅在生产高档雪花牛肉方面具有重要作用，而且对提高羊肉生产性能的作用也较大。日粮精料（600g 基础精料＋200g 大麦）滩羊试验期（62天）的总增重、日增重均极显著大于对照（基础精料 700g），且分别增加 1.53kg 和 24.58g，且料重比（7.08）减少了 0.67（张艳梅等，2016）。《云南省高原特色现代农业"十三五"牛羊产业发展规划》提出：2018 年出栏肉牛羊 1 740 万只（头）以上，牛羊肉产量 90 万 t 以上，牛羊综合产值 900 亿元以上；2020 年出栏肉牛羊 1 940 万只（头）以上，牛羊肉产量 100 万 t 以上，牛羊综合产值突破 1 000 亿元；云南牛羊重点产业基地为 13 个州市 30 个县市，也是全国连片特困地区及云南大麦主产区，即昆明（禄劝、寻甸）、曲靖（会泽、宣威、师宗/富源、陆良、马龙）、大理（巍山、南涧、剑川、云龙）、楚雄（武定、大姚/楚雄）、红河（泸西/弥勒、建水）、文山（丘北、广南）、保山（隆阳、昌宁、龙陵/腾冲）、临沧（云县）、丽江（永胜、玉龙）、德宏（芒市）、怒江（兰坪）和迪庆（香格里拉）。青稞是西藏及四省藏区（占中国国土面积的 23.5%）藏民的主粮；依靠青稞育种及其加工技术提升，西藏青稞面积由 2007 年的 12 万 hm² 提升至 2017 年的 19.9 万 hm²，尤其是藏青 2000 年推广面积首次突破 6.7 万 hm²；青海青稞面积由 2007 年的 4.5 万 hm² 提升至 2017 年的 9.3 万 hm²。尽管非藏区青稞消费增加在大健康产业引起关注，但藏民青稞消费下降而糖尿病上升，农业农村部及卫生部门应对此高度重视。

四、大麦青稞功能成分及其功能食品研发促进了大健康产业发展

（一）大麦青稞籽粒防治人类慢性病功效显著

美国食品药品管理局（FDA）提出，食用大麦籽粒能够减少糖尿病、冠心病和心脏病风险。大麦芽是全球酿制啤酒（1.9 亿 t）用量最大的主要原料；麦芽（β-葡聚糖）既是中国国家卫生健康委员会公布的药食同源的中药材（新食品原料）之一，也是中国药典 300 种最常用的中草之一。通过体系内（秋播大麦育种—迪庆、保山、大理综合试验站）、体系间（大麦青稞—肉牛）和体系外（国家大麦青稞—省生猪体系）及其国内外研究进展，揭示了大麦籽粒饲喂猪牛羊禽提升肉质亚油酸含量，大麦青稞功能食品也可能增加人体亚油酸含量进而防治人类慢性病。根据国内外最新研究进展，归纳出大麦及其青稞籽粒防治人类慢性病功效显著，主要表现在控制餐后血糖、抗癌、减肥、降血压、抗氧化、抗炎、增强免疫力、保护心脏、防治心血管疾病、降低胆固醇血症和改善肠道健康作用，主要归结于大麦及其青稞籽粒富含 β-葡聚糖、抗性淀粉、阿糖基木聚糖、多酚、黄酮、维生素 E、GABA 和亚油酸等功能成分，如预防心血管疾病在于迪庆青稞对血管内皮细胞具有抗氧化、抗炎和降血压作

用。以大麦青稞为主体的功能食品，在防治人类癌症、糖尿病、高血压和心脏病中起了重要作用，首次提出了上海和江苏是中国癌症死亡率最高的省份，它与大麦消费急剧下降有关；首次提出了人类慢性病爆发的根源在于古代人的糙米和大麦为主食转变为现代人的精米和小麦精面为主食。青稞中营养保健价值高的不饱和脂肪酸含量远高于饱和脂肪酸含量，尤其是西藏地区的平均质量分数高达 32.10%。联合昆明田康科技有限公司，以适糖米、黑大麦、青稞及大麦苗粉为原料，研制出青稞适糖米粉、黑大麦茶、黑大麦米茶、青稞米线共 4种新型功能食品新产品。在青稞功能食品防治人类慢性病理论指导下，功能青稞提升稻米及小麦制品的功能成分及其日常规律性强的功能食品主食，对防治人类慢性病尤其是糖尿病作用巨大。香格里拉青稞资源开发有限公司设置云南省专家（曾亚文）基层科研工作站，联合迪庆州农业科学研究所，利用高抗性淀粉及高 β-葡聚糖的云稞 1 号，加工青稞奶渣饼、青稞松茸饼、青稞鲜花饼、青稞面条、青稞面包、青稞饼干、青稞糌粑、青稞自发粉和青稞蛋糕等青稞功能食品。该公司史定国总经理被评为国家"万人计划"科技创业创新领军人才。另外，迪庆冬青稞以云稞 1 号、云青 2 号和云稞 4 号为主，加工青稞米、青稞茶、青稞酥油茶、青稞酱油、青稞包子、青稞方便面、青稞饼干、青稞蛋糕等多种产品。大麦籽粒可加工生产出营养和医学价值高的香味好的珍珠米、大麦粉、大麦糕点及面包等功能食品。云功牌黑大麦茶中试评价 2t，深受消费者欢迎。总之，利用大麦青稞籽粒研发的 20 多种新型功能食品，在"健康中国"国家战略中发挥了一定的作用。

（二）大麦苗粉防治人类慢性病功效显著及其较高的国际地位

大麦苗及其含量极高的 γ-氨基丁酸是国家卫健委公布的普通食品及 140种新食品目录之一。通过体系内（西南区育种—秋播大麦育种与种质资源评价岗位）外（西南区育种—秋播大麦育种与医院营养科）合作，云啤 2 号是世界上首个采用大麦 1 年 3 代 2 年 6 代育成优质抗旱及抗病大麦新品种；首次揭示了云功牌大麦苗粉具有改善睡眠、降血糖、调节血压、增强免疫力、保护肝脏、排毒去痘养颜、抗抑郁症、改善胃肠功能、抗癌、消炎、抗氧化、降脂、抗痛风、降尿酸、防缺氧、防心血管病、抗疲劳、防便秘、减轻皮炎、补钙、益智等 20 多种人类慢性病功效显著的 GABA、黄酮、SOD 酶、维生素及色氨酸分子机制等，即秋播大麦秋—冬—春生长发育累积 200 多种的酶、1 900～2 300m 的高海拔强烈紫外线和干旱多风的阳光晒干，然后进行超细粉加工。

另外，也可采用基于 38 件国家发明专利授权设计的植物活体常温干燥粉碎机，直接将鲜大麦苗（含水量 90%）在 40℃ 常温下半小时，即可加工成超干细粉及营养水。以云啤 2 号为主，首次利用云南冬春干旱霜冻特点晒制工艺生产大麦苗粉 15t，每吨霜冻晒制的大麦苗粉比冻干工艺节约成本 6.5 万元。研制推广云功牌大麦苗粉、大麦苗片、麦绿啤酒、大麦苗粉米线、大麦苗粉面条及大麦苗粉饵丝等新型功能食品。不仅揭示了发达国家日益流行的大麦苗粉防治人类慢性病功效显著的原因，而且与草食性动物减少兽药剂量提升绿色食品质量相互验证。

五、大麦青稞粮酒在旅游产业中崭露头角

大麦是中国 440.2 亿 L 及世界 1 900 亿 L 啤酒酿制的主要原料及大麦白酒原料。据不完全统计，以 V43、云饲麦 3 号、保大麦 8 号、S-4、凤大麦 6 号和云啤 2 号为主，鹤庆乾酒厂及大麦主产区其他小型大麦酒厂为主的云南酿制大麦酒每年产量约 2 万 t，一般出酒率 50%～52%，按 50% 出酒率计每年约需要 4 万 t 大麦原料，每千克收购价 2.75 元，而副产物鲜酒糟每千克 4.0 元卖给养殖户；大麦酒的香味好，但辣和苦味重，可能与功能成分含量高有关。通过体系内的秋播啤酒大麦育种岗位与首席科学家团队和 4 个试验站合作，培育出成熟时籽粒及叶片全黑色（云功麦 1 号和云功麦 2 号）和全紫色（云功麦 4 号）的特色大麦新品种，用作生产高功能成分的云功牌大麦苗粉和黑大麦茶，并提供昆明大观公园和上海市作观赏大麦用，为两地旅游产业发展做出了贡献；还培育出高抗性淀粉及高 β-葡聚糖的金黄色云稞 1 号、蓝色青稞云稞 4 号及药食兼观赏用的紫色青稞云功麦 3 号。云稞 1 号是云南省首个国家登记的高抗性淀粉及高 β-葡聚糖青稞新品种，2013—2015 年青藏高原冬青稞区试平均每公顷 5.3t，比迪青 3 号增产 20.8%，在 12 个参试品种中居第 1 位；2016 年国家秋播青稞区试 10 个点平均每公顷 4.3t，比平均对照增产 17.3%。云稞 1 号的外观品质好，被迪庆粮库选作迪庆及周边藏区战略储备粮品种，因抗性淀粉、β-葡聚糖高及加工性能好多被用于加工青稞功能食品。另外，具有金黄、蓝、紫及黑色青稞品种的育成，助推了迪庆特色青稞在香格里拉乃至全国旅游业中崭露头角。

六、抗旱救灾发挥作用

云贵高原区干旱遥感监测计算标准化降水指数、侦测干旱指数和蒸散发胁

迫指数，揭示云贵地区 15 年干湿变化特征，其中 2000—2014 年云南中部存在明显的干旱化现象；蒸散发胁迫指数显示，云贵地区干旱发生在 2009 年 11 月至 2010 年 6 月。2009—2014 年是云南 1961 年以来最严重的一次持续性极端干旱过程，其中 2009 年 10 月至 2010 年 9 月是最干旱的时段，夏季与冬季是干旱最严重的两个季节；云南中东部旱情最重，东南部稍轻。2009—2015 年 3 年特大干旱及 3 年轻旱灾，尤其是干季（11 月至翌年 4 月，即秋大麦生育期）降水量仅占全年的 15%，其中云南三年特大干旱的抗旱救灾归纳如下：

2009 年 11 月 22 日撰写了"2009 年冬云南大麦旱灾及对策"，在国家大麦青稞产业技术体系内交流并指导示范基地；随后 4 次调查了云南 10 个市州，2010 年大麦播种面积 21.7 万 hm^2，其中受灾面积（16.5 万 hm^2）约占已播种面积的 76.5%，成灾 11.9 万 hm^2，绝收 5.2 万 hm^2。以澳选 3 号、云啤 2 号、S-4 和 V43 及其配套抗旱技术为主指导昆明试验站 5 个示范县 8 个以上千亩连片示范基地，辐射带动了曲靖、昆明、楚雄、红河和大理等市州云啤 2 号、V43、S-4 和 S500 等大麦品种 10.7 万 hm^2 生产示范推广；通过 2010 年旱灾调查及抗旱技术应用，提出总体上看麦类抗旱性是云南省秋播作物中抗旱性最强的作物；而大麦的抗旱性明显强于小麦，在云南推广应用的众多大麦品种中云啤 2 号和澳选 3 号的抗旱性相对较强。基于调研撰写的"2010 年云南大麦旱灾现状及其抗旱技术对策"报告，于 2010 年 2 月 12 日上报国家大麦青稞产业技术体系首席科学家及农业部科教司产业技术体系处，为相关政府决策提供了参考。云南遭遇特大干旱得到党中央、国务院高度重视，万亩大麦有一定收成，其他作物绝收，水库干裂。另外，云啤 2 号入选云南省科技厅 2010 年 3 月编写的《农业抗旱科技成果及措施简介》，为云南特大干旱条件下减轻旱灾和增加粮食产量做出了贡献。

2009 和 2011 年云南省年均降水量分别为 1961 年以来的最少值和次少值；2011 年 12 月至 2012 年 2 月上旬，云南省平均降水量 31.94mm，比历年同期少 12.1%。2012 年《人民日报》2 月 20 日和 CCTV-13《新闻1+1》2 月 27 日"干旱：为什么总在云南？"对此进行了报道。在大麦主产区的曲靖、大理、昆明、保山、楚、红河、临沧、迪庆、丽江和文山等云南 10 市州调查并访问了 13 位大麦科技骨干基础上，撰写了"2012 年云南大麦旱灾现状及其抗旱技术对策"建议，及时向体系首席科学家和农业部科教司产业体系处上报；同时，2012 年 1～2 月培训云南大麦主产区科技骨干 50 余人次，尤其是大理和保山综合试验站的科技培训对示范基地建设的增产增收起到了重要作用。

　　鉴于 2013 年云南大麦主产区遭受百年不遇的特大干旱，撰写了"2013 年云南大麦旱灾现状及其抗旱技术对策"建议，并及时向体系首席科学家和农业部科教司产业体系处上报。据对云南大理、曲靖、保山和昆明等 10 多个市州的调查显示，2013 年当地大麦播种面积 24.3 万 hm^2，其中受灾 16.4 万 hm^2，约占云南播种面积的 51.3%；成灾 8.4 万 hm^2，约占云南播种面积的 34.5%；绝收 2.6 万 hm^2，约占云南播种面积的 10.7%。另外，云啤 2 号、云啤 9 号、云啤 11 号、云饲麦 1 号、云饲麦 2 号和云饲麦 3 号共 6 个啤饲大麦新品种及"旱大麦抗旱生产技术"入选云南省科技厅 2013 年《农业抗旱品种（产品）及技术汇编》，2011—2013 年云南旱大麦抗旱生产技术共示范推广 10.7 万 hm^2，旱大麦在云南由 2010 年 16% 提升至 2013 年 23%，有效地缓解了旱大麦示范区连续三年遭遇的旱灾问题，促进了抗旱大麦品种的示范推广，为云南特大干旱条件下减轻旱灾和增加粮食产量做出了重要贡献。

（育种岗位科学家　曾亚文）

青稞"粮草苗"三用途促进农牧生态"三结合"

青稞是最具青藏高原特色的作物，是藏区的主导优势作物和藏区农牧民赖以生存的主要食粮，青稞产业是藏区农牧业的主导产业和特色产业。据行业部门统计，2016 年青藏高原青稞播种面积 620 万亩左右，占藏区耕地面积近 1/3，占藏区粮食播种面积的 53％左右。青稞作为藏区最具优势的粮食作物，是藏区农业生产首选，甚至唯一可选择的作物，具有不可替代性，有"青稞增产、农民增收"的说法。

一、在高产粮用的基础上，实现"农牧结合"是青稞产业发展的重要方向

在国家的大力支持下，青稞产区各省区主管部门采取扎实有效措施，青稞产业健康稳步发展，科技成果不断涌现，综合生产能力明显提升。

青藏高原草原面积辽阔，是我国重要的畜牧业产区，畜牧产业也是青藏高原的主导产业之一。受高寒低温制约，植物生长缓慢、产草量极低，畜牧业发展重心由草原转向舍饲、半舍饲，发展集约养殖的战略。青稞作为青藏高原农牧交错区的主要作物，在促进和支撑生态畜牧业发展方面具有广阔的发展前途。因此，青稞产业发展的方向应是在进一步提高青稞产量、巩固青稞作为藏区主粮地位的基础上，大力发掘青稞在饲料化方面的利用价值，实现青稞生产的"农牧结合、以农促牧"，通过进一步拓宽用途，带动青稞产业的发展。

青稞青苗和秸秆都可用于牲畜补饲饲料：青稞青苗饲料化利用是指牲畜在青稞苗期田间啃食青苗，提供补饲饲料，成熟期正常收获籽粒和秸秆；青稞秸秆饲料化利用是指利用青稞成熟后的秸秆作为补饲饲料。

青稞的饲料化利用多集中在青稞收获后的秸秆上，对青稞青苗的饲料化利用开展的较少，青苗作为牲畜补饲饲料有着广阔的前景。青稞苗期是牧草"青

黄不接"、牲畜"春死"的时期，青稞青苗营养价值高于籽粒，收获青苗比收获籽粒每亩可多获 28.93kg 粗蛋白。牲畜在青稞苗期田间啃食青苗，提供补饲饲料，避免牲畜"夏肥、秋壮、冬瘦、春死"的恶性循环，成熟期正常收获籽粒和秸秆，结合青稞秸秆的饲料化利用，实现青稞"春放牧、秋收粮、冬补饲"，支撑高原生态畜牧业的发展。

据测算，青稞苗期的生物量是同期天然草场的 20 倍以上，青稞青苗饲用可同时减轻草场负担，实现青稞生产"农牧生（态）"三结合。

传统青稞的消费构成主要包括口粮、饲料、加工和种子，其比例大致为 60%、15%、17%、8%，粮用是青稞消费的主要方式。随着藏区经济社会的发展和人口的增加，青稞作为口粮的刚性需求将不断增加。畜牧业的发展对于饲草料的需求不断增加，青稞作为农牧交错区的主要作物，籽粒、青苗和秸秆都是优质的饲料，饲草饲料已成为青稞消费一个重要用途。目前青稞饲用消费的比重已提高到 25%～30%，未来青稞饲用量继续增长已成为必然趋势。

二、支撑青稞"农牧结合"利用品种的选育

在国家大麦青稞产业技术体系的支持下，青稞育种岗位选育成功支撑青稞饲料化利用的新品种：2013 年选育成功昆仑 14 号，2016 年选育成功昆仑 16 号，促进了青稞产业的多用途发展。

1. 粮草双高青稞品种"昆仑 14 号"

2013 年育成，2015 年通过国家鉴定，是青海省第一个通过国家鉴定的青稞品种。该品种针对青海省高寒区青稞品种抗倒伏性差的问题，在提高产量性状的同时，加强了品种的抗倒伏性；植株繁茂性好，秸秆产量高，在满足青稞用粮的基础上，为农区和农牧交错区畜牧业的发展提供饲料支撑。

品种特征特性：中早熟，生育期 108～119 天；株高 105～110cm，穗全抽出，千粒重 46～52g，容重 780～790g/L；植株繁茂性好，秸秆产量高，属粮草双高型品系；籽粒半硬质，淀粉含量 56.0%、蛋白质含量 12.08%；抗倒伏性好，中抗条纹病。

2. 粮苗草三用青稞品种"昆仑 16 号"

2016 年育成，具有高产、抗病、抗倒伏的特点。该品种前期分蘖能力强，后期分蘖成穗率高，苗期繁茂性好，生物量大，适合青苗饲用。

品种特征特性：中早熟，生育期 105～110 天；幼苗直立，株高 95～105cm，穗全抽出，千粒重 43.9g，籽粒容重 787g/L；蛋白质含量 11.60%，淀粉含量 49.20%；抗倒伏性强。

三、新品种为青稞"粮草苗"三用提供重要支撑

1. 支撑青稞"高产粮用"的发展

青稞品种昆仑 14 号产量潜力高，"昆仑 14 号等青稞品种选育成功，使青稞最高单产突破 500kg 大关"（摘自青海省种植业"十三五"发展规划）。自育成后累计推广种植面积 56 万亩，目前年种植面积超过 12 万亩，已成为青海省的青稞主导品种。

昆仑 14 号在推广过程中创造多个高产典型：门源县 307 亩昆仑 14 号示范田亩产 378kg，增产幅度 24%，创环湖高寒区青稞高产典型；海晏县金滩乡东达村种植 110 亩昆仑 14 号高产示范田，亩产 351kg，示范点所在地区青稞常年亩产在 200～250kg，昆仑 14 号增产率达 40% 以上；青海贵南草业有限公司种植 1 100 亩，平均亩产 364.5kg，增产率 12%；甘肃省天祝县示范田最高亩产 454kg，平均亩产 408kg，是该县多年未见的高产水平。

昆仑 14 号青稞新品种的推广对产量和效益的提高起到了积极作用，在生产上实现了大面积的应用。以青海省门源县为例，2015 年门源县农兴土地联营合作社 307 亩昆仑 14 号示范田亩产达 378kg，远高于该县 240kg/亩的平均产量，引起了青稞种植户的极大关注。2016 年该合作社昆仑 14 号种植面积达 3 645 亩，扩大了 10 倍。2018 年门源县昆仑 14 号种植面积 6 万亩，占该县青稞总种植面积的 40%，青稞新品种的推广应用为青稞生产的发展提供了重要的支撑。

昆仑 14 号已推广至甘肃、四川等周边藏区和新疆等地，如甘肃省天祝县昆仑 14 号占该县青稞种植面积的 70% 以上，是青海省育成的种植范围最大的青稞品种，在周边藏区推广过程中表现早熟、高产、抗倒伏，是目前全国藏区丰产性、稳产性最好的青稞品种之一。

昆仑 16 号 2016 年育成，2018 年开始推广，青海省兴海县河卡镇昆仑 16 号亩产 320kg，比当地主栽品种柴青 1 号增产 14%，比主栽品种昆仑 15 号增产 9%。在 2018 年示范区降水多、温度低等不利气候条件下表现抗倒伏、抗病，取得了良好示范效果，种植面积将有较大幅度的增加。

2. 支撑青稞秸秆饲用

昆仑 14 号、昆仑 16 号为中高秆品种，株高 100～110cm，生物量大，繁茂性好，秸秆产量高，粮：草＝1：1.54～1.57，粮草双高，为青稞秸秆的饲料化利用提供了支撑。

昆仑 14 号在海晏县金滩乡示范田籽粒亩产 351kg，秸秆亩产 445kg，增产 14％；门源县泉口镇高产示范田籽粒亩产 405.0kg，秸秆亩产 526kg，增产 13％；甘肃省天祝县示范田最高亩产 454kg，平均亩产 408kg，秸秆平均亩产 550kg，增产 17％。

昆仑 14 号推广种植后累计秸秆产量 1.72 亿 kg，以青海省青稞秸秆 50％的饲料化利用率计算，可养殖约 6 万只羊或 0.75 万头牦牛，相当于节约草场 87 万亩，减轻了草场载畜负荷，促进了生态建设的实施。

3. 支撑青稞青苗饲用

2018 年在青海省兴海县河卡镇开展昆仑 16 号青苗饲用青稞示范，表现苗期分蘖多，繁茂性好，在正常播种量苗基本苗 18 万的情况下，苗最高茎数达到 67 万，平均分蘖数 3.7 个，牲畜啃食青苗后恢复生长能力强。

昆仑 16 号苗期地上生物量 933kg/亩，青藏高原高寒草甸春季枯草期地上生物量仅 32～46kg/亩；夏季盛草期总生物量 1 330～3 900kg/亩，地上生物量 160～360kg/亩。昆仑 16 号苗期正值天然草场春季枯草期，昆仑 16 号生物量是同期天然草场地上生物量 20～29 倍，即 1 亩苗期青稞田相当于 20～29 亩天然草场，以青海青稞 100 万亩计，相当于增加天然草场 2 000 万亩以上，不仅提供了大量牲畜补饲饲料量，还减少了天然草场的放牧压力，促进了青藏高原生态建设工程的实施。

四、结束语

青稞是具有多种用途的"四元"作物：青稞是藏区的主粮作物，也是藏区传统农产品加工的主要原料，同时还是高原家畜的优质饲料，而且由于青稞中所含的营养元素使其成为极具开发利用价值的营养健康作物。充分挖掘青稞的用途，实现青稞的多元化利用，是青稞未来的发展方向。青稞产业的发展方向包括：一是进一步提高青稞产量，巩固青稞作为藏区主粮地位；二是在提高青稞籽粒产量的基础上，同步提高青苗和秸秆产量，实现"粮苗草"三高，达到以农促牧的目的；三是大力发展青稞加工，促进青稞附加值的提高，带动整个青稞产业的发展。

品种是实现和支撑青稞多元化利用的基础和关键因素，未来应根据青稞不同用途制定不同育种策略，以高产粮用、粮苗草三用和加工专用为目标，强化不同类型品种的选育，为青稞产业的健康可持续发展提供品种保障。

（青稞育种岗位科学家　迟德钊）

依靠产业技术创新
服务内蒙古大麦产业发展

内蒙古自治区是我国大麦主产省份之一，是我国北方地区啤酒大麦生产基地，2008 年全区种植面积曾经达到 430 万亩。

一、构建高效育种技术体系，满足内蒙古大麦生产多元化品种需求

自 2008 年国家大麦青稞产业技术体系建设启动以来，内蒙古岗位科学家团队以多元化（啤用、饲用、早熟、晚熟）育种为目标，构建"种质资源精准鉴定与亲本定向选配＋多亲本复合杂交＋表型跟踪连续选优＋多点鉴定＋品质鉴定＋抗逆性抗病性鉴定"的高效育种技术体系，累计收集、鉴定种质资源 1 198 份，辐射诱变创新利用种质资源 24 份，SPAD－502 叶绿素计筛选高光效种质资源 64 份；累计配制杂交组合 1 083 个，累计鉴定升级育种世代材料 1 338 份，育成各类优良后备品系 366 个，在内蒙古不同生态区（旱区 5 点、灌区 3 点）提供参加预备区域试验、区域试验和生产试验的优良品系 150 个；育成大麦新品种 5 个，其中 4 个已通过内蒙古自治区农作物品种审定委员会审（认）定，并制定 4 项品种标准：《蒙啤麦 1 号》《蒙啤麦 2 号》《蒙啤麦 3 号》《蒙啤麦 4 号》。2008 年育成命名第一个拥有自主知识产权的啤酒大麦新品种"蒙啤麦 1 号"，填补了内蒙古大麦一直没有自育品种的空白；该品种抗旱、抗倒性强，适应性广，灌区平均亩产 430kg 以上，旱作平均亩产 269.45kg 以上；在生产上大面积推广应用，推动了内蒙古大麦生产的第二次更新换代。后续相继育成大麦新品种蒙啤麦 2 号、蒙啤麦 3 号、蒙啤麦 4 号。蒙啤麦 2 号灌区平均亩产 400kg 以上，旱作平均亩产 259.73kg 以上；蒙啤麦 3 号具有较前两个品种更突出的抗旱、抗倒、抗病性及广适性，灌区平均亩产 450kg 以上，旱区平均亩产 275kg 以上；蒙啤麦 4 号早熟、抗倒、生育期短，灌区平均亩产达 450kg 以上，旱区平均亩产 260kg 以上，适宜在内蒙古西部光热资源丰富

地区开展套、复种；蒙啤麦 3 号和蒙啤麦 4 号经济和生物产量高、稳产、酿造品质和饲草品质优良、综合抗性强、适应性广，适宜在内蒙古及周边省份复杂多样的生态环境种植，在全区大麦主产区得到大面积示范推广，引领带动了全区大麦新品种第三次更新换代。特别是从 2015 年开始，随着国家粮改饲政策的出台，青贮和干贮饲草大麦在内蒙古蓬勃发展，并且示范应用到山东省，使山东省中断 20 多年的大麦生产重新恢复种植，引领了全国饲草大麦的新发展，对内蒙古农业生产和大麦产业可持续发展做出了突出贡献。

二、集成高产提质节本增效栽培技术体系，满足内蒙古复杂生态环境对栽培技术多样化需求

（一）大麦新品种高产高效配套栽培技术研究

针对育成品种，在内蒙古自治区东、中、西部不同生态区域（旱区、灌区），采用 4 因素 4 水平正交回归设计、AB 两因素裂区设计、随机区组设计等试验方法，开展播期、密度、肥料、药剂拌种、病虫害防治、原良种繁殖、复种套种栽培技术等多项试验研究，集成大麦新品种高产高效配套栽培技术，并制定技术规程 3 项：《内蒙古啤酒专用大麦生产技术规程》《蒙啤麦 1 号原、良种繁殖技术规程》《蒙啤麦 3 号栽培技术规程》，为充分发挥品种的遗传潜力，良种良法配套提供了技术支撑。

（二）大麦抗腐威配方施肥轻简栽培技术研究

针对内蒙古自治区东部旱作区施肥技术单一，大麦病害频发，开展常规配方施肥与抗腐威增氮施肥两种施肥技术研究，检验不同施肥技术对大麦产量、品质及抗逆性的影响，并进行成本和效益分析。结果表明，抗腐威添加剂配方施肥法（亩施磷酸二铵 6.8kg、尿素 4.0kg、硫酸钾 1.2kg、抗腐威微量元素添加剂 3.0kg），比常规配方施肥法（亩施磷酸二铵 9.0kg、尿素 4.0kg、硫酸钾 2.0kg）亩施肥纯量降低了 20.9%，生产成本降低 9.82 元/亩，产量增长 8.6%，蛋白质含量≤12.5%。该配方施肥技术提质、节本、增效，防治大麦根腐病效果显著，在旱作区种植大麦使用方便，作为一项轻简栽培技术在大麦生产上得到推广应用。

（三）盐碱地大麦栽培技术研究

针对内蒙古自治区土壤盐碱地日益加重的现状，利用大麦新品种的耐盐特性，开展盐碱地种植大麦关键技术研究，创新了出苗前用轻型钉齿耙耙地破除

板结、深播 6～8cm 并浅覆土为核心的盐碱地大麦栽培技术，平均亩产可达 150～300kg，形成盐碱地大麦生态保护种植模式，制定《内蒙古盐碱地大麦栽培技术规程》。

（四）大麦麦后复种向日葵及蔬菜栽培技术研究

针对内蒙古自治区西部光热资源丰富的优势，利用大麦新品种早熟、生育期短的特性，开展大麦麦后复种向日葵、菜用西葫芦、甘蓝、花椰菜栽培技术研究，创新以下核心技术，即：①选择适宜品种：前作选用生育期短的大麦品种，早腾茬，为复种作物成熟争取有效积温、夺取高产提供保证；后作选用向日葵和菜用西葫芦、甘蓝、花椰菜等早熟品种，向日葵生育期 70～90 天，蔬菜生育期 80～90 天。②种子育苗：采用向日葵、蔬菜种子提早育苗的方式，保证复种作物正常成熟。③适期移栽：7 月 10 日左右，向日葵苗龄 20 天（两对真叶）时移栽；7 月 15 日前当蔬菜苗龄 30 天（4 叶 1 心）时覆膜移栽。集成大麦麦后复种向日葵及蔬菜栽培技术模式，制定《早熟啤酒大麦复种向日葵及蔬菜栽培技术规程》。

（五）旱作区油菜茬免耕栽培大麦技术研究

针对内蒙古自治区东部旱作区干旱、风灾等自然灾害频繁发生的现状，实施大麦与油菜免耕轮作倒茬种植制度，可有效提高地表覆盖度，降低风蚀和遏制农田沙尘暴的发生，进而达到保护耕地资源和生态环境，创新以下 3 项核心技术，即：①前茬收获：油菜收获时，保证留茬高度 20～25cm，秸秆直接粉碎均匀抛撒还田。②免耕播种：大麦播种时在前茬没有耕翻的油菜地，利用免耕播种机一次性作业完成种床松土、种肥分层播种、覆土镇压。③深松土壤：每隔 3～4 年使用深松机进行土壤深松，以打破犁底板结层为原则，深松行距 35cm，深度 40cm 以上，各铲尖入土深度一致，起到蓄水保墒、减少表土残留秸秆数量和加快秸秆腐化速度的作用。集成油菜茬免耕栽培大麦种植模式，制定《内蒙古旱作区油菜茬免耕栽培大麦生产技术规程》。

（六）大麦青贮、干贮种养一体化生产技术应用

围绕大麦新品种生物产量高、抗病抗逆性强、养分高效、饲用品质好的特性，创制出大麦青贮、干贮饲喂奶牛的种养结合生产技术，创新了以下 3 项核心技术，即：①适期播种：内蒙占西部区 3 月中旬至 3 月下旬播种，中部区 4 月上旬至 4 月中旬播种。②适宜播量：蒙啤麦 3 号：水地 16～18kg/亩，旱地 18～20kg/亩，亩保苗 35 万～39 万株，行距 10～15cm；蒙啤麦 4 号：水地

17～19kg/亩，旱地 19～21kg/亩，亩保苗 36 万～40 万株，行距 10～15cm。③适时收割：当田间大麦进入灌浆中期（乳熟期）及时收割全株青贮或干贮，形成大麦青贮、干贮种养一体化生产技术模式。

三、新品种与新技术示范促进产业生产应用

立足于内蒙古大麦产业现状和技术需求，以新品种和新技术为依托，技术培训、现场观摩等为技术措施，建立原、良种繁育＋核心示范＋高产田创建＋辐射推广的技术服务体系，示范应用多项品种高产高效、节本增效、轻简高效栽培技术，大幅提高了内蒙古大麦单产和品质，大力促进了大麦生产，示范效果良好，经济社会生态效益显著。

2009—2010 年，累计示范推广啤酒大麦新品种垦啤麦 7 号、甘啤 4 号92.5 万亩，辐射周边 200 万亩。其中：甘啤 4 号 25 万亩，平均亩产 287.16kg；垦啤麦 7 号 67.5 万亩，平均亩产 265.92kg；累计生产优质大麦 2.92 亿 kg，生产饲草 3.04 亿 kg，产生直接经济效益近 5.79 亿元。

2011—2015 年，结合蒙啤麦系列新品种（蒙啤麦 1 号、蒙啤麦 2 号、蒙啤麦 3 号、蒙啤麦 4 号）及配套栽培技术大面积示范和原、良种繁殖，在全区累计创建百亩高产示范田 16 个，灌区平均亩产 453.1kg，旱区平均亩产332.0kg；在旱区创建千亩以上示范片 13 个，平均亩产 301.0kg（其中亩产超350kg 的有 4 片）；在旱区累计示范蒙啤麦系列品种及配套栽培技术 122.7 万亩，平均亩产 283.8kg，平均亩增产 10.7%，亩增效 59.6 元，累计辐射周边300 万亩，累计产生直接经济效益 1.25 亿元。

2016 年在内蒙古中、东部旱作区示范推广"蒙啤麦 3 号及配套栽培技术"30.5 万亩，平均亩产 285kg，占当年全区大麦种植面积的 33.7%。2016 年内蒙古旱作区严重干旱，农作物生长期几乎没有一次有效降雨，草原枯黄，农业生产受到严重制约，小麦、玉米、油菜、马铃薯、大麦与往年比较减产显著，相比较而言大麦比其他作物耐旱性要强，减产幅度较小。

2017 年在内蒙古大麦主产区示范推广"蒙啤麦 3 号及配套栽培技术"12.6 万亩，其中：旱作区 10.6 万亩，平均亩产 245.6kg，平均亩增产 39.2kg；灌区 2 万亩，平均亩产 390.0kg。按每千克购价 2.0 元计算，产生直接经济效益 6 766.7 万元。

通过举办技术培训班，专家田间答疑解惑，技术服务热线，现场观摩，发

放技术手册、明白纸等形式多样的技术措施，保障了新品种新技术的落地生根。如，印制发放《优质啤酒大麦新品种简介》《大兴安岭沿麓旱作啤酒大麦栽培技术》《内蒙古东部旱作区啤酒大麦蒙啤麦1号栽培技术》《内蒙古啤酒专用大麦生产技术规程》《旱作区主要作物抗旱丰产栽培示范推广——大麦免耕栽培技术手册》《蒙啤麦3号栽培技术规程》《内蒙古盐碱地大麦栽培技术规程》《早熟啤酒大麦复种向日葵及蔬菜栽培技术规程》等各类技术资料，达到了宣传和扩大品种示范效应的预期结果。

为了进一步扩大新品种、新技术的示范效果和影响力，多次召开田间现场会。如，2009年7月3～8日在呼伦贝尔市组织召开了"东北区啤酒大麦新品种大面积示范推广现场会"。2011年7月上旬，邀请国内外大麦专家9人，对内蒙古大麦主产区开展的"蒙啤麦1号及其配套栽培技术大面积推广"和"北方大麦区试、内蒙古大麦区试"及"内蒙古大麦新品种生产示范"进行了为期一周的现场观摩检查。2011年8月27日，在乌盟中旗正丰马铃薯基地召开"蒙啤麦1号大面积生产示范现场会"。2014年7月3～7日，由内蒙古农牧业科学院、巴彦淖尔市农科院、海拉尔农垦集团联合主办，在呼伦贝尔市召开"内蒙古大麦生产技术示范交流会"，国家大麦青稞产业技术体系首席科学家张京研究员以及来自全国20多个省份的大麦体系岗位专家、试验站站长及团队成员120余人参加了会议。会议期间实地考察了海拉尔农垦4个大农场，现场观摩了内蒙古大麦新品种（蒙啤麦系列品种）大面积生产示范，抗腐威轻简栽培技术大面积生产示范，参观了海拉尔农垦各农场大型农机具、海拉尔农垦麦芽厂生产线等。

这些会议的成功召开，对促进内蒙古大麦主产区大麦新品种优质、高产、高效栽培技术的推广应用，扩大大麦新品种的示范效果，提升内蒙古大麦产业化发展水平具有巨大的推动作用。为此，"优质、高产啤酒大麦新品种选育与生产技术集成、推广"获得2013年度内蒙古自治区科学技术进步一等奖；"优质、高产啤用大麦新品种蒙啤麦1号及高效生产技术集成、推广"获得2013年内蒙古自治区农牧业丰收一等奖；"啤酒大麦新品种甘啤四号引种及推广"获得2008年度内蒙古自治区科学技术进步二等奖；"大兴安岭沿麓啤酒大麦引种及栽培技术推广"获得2008年内蒙古自治区农牧业丰收一等奖。

内蒙古东部旱作区是自治区乃至全国大麦主产区，多年来，施肥技术单一，大麦病害频发。为此，从2012年开始开展常规配方施肥与抗腐威增氮施肥两种施肥技术研究，集成以亩施"抗腐威添加剂 3kg＋复混肥 12kg"为核心技术的抗腐威（穗保）轻简栽培技术模式，节本、增效、防治大麦根腐病效果显著，得到大面积推广应用。

2013 年，在海拉尔农垦各农场、牙克石市、额尔古纳市、鄂温克旗等主产区大面积示范大麦抗腐威配方施肥技术 5.5 万亩，抗腐威配方施肥大麦平均亩产 189.5kg，常规配方施肥大麦平均亩产 174.7kg，平均亩增产大麦 15.1kg，平均亩增产 8.6％，防治效果提高 19.5％。当年大麦市场价格 1.80 元/kg，平均亩增收 27.2 元；大麦抗腐威配方施肥后苗期不再施用其他硼肥，每亩节约生产成本 3.0 元，合计抗腐威配方施肥大麦田较常规配方施肥大麦田平均亩增收 30.2 元。

2014 年，在呼伦贝尔市大麦产区大面积示范推广抗腐威配方施肥（穗保添加剂 3kg＋复混肥 12kg）轻简栽培技术 11.2 万亩，平均亩产 305.4kg，亩增产 20.5kg，较对照增产 7.2％，平均亩增效 45.10 元。

2015 年，在呼伦贝尔市大麦产区示范推广抗腐威配方施肥（穗保添加剂 3kg＋复混肥 12kg）轻简栽培技术 12.7 万亩，平均亩产 293.5kg，亩增产 24.5kg，较对照增产 9.1％，平均亩增效 49.0 元。

（栽培岗位科学家 张凤英）

水肥一体化滴灌技术助力
啤酒大麦增产增收

　　由于特殊的历史原因，新疆生产建设兵团绝大多数团场在组建之初就位于干旱缺水的戈壁、碱滩和山地，这些地方土地贫瘠、风沙肆虐、灾害频繁，生活环境极其恶劣，生产条件极为艰难。地处哈密市巴里坤哈萨克自治县的红山农场是国家级贫困团场，属温带大陆性冷凉干旱气候，年均降水量207.7mm，年均蒸发量1638mm，干旱缺水是制约该场农业经济发展的瓶颈。加之气候寒冷等因素，致使该场农工的收入面狭窄，只能种植大麦、小麦、豌豆和马铃薯等单一作物。要是碰上好年份，农工还能多点收入补贴日常生活所需；反之，农工就只能"倒挂账"，严重影响了农工生产生活的积极性。

　　国家大麦青稞产业技术体系建立之初，红山农场就成为体系石河子综合试验站的示范县。经过调研发现，红山农场的啤酒大麦生产主要存在以下两个问题：一是品种混杂退化严重。多年来"以粮代种"致使田间群体表现出株高参差不齐，成熟期早晚不一，抗逆性减退，经济性状和品质性状变劣，严重制约了啤酒大麦产量和品质的提高。二是灌溉技术落后。田间灌溉仍以大水漫灌为主，不仅存在浪费水资源、需要较多的劳动力和灌溉不均匀等诸多问题，而且容易造成地下水位抬高，使土壤发生次生盐碱化。

　　麦田滴灌技术是新疆麦区针对实际生产需求，在棉田滴灌技术的基础上发展起来的，是对密植作物灌溉的一次变革。目前，国内外关于滴灌技术的应用主要集中在中耕作物，对大麦等密植作物滴灌技术的应用尚较少。新疆麦田应用节水滴灌技术也仅始于近几年，但其增产节水效果显著，种植面积不断扩大，成为新疆重点推广的麦田节水项目之一。麦田滴灌技术仍处于不断改进与探索阶段，目前还没有一整套相对完善的配套栽培技术。因此，石河子综合试验站团队人员和红山农场的技术骨干在广泛调研的基础上，结合啤酒大麦的生长发育规律以及栽培管理环节，把水肥一体化的滴灌技术应用到啤酒大麦的栽培管理中，经过多年的示范和推广，该技术已成为红山农场啤酒大麦栽培管理的常规技术。优良品种的推广、水肥一体化滴灌技术的推广和应用为农工的增产增收提供了技术上的支撑和保障。

一、大麦青稞优良品种的推广

新啤6号是石河子综合试验站在2010年选育成功的中熟二棱啤酒大麦新品种，该品种不仅优质高产，抗倒伏能力尤为突出，具有每公顷9 000kg以上的产量潜力。为了加速该品种的种子繁殖，石河子综合试验站与红山农场农林站合作，采用两年两圃制生产原种。8年来该品种累计在红山农场推广种植2 500多 hm^2，按每公顷增产450kg、每千克销售价格1.8元计算，新啤6号的推广产生直接经济效益202.5万元。

二、水肥一体化技术在啤酒大麦栽培中的推广和应用

（一）核心技术

1. 播前准备

（1）品种选择。选用产量潜力高、抗倒伏能力强的中熟二棱啤酒大麦品种。

（2）选地。选择土壤有机质含量在1％以上、碱解氮50mg/kg以上和速效磷18mg/kg以上的中等以上土壤肥力。

（3）施肥量。目标产量450～500kg/亩，全生育期最佳施肥总量为：纯氮17～18kg、纯磷6.5kg、纯钾3kg；氮、磷、钾纯肥比例为1∶0.38∶0.18。

全层施肥：纯氮4.6kg、纯磷5.5kg（折尿素10kg、三料磷肥12kg）。剩余肥料：纯氮12.4～13.4kg、纯磷1kg、纯钾3kg（折尿素27～29kg，60％含量磷酸二氢钾7～8kg），在大麦生育期分次随水滴施。

（4）秋灌秋翻。入冬前进行灌水，灌水量70m³/亩，要求灌溉均匀，不漏灌，无积水。临冬秋翻前施尿素10kg，三料磷肥12kg。要求施肥插好施肥线，做到不重不漏，保证施肥均匀，犁地深度27～38cm，犁后平整，临冬前整成待播状态。

（5）种子处理。

①播前进行种子精选，精选后的种子质量达到纯度98％以上、净度98％以上、发芽率95％以上。

②播前用25％粉锈宁按种子重量的0.15％（有效成分）拌种，防除大麦

条纹病,晾干待播。

(6) 播前耙地。耙地深度 4~5cm。

2. 播种

(1) 播种期。当气温稳定通过 1℃以上,土壤解冻 5~7cm 即可播种。

(2) 播量。根据千粒重确定下种量,平均每米下种 75~80 粒,按千粒重 45g 确定播量,播种量约 12.5kg/亩。

(3) 播种方法。采用 3.6m 播幅、24 行条播机条播,播深 3.5~4.5cm,要求下籽均匀,不重播,不漏播,播深一致,覆土良好,镇压确实,播行端直。滴灌带配置方式有两种:黏土地采用一幅四管配置,沙土地采用一幅五管配置。滴灌带滴头流量为 1.8~2.1L/h,滴灌带开浅沟埋于土壤 1~2cm 深处,固定好滴灌带,以增强防风能力。

一幅四管配置:

12.5+12.5+20+12.5+12.5+20+12.5+12.5+20+12.5+12.5+20+12.5+12.5+20+12.5+12.5+20+12.5+12.5+20+12.5+12.5+20=360(cm),滴灌带用量:741m/亩。

一幅五管配置:

13.3+20+13.3+13.3+13.3+13.3+20+13.3+13.3+13.3+13.3+20+13.3+13.3+13.3+13.3+20+13.3+13.3+13.3+13.3+20+13.3+20≈360(cm),滴灌带用量:926m/亩。

(4) 查苗补种。播种后及时查苗补种,查墒补水,做到满块满苗。

3. 田间管理

(1) 滴灌与施肥。滴灌大麦生育期滴水 8~9 次,滴灌总量 230~260m³/亩。结合生育期滴灌滴施尿素 27~29kg、60%磷酸二氢钾 7~8kg。

二叶一心期:灌水量 30~35m³/亩,进行全层施肥的地块,此期原则上不施肥。

拔节至抽穗:滴水 2 次,第一次灌水量 30~35m³/亩,第二次灌水量 25~30m³/亩。共滴施尿素 6~8kg、磷酸二氢钾 2~3kg。

抽穗至扬花:滴水 2 次,每次灌水量 25~30m³/亩。共滴施尿素 6~8kg、磷酸二氢钾 2~3kg。

扬花至灌浆:滴水 2 次,每次灌水量 25~30m³/亩。共滴施尿素 5~7kg、磷酸二氢钾 2kg。

灌浆期：乳熟初期滴水 $25\sim30\text{m}^3$/亩，随水滴施尿素 $3\sim5\text{kg}$，起到养根护叶、增粒重的效果。适期正确把握麦黄水（乳熟期或蜡熟初期），土壤含水量较低的麦田，可增加一次灌水，灌水量 15m^3/亩，滴施尿素 2kg。

（2）化调与化除。

①化调：拔节前进行第一次化调，用矮壮素 $250\sim300\text{g}$/亩；10 天后进行第二次化调，用矮壮素 $250\sim300\text{g}$/亩，防倒伏。

②化除：头水前喷施二甲四氯 $250\sim300\text{g}$/亩防除，喷药应在晴天无风的情况下进行，以提高药效和防止药液飘散造成周围作物产生药害。

（3）病虫害防治。在大麦生长期若大麦条纹病发生，拔节后用 50％苯菌灵可湿性粉剂 $1\,000\sim1\,500$ 倍液或 25％苯菌灵乳油 800 倍液喷雾防治。大麦挑旗时每百穗若有 500 头蓟马或蚜虫率达到 20％时，用 2.5％敌杀死或 20％速灭丁，用量 $20\sim40\text{g}$/亩，兑水 $25\sim30\text{kg}$ 喷雾防治，或用 50％抗蚜威可湿性粉剂 $4\,000$ 倍液喷雾防治。

4. 适时收获

在大麦黄熟期适时收获，达到精准收获要求。机械收割脱净率应在 98％以上，破碎率在 2％以下，收割总损失率不超过 2％。

（二）在啤酒大麦栽培中的增产增益效果

1. 土地利用率高

用滴灌方式种植，田间不需要修斗、农、毛渠及田埂，土地利用率可提高5％～7％。

2. 节约用水，调控便利

田间不设毛渠，减少输水和灌溉过程水分渗漏、地面蒸发、流失及土地不平导致灌溉不均，比常规灌溉节水 25％～30％。采用滴灌灌溉操作方便，可及时通过滴水调节田间土层温度和农田小气候，缓解干旱区生长后期干热风对灌浆的影响，增加粒重。

3. 节省肥料

肥料溶于水，水肥一体化，随水滴肥，施肥均匀，大大提高了肥料利用率，氮肥利用率提高 30％以上，磷肥利用率提高 18％以上，节省肥料 20％以上。

4. 节省种子

滴水出苗，供水及时，土壤湿度均匀，种子发芽好，出苗率高，发芽率由原来的 70％～75％普遍提高到 90％以上。

5. 节省机力、劳力

滴灌节省了机车追肥、机车开毛渠、平毛渠作业过程，每公顷可节省机力费 150～225 元，同时可大大减轻劳动强度，提高劳动生产率。

6. 易实现信息化管理

根据大麦各生育期生长需要，水、肥可通过自动控制随水实时有效地供给和调控。

7. 综合经济效益显著提高

滴灌比常规灌溉增产 25% 以上，按大麦价格 1.8 元/kg 计算，滴灌比常规灌溉增收 3 501 元/hm²；扣除成本投入后，比常规灌溉增收 2 753 元/hm²。

（三）取得的经济效益

水肥一体化滴灌技术在大麦栽培上的应用累计在红山农场推广 500hm²，按照比常规灌溉增收 2 753 元/hm² 计算，累计增加直接经济效益 137.65 万元。

（四）技术用户评价

该场经济发展局局长李安平介绍说，啤酒大麦栽培管理采用水肥一体化滴灌技术基本做到了"引水不见渠、灌溉不见水、管理不见人"。提到水肥一体化滴灌技术给农工带来的好处，农业第四作业区支部书记范多勇最有发言权："水肥一体化滴灌技术不仅具有明显的节水和节本增效的作用，而且还节省人工。职工有充裕时间搞多元增收，双农工家庭就是一人管地，另一人外出务工，连队输出劳务人员 70 余人，人均务工收入 3 万元。"

三、技术培训

要使水肥一体化滴灌技术在啤酒大麦栽培管理中发挥最大的效益，栽培管理中的各项单项技术是否使用规范以及是否到位是制约该技术使用效益的重要因素。为此，石河子综合试验站团队成员每年利用红山农场的"科技之冬"活动，开展了"新啤 6 号特征特性及其栽培技术""大麦条纹病识别与防治技术""麦田杂草的识别及综合防控技术""测土配方施肥技术在啤酒大麦上的应用""无人机化调与叶面肥喷施技术""水肥一体化滴灌技术在啤酒大麦上的应用技术"等多种讲座和培训。通过培训，不仅培养了农工依靠科技种植管理啤酒大麦的氛围，而且激发了农工学科学、用科学的热情。农工在培训中得到实惠，主动求教、主动咨询人次越来越多，要求参加培训的人数也越来越多，学习热情高涨。为了能使水肥一体化滴灌技术在啤酒大麦栽培中尽快得到农工的认可和接受，石河子综合试验站团队人员在生产的关键技术环节及时开展技术服务和指导，并通过现场会等多种形式让农工切实看到该技术的好处和优势。

综上所述，水肥一体化滴灌技术在啤酒大麦上的成功使用，不仅带来了良好的经济效益和生态效益，而且产生了良好的社会效益。该技术在红山农场的推广使用，为该场农工脱贫致富起到了积极的推动作用。

（石河子综合试验站站长 齐军仓）

体系产业技术推动甘南州青稞生产发展

甘肃省甘南藏族自治州（简称甘南州）地处青藏高原东北部，平均海拔3 000m，大部分耕地分布在海拔2 000～3 000m 的高寒阴湿地区，气候寒冷湿润，无霜期短，自然条件差，适应种植作物少。甘南藏族自治州是全国 10 个藏族自治州之一，也是国家三区三州深度扶贫区之一，是甘肃省的青稞主产区。青稞以其早熟、耐寒、耐瘠、抗逆性强等特点成为适宜甘南州高海拔地区生长发育的优势作物，是藏族群众在特殊环境和生活条件下不可替代的主要食粮，也是当地主要粮食作物，常年播种面积 23 万亩左右，占全州农作物播种面积的 38%，总产 3 600 万 kg，占全州粮食总产的 35%，种植面积和产量均居各类农作物之首；青稞需求量很大，常年全州农牧民人口消费青稞 4 000 万 kg，生产青稞只有 3 000 多万 kg，扣除留种，青稞自给率不足 60%，每年需从外地调进一部分解决供需矛盾。

甘南州经济基础薄弱，农业投入不足，在青稞生产中存在着以下问题：一是品种方面，由于甘南州青稞良种繁育体系不健全，青稞品种在示范推广过程中，良种繁育跟不上生产的需要，推广速度慢；有些地方品种连年种植，在种植过程中，品种发生混杂退化，导致产量不高，品质较差。所以，农民说"辛辛苦苦种养一年，不如外出劳务一季"。二是耕作方面，一些地方沿用传统的种植方式，统一播种、统一收获。部分地方外出务工人员较多，耕作粗放，广种薄收，种的时候朝天一把籽，然后外出打工，让庄稼自然生长，等收割的时候再回来收获。农业投入少，有些地方白籽下种，有些地方只是投入有限的农家肥，良种良法不配套，产量低，品质差。三是病虫草害方面，在大部分地区农作物病虫草害化学防治等措施还没有被农牧民完全采纳。即使在化学防治过程中，也存在着药剂选择不当、用药剂量不准、用药不及时、用药方法不正确等问题，防治效果不理想。此外，农药市场不规范、农药经营人员素质偏低，对农药使用、病虫草害发生等一般常识掌握较少，不能科学合理地"开方卖药"，误导用药，导致防治效果不佳。四是产品开发方面，青稞酒厂生产规模小，市场竞争力弱；糌粑等传统青稞食品主要通过手工作坊生产，作坊加工效率低，设备简陋，工艺简单，操作过程缺乏严格的卫生要求，产品容易霉变，很难批量走向市场，产品附加值低。

2017年加入国家大麦青稞产业技术体系，建立了国家大麦青稞产业技术体系甘南综合试验站，依托单位为甘南州农业科学研究所。早在2009年，就开始承担体系岗位科学家潘永东、强小林及王化俊等委托的科研任务，针对当地青稞生产中的一些问题，先后开展了青稞栽培方面的一些试验和高产田创建及技术集成示范等。先后在甘南州农业科学研究所试验地进行青稞田间除草剂、病虫害的防治等各项试验，在碌曲县、卓尼县相继建立了青稞高产示范基地及技术集成百亩示范方、千亩示范片等，通过各项试验及示范基地的建立，筛选出了当地实用的防除青稞田间杂草的除草剂及种子包衣剂，逐步改变了当地农牧民长期以来传统的耕作习惯，将青稞生产由活佛算日子统一播种、统一收割、不使用化学除草剂及种衣剂（认为化学除草剂及种子包衣剂会杀生，伤害地里的昆虫）等，改变为现在的按气候和昼夜温度适期播种、种子包衣、化学除草、机械收获等技术的集成应用，以点带面逐步提高了当地青稞产量，也提高了当地农牧民科学种田的意识。正式加入体系后，结合体系任务及当地青稞生产现状进行了青稞新品种的选育及青稞新品系多点生产示范；在甘南州临潭县古战乡卡勺卡村、卓尼县扎古录镇强岔村、碌曲县双岔乡落措村完成青稞品种黄青2号、甘青6号、甘青7号增产技术集成示范基地1 013.6亩，平均亩产267kg，较当地种植品种亩增34.7%。采取集中培训与分散培训相结合的形式，完成良种应用技术、整地技术、土壤改良技术、播种技术、田间管理技术、适期收获技术等的培训，培训人员400余人次。对于甘南州农业科学研究所近年来选育出的青稞品种甘青4号、黄青1号、黄青2号、甘青6号、甘青7号，在其适应区域进行示范推广。累计在合作市、临潭县、卓尼县、碌曲县、夏河县、迭部县等地示范推广面积2.0万亩，平均亩产218kg，较基础亩产150kg增加45.3%。在青海省门源县的北山乡、青石嘴镇、东川镇、泉口镇推广种植甘青4号1.0万亩，平均亩产320.4kg，较当地青稞平均亩产增加15%。根据体系栽培与土肥岗位科学家的安排，在碌曲县双岔镇二地村、合作市勒秀乡阿木去乎村各建立青稞甘青4号高产技术集成百亩示范方100亩，在合作市卡加曼乡新集村试验基地种植大麦种质资源346份。在临潭县古战乡甘尼村、古战村，碌曲县双岔镇洛措村进行了多效唑、矮壮素对青稞抗倒的生产示范，示范面积 40 亩。结合甘南藏区青稞增产技术集成示范等项目，在双岔镇落措村、二地村为群众免费发放甘青 4 号优质青稞种子 8 750kg，磷酸二铵 5 000kg，总计 80 000 元，种植甘青 4 号青稞良种生产示范田 1 000 亩，平均亩产 230kg，较当地青稞平均亩产增产 15％，为农业增效、农牧民增收发挥了重要作用。

2018 年，甘南综合试验站依托技术支撑在州农科所试验地进行了青稞新品种的选育以及青稞品种甘青 4 号、甘青 6 号、甘青 7 号等原原种繁育，还在临潭县、卓尼县、夏河县、碌曲县、合作市建立了青稞原种繁育田及技术集成百亩示范方，并对选育出的青稞新品种进行了示范推广，对接专业合作社 4 个。卓尼县怕怕种植农民专业合作社位于卓尼县申藏乡冷口村木耳当自然村，社长申怕怕，一位朴实的藏族农民，在自家院落附近有一占地 800m² 的存贮库房及晒场，有农机具室，流转土地 400 亩，主要种植农作物为青稞、油菜和药材；甘南综合试验站在该合作社建立青稞新品种甘青 6 号原种繁育田 100 亩，采用宽幅匀播技术（改传统密集条播籽粒拥挤一条线为宽幅种子分散式粒播，将传统条播播幅由 1～3cm 增加到 10cm 左右的宽播幅），敌委丹种衣剂拌种，爱秀及苯磺隆混合使用防除青稞田间野燕麦及阔叶杂草，青稞联合收割机收获等技术集成应用；在 2018 年雨水过多、粮食普遍减产的情况下，该合作社种植的青稞较当地群众种植的青稞增产 13.7％。通过青稞新品种、新技术进一步的示范应用，充分发挥了专业合作社的示范作用，引领并带动了当地贫困户增产增收。

甘南综合试验站在了解调研甘南州青稞产品开发及生产情况的前提下，对接临潭县庄稼汉种植农民专业合作社。临潭县为国扶贫困县，临潭县庄稼汉种植农民专业合作社位于临潭县长川乡长川村，社长才让扎西，是一位年轻且有思想的农民党员。该合作社按照民办、民营、民受益的原则，采取公司＋合作社＋基地的发展模式，以科技为依托，以产业为基础，以农民增收为目的，充分发挥农民专业合作社的带头作用，全力推进精准扶贫，提高农民的市场竞争力和抵御风险能力。主要进行农产品的加工及销售等，通过青稞产品的开发加工，逐步提高青稞附加值，带动农牧民种植青稞的积极性。近几年来，该合作社流转闲置土地 1 000 余亩；建有生产基地及杂粮生产车间，青稞产品主要为青稞面，新增一条青稞糌粑生产线，按照合作社提出的对青稞加工产品的品种品质的要求，选择甘青 7 号作为加工专用型品种在其专业合作社进行了繁育及生产，同时不定期地到田间地头进行技术培训，及时解决生产中出现的问题。2018年青稞平均亩产280kg，长势优于当地品种，通过专业合作社的示范引领作用，辐射带动周边农户应用新品种、新技术，提高青稞亩产，增加农户收入。

乡村振兴，产业兴旺是重点，生态宜居是关键，乡风文明是保障，治理有效是基础，生活富裕是根本。作为农业科技工作者，我们责无旁贷，我们将理清思路，找准产业路子谋发展，甘南综合试验站在前进中不断探索、总结，结合当地农业生产实际，进一步运用体系技术逐步提高甘南州青稞单产、增加粮食总产，推动青稞提质增效，转变青稞产业发展方式，促使青稞产业在当地精准扶贫中发挥应有的作用，为农业增效农民增收做出应有的贡献。

（甘南综合试验站站长 刘梅金）

青稞种子穿上安全防护衣
增产增收效果好

中国具有悠久的大麦栽培历史，也是重要的大麦生产国家。根据产量和播种面积，大麦是全球第 4 大禾谷类作物，也是中国第 4 大禾谷类作物，仅次于玉米、水稻和小麦。青稞，也就是裸大麦，是起源于中国青藏高原地区的特有物种，它是青藏高原高海拔地区唯一的粮食作物和重要的饲草来源，对当地社会经济特别是农牧业持续稳定健康发展起着不可替代的作用。

青稞在从播种到收获整个生长过程中，也会受到多种病害的侵扰，特别是条纹病和云纹病，是青藏高原及周边麦区较为流行的主要病害。条纹病在未加防治的地块病株率为 20％～30％，甚至 100％，造成绝产；云纹病在冷凉、半湿润地区发生更普遍，在严重流行年份造成的产量损失估计高达 35％～40％。条纹病和云纹病暴发流行影响青稞籽粒和秸秆的产量和品质，降低了青稞的经济效益，也降低了青稞种植户的积极性。近年来，气候变化和生态环境条件的显著改变，对青稞种植区域病害的发生和危害产生了明显的改变。青稞上叶部病害之一云纹病，曾是次要病害，对青稞种植不能产生显著影响；然而近几年，云纹病流行危害愈发严重，逐步上升为影响青稞生产的主要病害，达到了必须采取防治措施的程度。

制定最经济有效的青稞病害防治措施，必须根据病原菌在侵染循环中最薄弱的关键环节，对症下药，才能达到事半功倍的效果。研究与实践证明，消灭或阻断初始菌源是病害防治的重要策略。条纹病是种传病害，带菌的种子是病原菌的唯一初侵染菌源。病原菌仅以菌丝形式寄生潜伏在青稞籽粒果皮和种皮部位存活下来，而种子的胚并没有受到侵染。菌丝随着种子的萌动而开始生长，当胚芽鞘形成后快速侵入茎原基内，在幼苗生长发育期间随着分生组织而生长。随着寄主植物拔节、抽穗，菌丝在病株体内系统性蔓延、扩展。在青稞生育后期病叶条形病斑上产生大量分生孢子的时候，也正好也是寄主植物抽穗和籽粒发育早期阶段，分生孢子经雨水或气流向四周扩散，落在麦穗上，只要温度湿度适宜，分生孢子萌发并侵入发育中的籽粒而完成了侵染循环。种子带菌率是决定条纹病发生的关键因素，而受环境限制因素较少。因此，药剂拌种，在种子萌发的过程中将初侵染菌源杀死是最佳的防治时期。不同于条纹病，云纹病的初侵染菌源较多元化，带菌的种子，及近地表、土壤表面或土壤中病残体，都是重要的初侵染菌源。云纹病原菌从带菌种子传播到麦苗的概率是 26%，能造成青稞出苗率降低，苗期叶片枯死，为再侵染循环提供菌源。只要环境条件适宜，植株下部早期被侵染的病叶成为生育中后期云纹病菌侵染上部叶片及叶鞘的重要菌源。因此，药剂拌种结合苗期病害防治是控制云纹病双保险措施。

青稞是青海省高海拔农牧结合区的重要农作物，然而病害的流行常造成严重的经济损失。在 2012 年病害普查中发现，湟源县日月乡寺滩村部分青稞地块的条纹病病株高达 20%～30%，甚至连片枯死，减产非常严重，根本见不到青稞丰收的喜悦之情。在随后的青海其他州的青稞病害调查中，也发现条纹病普遍发生，只是严重程度略有不同。青稞云纹病属于典型的气候冷凉半湿润地区真菌病害，在青海省海南州流行危害更严重而普遍。在调查中发现，云纹病危害程度呈逐年加重趋势，这与青海省的气候变化密不可分。在生育前期降雨多的年份，生育后期云纹病明显加重，甚至大规模暴发。特别是由于现有主要青稞品种抗云纹病水平较低，只要气候条件适宜，云纹病的平均严重度达 20%～30%，高感病品种的严重度高达 70%～80%，甚至 100%，必将导致云纹病大规模流行，造成青稞严重减产。

因此，在国家大麦青稞产业技术体系的资助下，先通过小区试验筛选有效防治条纹病和云纹病的化学药剂。首先，依据出苗率、防治后病株率、病情指数等综合评价指标，筛选出对青稞较为安全的拌种杀菌剂，如施乐时种衣剂、卫福福美双种衣剂、敌委丹悬浮种衣剂、适麦丹种衣剂等，并开始在青海省青稞条纹病流行区进行病害防控试验示范工作。2013 年，在青海省湟源县日月乡寺滩村，3% 敌委丹悬浮种衣剂按 2.0mL/kg 种子剂量拌种防治条纹病，示范面积 20 亩，青稞品种为肚里黄；经过药剂拌种防治，示范田条纹病发病率为 0.9%，对照田发病率为 22.9%，防治效果 95.9%，取得较好的防治效果和经济效益。用同样的种子药剂处理方法，2014 年在湟源县日月乡寺滩村示范面积 30 亩，青稞品种为肚里黄，示范田条纹病发病率为 0.8%，对照田发病率为 19.9%，防治效果为 96.2%。2015 年在青海门源县北山乡大泉村示范面积 50 亩，青稞品种为昆仑 12 号，示范田条纹病发病率为 0.1%，对照田发病率为 7.7%，防治效果 98.3%。2016 年在青海省农林科学院二十里铺试验基地和海北州门源县北山乡分别示范防治昆仑 14 号条纹病 15 亩和 20 亩，在门源县示范田条纹病发病率为 0.4%，对照田发病率为 6.7%，防治效果为 94.0%；在青海省农林科学院二十里铺试验基地示范田条纹病发病率为 0.3%，对照田发病率为 4.8%，防治效果为 93.8%。经过 4 年条纹病的防治试验示范，使用 3% 敌委丹悬浮种衣剂以 2.0mL/kg 种子剂量拌种防治条纹病效果均在 90.9%～98.3%，能有效防治条纹病。条纹病是青稞首要病害，病株率就是减产比例，是青稞高产稳产的拦路虎。已利用药剂拌种在技术层面成功解决了这一个问题，为青稞种植户保驾护航。

青稞云纹病是青海省高海拔冷凉气候麦区的另一个重要真菌病害。因初侵染菌源较多，如带菌种子、地表上病残体等，抗病品种很少，云纹病发生和流行受气候环境条件影响较大，故防治策略也不同于条纹病。首先，筛选获得喷雾防治苗期及地表病残体菌源的适合药剂，如拿敌稳水分散粒剂、好力克悬浮剂、四氟醚唑水乳剂等，其中拿敌稳喷雾叶表防治云纹病效果高于其他药剂。亩用水量以 15kg 较为合适，青稞苗期至拔节期是施药防治较适宜时期。用于防治条纹病拌种药剂 3% 敌委丹悬浮种衣剂，对种传云纹病初侵染菌源具有很好的防治效果，因此，在实际应用中采用 3% 敌委丹悬浮种衣剂 2.0mL/kg 种子拌种，并结合在苗期至拔节期用 75% 拿敌稳水分散粒剂 20mL/亩药剂或好力克悬浮剂 15mL/亩药剂叶表叶表喷雾防治，能取得较为理想的防效。采用上述药剂组合的防治策略，即 3% 敌委丹拌种＋苗期 75% 拿敌稳喷雾防治，2013 年在青海省湟中县鲁沙尔镇朱家庄村小范围示范 2.5 亩，防治效果约 76.9%；2014 年继续扩大示范面积，在朱家庄村防治云纹病示范 10 亩，防治效果为 77.3%；2015 年和 2016 年示范面积增加至 15 亩，防治效果分别为 72.94% 和 77.6%。通过多年多点试验示范，3% 敌委丹悬浮种衣剂以 2.0mL/kg 种子剂量拌种，同时苗期用 75% 拿敌稳水分散粒剂 20mL/亩喷雾防治云纹病的效果均在 72.9%～77.6%，扣除病害防治的成本，该药剂组合防治策略能增加青稞种植户的经济效益。

青稞主要集中在青藏高原及其周边地区种植，这些地区气候和生态环境条件具有丰富的多样性，地区间差异较大，为病害发生和流行创造了有利的条件。由于生态条件的脆弱性，采用化学药剂拌种防治青稞条纹病和云纹病等病害仅为权宜之计，但药剂拌种依然是目前防控青稞种传或土传病害最经济有效的措施。虽然目前在技术层面解决了条纹病和云纹病药剂防治问题，但依然面临的主要困难是病害防控技术推广应用覆盖面小，特别是在一些偏远青稞种植地区，药剂拌种等技术还未普及。另外，从发展的角度来看，需要加强对青稞种植户的职业技术培训和植保技术宣传，研发和推广抗病品种，提高无菌种子供给比例及农田杂草和秸秆管理和利用水平，才是持续有效控制病害流行的根本之策，也更有利于构建环境友好型和可持续发展的青稞生产，增加产业经济效益和社会生态效益。

（病害防控岗位科学家　蔺瑞明）

北方高寒旱作地区啤酒大麦
模式化栽培与产业化生产

一、创新应用啤酒大麦模式化栽培

自 2011 年进入国家大麦青稞产业技术体系以来，海拉尔综合试验站在创新应用啤酒大麦模式化栽培方面，主要取得了以下进展。

一是创新集成了北方高寒旱作地区啤酒大麦绿色优质高效模式化栽培技术。重点开展了新技术创新和新机具、新设备配套展示，包括大麦直播免耕、种子包衣、精量播种、配方施肥、化控防倒、病虫草害综合防治等栽培技术试验示范和推广。推动海拉尔啤酒大麦生产实现良种推广率 100％、测土配方施肥 100％、病虫草害综合防治 100％、全程大型机械化作业覆盖率 100％。

二是彻底改变了传统啤酒大麦生产的高投入、高强度、低效益的种植模式，探索轻简、高效、节约型的大麦种植方式，示范推行轻简化栽培和模式化栽培。"轻"指把人从复杂的生产劳动中解脱出来，"简"是简化整个大麦生产过程，达到节约劳动力、降低劳动强度、降低生产成本、增产增收的目的。从机械深松、联合整地、免耕播种、病虫草害防控、秸秆覆盖还田等每个技术环节均实现机械化，1 个工人可以完成 300 亩耕地的作业，大大减轻了劳动强度。免耕播种实现播种不动土，简化了生产过程，提高了播种质量，同时实现了保水保肥、减少水土流失，有效发挥了耕地系统的自然调节机制。

三是集成啤酒大麦提质降本增效新技术，推广集精量播种、精准施肥、灌溉施肥、按需施肥（水肥一体化）、精确用药、绿色防控于一体的全程标准化作业和全程大型机械化保护性耕作技术。在耕作方式上推行秸秆还田、免耕播种、机械深松、联合整地。作物收获时秸秆抛洒还田，实现保水保墒、提升地力；作物收获后控制留茬高度，实现截留天上水、蓄水保墒；播种不动土；实现防风保墒，机械深松整地，实现打破犁底层、恢复耕地属性。在农药使用上，剔除高毒、剧毒或代谢物高毒的农药产品，推行高效、低毒的微生物农药、生物菌肥、生物有机肥、新型杀虫剂、新型除草剂，为大麦绿色生产基地提供质量保障。

四是加强种子供繁体系建设，建立种子供繁机制，实现繁、供、推一体化。第一，建设了规范的原良种繁殖田，以示范基地为单元，加强原种、良种的提纯、复壮和去病害，确保种性稳定遗传和用种安全；第二，注重优质种子的收储与管理，完善种子管理制度，控制品种混杂，加强种子存储设施建设与监管，定期开展种子水分、芽率等指标检测，保证种子活力与纯度；第三，推进种子更新轮换制度建设。实行优质品种3年一轮换制度，确保种子纯度，减轻种传病害，实现高产稳产。

五是推进"四个转变"：①传统耕作方式向保护性耕作方式的转变；②旱作农业向灌溉设施农业的转变；③传统施肥方式向水肥药一体化的转变；④病虫草害药剂防治向低毒、生物防治的转变；⑤轻简化、机械化作业技术集成推广。

六是形成啤酒大麦技术规程和农机标准化作业标准。制定了海拉尔垦区啤酒大麦机械化技术规程，并进一步修订、完善，在大田生产中推广应用；制定了农机标准化系列标准，包括农机化通用基础标准、技术标准、管理标准、工作标准。对田间作业、技术与质量标准、物资管理等做出了明确的要求。

二、推动啤酒大麦产业化发展

进入国家大麦青稞产业技术体系近10年来，海拉尔综合试验站组织各示范基地，开展了从科研、种植、生产到加工销售的产业化发展路径，加强了基地带龙头、产加销一体化，实现了大麦全产业链、产业化示范，稳定了呼伦贝尔地区啤酒大麦种植面积，带动了周边农户的种植积极性，增强了抵御市场冲击的能力，促进了啤酒大麦产业的可持续发展。在订单农业方面，注重加强与国内外大麦加工龙头企业，如青啤、百威、烟啤、中粮、春蕾麦芽、麦多利等大麦原料加工和啤酒生产厂商建立了订单农业关系，5年累计订单面积253万亩，订单总量5.3亿kg，订单率95%，在国内国际啤酒大麦市场低迷的情况下，实现了稳定发展。

（海拉尔综合试验站站长 吴国志）

海拉尔垦区保护性耕作
技术研究与应用推广

一、技术研发背景

内蒙古海拉尔地区主要种植小麦、大麦、油菜和马铃薯等作物。2003年之前，海拉尔垦区农业生产一直沿用平翻、重耙等传统耕作方式，土壤板结，风蚀、水蚀、养分流失现象比较严重，特别是近年来在农业生产活动和全球气候变化的双重作用下，极端天气事件增加，干旱、大风、沙尘天气频繁发生，传统耕作方式种植的油菜每年都要遭受到不同程度的风灾，其中有至少30％以上的油菜因风灾绝产而需毁种，有的甚至要毁种2～3次，每年因灾损失粮食占总产的10％以上，给垦区经济造成了巨大的损失。

除风灾外，旱灾也是垦区农业生产中不能回避的自然灾害。尤其是春旱，过去垦区素有十年九春旱之称，近些年看，已经是十年十春旱，而且干旱程度越来越重，持续时间越来越长。多年来，垦区在抗旱方面做了大量工作，每年都要投入大量的人力、物力、财力进行抗旱，为此付出的代价越来越高，抗御能力和效果却相对较差。比如：留休闲地是垦区多年抗旱的主要措施之一，休闲地也一直是垦区的高产稳产田，但近几年随着气候的变化，休闲地墒情比不上茬地，甚至出现休闲地因墒情差而无法播种的情况。

垦区总结多年来的经验和教训，从改善生态环境和促进农业生产可持续发展的角度出发，坚持用科学的发展观谋划垦区的农业生产，加快耕作结构的调整步伐，引进大型保护性耕作机械及配套大型轮式拖拉机，积极开展了机械化保护性耕作技术的推广和应用工作，把免耕播种技术同深松、秸秆抛撒技术有机结合，形成了一套比较完整的大型机械化保护性耕作技术体系。

二、核心技术与创新点

1. 核心技术

实行以免耕和秸秆还田为重点，同时将免耕播种技术同深松整地、秸秆抛撒、生物有机肥施用技术有机结合的四年一循环的保护性耕作技术模式，即：第一年播种小麦、收获留茬、秸秆抛撒覆盖；第二年创茬免耕播种油菜；第三年地表处理（耙茬）、播种大麦；第四年创茬免耕播种油菜，深松整地；四年一循环。

2. 创新点

本技术创新了农业耕作制度，形成了成熟的具有可操作性的机械化深松、喷药、秸秆覆盖、免耕播种、地表处理等技术综合配套使用的技术模式，实现了 800 万亩以上大面积推广，在高寒、干旱地区创出了一条旱作多灾农业实现稳产、高产的有效途径。

三、解决的大麦生产主要问题

1. 免耕播种作业技术

用免耕播种机一次完成破茬开沟、施肥、播种、覆土和镇压作业，保证了农艺要求。选择优良品种并进行精选处理，播前应适时对所用种子进行药剂拌种或包衣处理。实现了大麦播种落籽均匀、播深一致、覆土严密、镇压保墒。

2. 杂草、病虫害综合防控技术

为了使免耕地块农作物生长过程减少病虫草的危害，保证农作物正常生长，采用大型自走式喷药机化学药品防治病虫草害的发生，配备 GPS 导航系统和先进的喷头技术，实现了病虫草害防治不重不漏、有效降低农药使用量、控药减害、降本增效。

3. 收获留茬、秸秆抛撒覆盖

大麦、油菜采取机械收获留茬，留茬 15～20cm，免耕地地表留有大量根茬和秸秆，对土壤有明显的保护作用。减少地表水径流，不发生风蚀水蚀，土壤蓄水能力大大提高。免耕播种土壤扰动小，减少了土壤水分蒸发，干旱明显的情况下，土壤湿度相对维持较好，起到良好的抗旱作用。

4. 耕整地及深松技术

深松的主要作用是疏松土壤，作业后耕层土壤不乱，动土量小，减少了由于翻耕后裸露的土壤水分蒸发损失。根据土壤情况，一般每隔 3 年用全方位深松机进行深松，深松的深度一般在 35～40cm。尽可能不破坏地表覆盖。对于全方位深松后的农田进行镇压处理使地表平整，避免播种机拥堵，提高播种质量。

四、社会综合效益分析

大型机械化免耕播种作业，经济效益明显，社会效益显著。2006—2017 年累计在麦类、油菜上推广保护性耕作面积 2 921 万亩，其中推广免耕播种面积 2 278 万亩。在抵御风灾、旱灾、节本增效、改善生态环境和促进农业生产可持续发展等方面都取得了显著的效益。

1. 经济效益

经测算，实施保护性耕作可提高麦类、油菜产量 8%～12%。2006—2017 年，在油菜、小麦作物上推广保护性耕作面积 2 900 万亩，按麦类、油菜各占 50%、平均增产 8%～10%、降低作业成本 20 元/亩计算，累计节本增效 18.9 亿元。

油菜平均亩产按 114kg 计算，1 500 万亩油菜可增产 17 100 万 kg，现行市场价油菜 4 元/kg，累计增收效益 17 100×4＝68 400 万元；减少作业工序，降低作业成本 1 500×20＝30 000 万元；每亩地可免除风灾损失 60 元（其中种子费 5 元，机械作业费 3 元，工时费 2 元，减产损失 50 元），每年风灾面积占当年播种面积的 30%，500×30%×60＝9 000 万元；累计节本增效 10.7 亿元。

麦类平均亩产按 240kg 计算，1 500 万亩可增产 36 000 万 kg，平均市场价 2 元/kg，累计增收效益 36 000×2＝72 000 万元；减少作业工序，降低作业成本 500×20＝10 000 万元；累计节本增效 8.2 亿元。

2. 社会效益

通过保护性耕作技术的推广，彻底改变了长期以来农业生产沿袭的春耕秋翻耕作制度，减轻了劳动强度，提高了耕作效率；冬春季节大面积疏松裸露的农田地表被残茬秸秆覆盖，有效地抑制了沙尘漂移，人居环境得到美化与净化。

3. 生态效益

保护性耕作技术是垦区建设生态型农业的重要措施，大面积推广应用后，使垦区的农业生态环境得到很大改善，耕地沙化现象得到有效保护，水土流失现象得到有效控制，地力得到提高，大气污染减少。按每年免耕播种 100 万亩算，每年少烧麦秸 30 万吨，可减少二氧化碳排放 42 万 t、二氧化硫 4 200t、烟尘 3 000t；可提高土壤水分利用率 10%～15%，减少土壤风蚀 40%以上，土壤有机质年均增加 0.03%。

（海拉尔综合试验站　吴国志、姜英君）

营养分析与质量检测促进
大麦青稞新产品开发

　　大麦青稞的幼苗富含叶绿素、类黄酮、维生素及蛋白质等多种功能营养成分，是超氧化物歧化酶和过氧化氢酶的丰富来源。现代医学研究表明，食用大麦青稞嫩苗可以预防氧化损伤引起的疾病，如各种癌症、炎症、心血管疾病等，还具有保护胃黏膜、抗疲劳、增强体力等作用。大麦青稞苗粉是在冬、春季节采收萌发大麦幼苗，经超微粉碎、干燥等工艺加工而成。经常服用适量麦苗粉对维护人体健康有明确效果，长期服用未发现不良的毒副作用。近年来，市场上各种大麦青稞苗产品品种繁多，质量良莠不齐，为了进一步了解云南省大麦产业发展现状，为推动大麦青稞产品加工与消费提供技术支撑，也为精准扶贫提供新的思路，我们对云南省大麦主产区、主要产品、加工车间、企业规模、产品特性等进行了调研，同时，对当地不同品种的大麦种粒、苗粉等产品的营养与质量以及农药残留等进行了全面系统分析。调研组在国家大麦青稞产业技术体系示范县鹤庆县农技中心等单位的协助下，参观和调研了以大麦青稞为生产原料的酒厂加工企业——响水河酒厂、天池酒厂、鹤庆县西邑镇南登家庭养殖农场（小作坊式酒厂）及鹤庆乾酒有限公司鹤庆酒厂。据了解，鹤庆县西邑镇小型规模酒厂和家庭作坊式酒厂遍布乡村，形成家家户户酿酒的格局，现在主要生产大麦酒、青大麦酒、高粱酒、玉米酒和青稞酒等。其中，大麦酒和青大麦酒一直是当地最畅销的酒类。在鹤庆乾酒有限公司鹤庆酒厂，公司董事长杨金林重点就酒厂的历史沿革、酿酒工艺、企业品牌、企业文化、产品原料需求特性及经济效益等做了介绍，公司大麦原料需求每年在 2 万 t 以上。鹤庆是云南省的大麦主产县，年种植大麦面积在 10 万亩以上，是大麦酒加工主产县，传统上素有"丽江粑粑鹤庆酒"的美誉，也是大麦饲喂生猪的基地县。近年来，大麦新品种"凤大麦"和"云大麦"系列及新技术"稻茬免耕大麦优质高产栽培技术"的应用示范有力支撑了当地大麦产业的发展，鹤庆以大麦为原料进行酿酒加工的原料需求量每年在 3 万 t 以上，大麦产业有力地带动当地经济社会发展，实现了生产生态协调共荣的发展格局。

通过云南省大麦产业考察交流，发现目前这些企业比较重视大麦产品的加工，并取得很大的发展。但企业面临最大的问题依然是大麦的收购问题，按照当前产品的原料需求，云南省境内的大麦原料远远不能满足当地需求，因此，提高当地农户种植大麦的积极性和实施鼓励政策是非常必要的。此外，产品主要集中在旅游市场，尚缺乏向域外市场拓展的意识以及对传承产品和品牌的宣传。大理的企业加工产品主要为大麦酒和其他简单的食品。产品同质化特征显著，容易导致生产企业产能、品牌、市场能力的不平衡，为企业持续发展带来隐患。企业对特色品牌产品如何进行保护、传承和发扬光大的意识还有待加强。我们建议企业组织力量，进行全面的市场调研，根据大麦产区产量、产品市场需求量、企业条件、建厂目的、建厂地条件重新规划，尽量避免产品同质化。根据产能特点，开发新产品。此外，加工企业要考虑产品的市场目标，充分发挥大麦青稞产品的文化价值。建立产业自律机制（产业协会）、扶持龙头企业。对特色企业要加强保护和支持，充分发扬其文化和精神价值。青稞加工产品在目前满足域内需求前提下，通过加工技术改进，延长青稞产品的保存期，可尝试通过云南与内地结合的连锁店、餐饮供应链方式，互联网、物联网等多种渠道向域外广阔的市场拓展。同时充分发挥当地特殊的地理环境和独特的文化优势，结合商业旅游，研发以域外消费者为目标的优质旅游产品。

同时，我们调研了云南昆明大麦苗粉公司，对其生产的系列产品如苗粉片、苗粉袋、苗粉茶、苗粉面条等产品的加工、销售、原料安全等方面进行了系统的调研。通过这次对云南省大麦青稞产业的调研，进一步实现体系与企业、专业合作社和种养大户等新型经营主体的直接对接，为创建"市场牵龙头，龙头带基地，基地连农户"的产业化发展模式，为乡村振兴提供技术支持和人才支撑。

为了评价当前大麦苗粉产品的营养和质量安全，我们分别对黑龙江大麦站提供的苗粉、大麦苗茶和云南省超微苗粉进行了功效成分的检测和分析。结果表明，各种苗粉中均检测到了含量较高的植物甾醇类、二氢猕猴桃内酯、亚麻酸、1-二十四烷醇、叶绿醇等活性物质，见表3-1。

表3-1　大麦苗粉主要化学成分分析

保留时间（min）	CAS号	中文名称	峰面积比（%）
6.055	124-07-2	辛酸	0.39

（续）

保留时间（min）	CAS 号	中文名称	峰面积比（%）
7.005	120 - 72 - 9	吲哚	0.44
7.36	334 - 48 - 5	癸酸	0.15
7.64		香草乳苷	0.31
8.012	597 - 12 - 6	D-松三糖	0.48
8.235	80114 - 19 - 8	2-蒎烯	0.30
8.355	96 - 76 - 4	2,4-二叔丁基酚	0.55
8.676	17092 - 92 - 1	二氢猕猴桃内酯	0.51
9.019	629 - 73 - 2	1-十六烯	0.85
11.64	102608 - 53 - 7	叶绿醇	1.35
11.703	502 - 69 - 2	植酮	0.65
13.482	57 - 10 - 3	棕榈酸	5.88
15.874	150 - 86 - 7	植物醇	4.43
16.727	463 - 40 - 1	亚麻酸	45.34
23.09	542 - 44 - 9	单棕榈酸甘油	1.13
30.036	506 - 51 - 4	1-二十四烷醇	8.79
34.728	474 - 62 - 4	菜油甾醇	2.30
35.163	83 - 48 - 7	豆甾醇	2.77
36.118	83 - 47 - 6	γ-谷甾醇	6.70

植物甾醇是一种重要天然甾醇资源，也是一种存在于植物中的天然活性物质。现已确认了 40 多种植物甾醇，其中以 β-谷甾醇、豆甾醇和菜油甾醇为主。近年来，随着科学研究特别是生命科学、油脂科学和工程技术迅猛发展，植物甾醇在医学、食品、化工等领域引起高度重视与关注。我们研究发现，大麦嫩叶提取物中富含 β-谷甾醇、豆甾醇和菜油甾醇等植物甾醇类。据报道，这些物质具有很多重要的生理功能。植物甾醇还是重要的甾体药物和维生素 D_3 的生产原料，对皮肤具有很高的渗透性，可以保持皮肤表面水分，促进皮肤新陈代谢、抑制皮肤炎症，可防日晒红斑、皮肤老化，还有生发、养发的功效，可作为 W/O 型乳化剂，用于膏霜的生产，具有使用感好、耐久性好、不易变质等特点。上述测定结果为大麦苗粉减脂、抗炎、抗癌等功效提供了技术

支撑。

此外，大麦苗粉中含有大量的亚麻酸和亚麻油，都是治疗高血脂的主要药物成分。能促进胆固醇的转变和排泄、降低血液黏度、改善血液循环、保持血管弹性、防治动脉硬化和心脑血管病；能促进人体代谢、抗疲劳、增强免疫力、延缓衰老；能促进钙的吸收；促进胎儿、婴儿脑组织发育、增加脑细胞数量；能调整前列腺素及激素的分泌，而起到调整血压和胆固醇、防止性功能退化的作用。叶酸是形成卵子的必要物质，在孕期中也可以预防胎儿神经管畸形。

我们在大麦苗粉中还发现了几种特殊的化合物，如二氢猕猴桃内酯、二十四烷醇。研究报道，二氢猕猴桃内酯是 20 世纪 60 年代从猕猴桃属木天蓼植物中分离得到的一种天然成分，之后在茶叶和烟草中也发现其存在，为烟草的主要香气成分之一，属天然等同物。由于该化合物在食品工业和卷烟工业中有着重要的应用价值，尤其在卷烟工业中，因其具有独特的香气而影响着卷烟的香气质量，深受调香师的青睐。然而，采集的不同地方的大麦苗粉、超微粉均检测到了不同含量的二氢猕猴桃内酯，因此应该来自大麦苗粉，而不是混杂烟草而导致的，这个结果为大麦的香气基因调控育种提供了依据。

同时，大麦苗粉中均发现含有 1-二十四烷醇，它属于多廿烷醇的组成成分，是多种脂肪醇的混合物。研究表明，多廿烷醇（PPG）为降胆固醇药物，适用于原发型 Ⅱa（总胆固醇及 LDL-C 升高）和 Ⅱb（总胆固醇、LDL-C 及甘油三酯升高）的高脂血症患者。因此，通过这次对大麦苗粉的分析，我们新发现大麦苗粉的可能新功能，为开发大麦苗粉的销售提供了新的依据。目前，我们的分析结果已经为黑龙江和云南的两位国家大麦青稞产业技术体系专家提供了产品卖点，为当地精准扶贫注入了新的生命力。

通过这次大麦苗粉分析，我们还发现了一些可能影响大麦苗粉产品的质量安全的风险因子，如在检测过程中发现了吲哚类物质，这些物质可能是一些植物调节剂等农药的降解产物或者小分子物质，提示可能使用过某种农药；同时，我们还发现了一定量的唑啉草酯等一些含量较低的物质，虽然含量远远低于残留限量，但作为一种可能的风险因子，在种植过程中还是需要引起高度重视。为了进一步加强大麦产品质量安全的源头控制，我们建立了大麦产品中快速检测唑啉草酯、解草酯、解毒喹等常用农药的高效液相色谱方法，为大麦产品质量安全提供了技术支撑。大麦产品在公众保健产品中的功效日益凸显，其质量安全也应被大众高度关注。唑啉草酯（pinoxaden，PXD）是先正达开发的一种新苯基吡唑啉类除草剂，2010 年 95％唑啉草酯原药和 5％唑啉·炔草酯乳油两个产品均在我国获得正式登记。由于 PXD 和 CP 的低毒性使得两者在小麦和大麦等禾本科农作物种植中得到了广泛的使用，然而，在我国尚未制定这两种农药在大麦中的残留限量。研究表明，高浓度安全剂吡唑解草酯（100～4 000μmol/L）会抑制小麦幼苗的生长，因此为了保证这两种农药使用的安全性和安全剂对农作物的最小伤害，需要对 PXD、CP 和 CLM 进行检测方法的研究。目前，关于 PXD 原药的分析方法已有报道，然而对于同时测定实际样品特别是农产品中的 PXD、CP 和 CLM 的高效液相色谱质谱分析方法尚未报道。本文通过样品前处理条件优化，建立了同时检测农产品中 PXD、CP 和 CLM 残留量的 HPLC‑MS/MS 检测方法，该方法灵敏度高，操作简便，可以作为大麦产品质量安全监控的有效方法。

由试验结果可以得知大麦苗含丰富的植物蛋白质、维生素以及微量元素等，与常见食物相比较，营养物质种类齐全、含量丰富，是一种理想的保健食品原料。但是由于不同品种、不同产地、不同播期以及采取不同田间管理措施的大麦苗，其营养成分含量差异也较大，因此下一步有必要开展更深入的研究，探明影响大麦苗产品质量和产量的主要因素，有针对性地采取措施，制定出大麦苗规范化种植关键技术标准，供广大农户与种植户在实际操作中参考与借鉴，以提高大麦苗的品质，增强大麦苗产业的竞争力。

通过分析和测定大麦苗中的营养成分，有助于大麦苗产品的深加工，有助于开发和利用好大麦苗造福人类健康，也有利于加速大麦苗产业化发展步伐。但是目前对大麦苗的研究尚集中在常规成分分析、药理试验及初级保健食品的开发，经过试验与调研分析，课题组认为今后大麦的研究可以向以下几个方面延伸：

（1）大麦苗专用新品种的研发。目前大麦苗产品尚无专用的种质资源方面的研究，而大麦苗系列保健食品所用品种基本上都是各地的大麦品种，通过良种选育，有利于提高大麦苗的品质与产量，也有利于提供大量稳定高产的优质麦苗原料，为促进该产业的发展提供物质基础。

（2）大麦苗产品加工工艺的改进。大麦苗产品目前主要集中于嫩叶汁和粉的开发与加工，其工艺不同，产品的品质与营养元素也不尽相同，有些成分甚至可能还相差甚远。因此，有必要开展大麦苗产品加工工艺的研究，避免在加工过程中造成营养成分的损失。

（3）研究提升大麦苗产品的附加值。目前我国大麦苗产品的附加值与国际上相比，还存在一定的差距，在某些地区大麦嫩苗仅仅是以原料直接出口到国外，由外国商家进行加工生产，之后再返销至国内。广大种植农户与加工厂家获得的经济价值较低，影响了农户及厂家的积极性，阻碍了大麦苗产业的可持续发展。

（4）大麦苗规范化种植研究。大麦苗作为一个具有广阔开发前景的保健食材，有必要参照已有的研究成果，开展规范化种植技术的研究，从源头上保证大麦苗的质量，获得质量优良、产量稳定的原材料，为促进大麦苗产业的发展提供物质保障。

（质量安全与营养评价岗位科学家　佘永新）

一生研青稞，终身献藏区

——忆体系岗位科学家强小林研究员

强小林研究员于 2018 年 3 月不幸因病去世，永远离开了他热爱的国家大麦青稞产业技术体系，离开了他终生为之奋斗的大麦青稞产业，将他的一生献给了大麦青稞产业，献给了青藏高原。国家大麦青稞产业技术体系失去了一位资深的岗位科学家。国家大麦青稞产业技术体系全体人员将永远怀念他。强小林研究员大学毕业后就到西藏自治区农牧科学院工作，长期从事大麦青稞产业技术研究。自 2008 年开始至去世，强小林研究员相继受聘"十一五""十二五"时期国家大麦青稞产业技术体系青稞栽培岗位科学家，"十三五"国家大麦青稞产业技术体系饲草及副产物综合利用岗位科学家。同期，还担任农业农村部小宗粮豆生产专家指导组专家。

担任"十一五""十二五"国家大麦青稞产业技术体系青稞栽培与土肥岗位科学家期间，他累计接受西藏自治区农牧厅和昌都、拉萨、日喀则及林芝市农牧、农经部门青稞生产或产业发展咨询 10 次，接受区内外相关企业咨询 20 余家，下乡举办农民地头技能培训 10 余次；2012 年 7 月接受山南地区行署（现山南市）《山南地区"十二五"新农村建设规划》编制考察研讨，2013 年 7 月应邀参加西藏自治区人社厅举办的"西藏现代农业产业技术支撑体系建设高研班"并作《全国青稞的生产分布与产业发展》的专题讲座。

2010—2012 年，他全程参加全国农技中心粮油处和农业部小杂粮专家组的"藏区青稞生产技术考察"并承担总结任务、实地考察 4 省区 11 地州 24 个县市、累计 29 天。2011—2013 年他四次参加全国农技中心区试处、品管处和国家小宗粮豆品种鉴定委员会主持的全国小杂粮豆作物品种区域试验年度总结会和品种鉴定会，2013 年 7 月接待全国农技中心区试处领导来藏检查并当面汇报"青稞区试改进方案建议"。

2011 年初，他参加农业部种植业司和全国农技中心主持的"'十二五'小杂粮豆生产发展规划讨论"，并承担完成《"十二五"全国青稞生产发展规划》修订；2012年初参加"小宗粮豆高产创建及其栽培技术规范编制会议"，承担完成《不同产区青稞高产创建技术规范模式图》的组织编写。

担任"十一五""十二五"国家大麦青稞产业技术体系青稞栽培与土肥岗位科学家期间，主要取得以下重要研究发现和技术创新：

一、青藏高原全区域首次青稞生产实地考察，奠定青稞生产、科研健康发展基础

强小林研究员自2008年体系启动起，连续5年逐产区考察，实际到达5省区、19地州的80个青稞种植县份，普查面涉及除青海黄南、玉树、果洛三州和藏北草原（即那曲与昌都市北部）牧区以及喜马拉雅南坡以外的（青藏高原）区域内所有产区，从省、地、县、乡、村、组、农户七个层面和生产、消费、交换（贸易）与产业发展等多个方面系统了解，基本摸清了全区域和全国青稞生产家底。本次实地调查得到的全区域首次系统调查数据，已在《中国现代农业产业可持续发展战略丛书（大麦青稞分册）》引用。2012年开始，仿照大麦DUS检测标准进行的全区域不同时期青稞生产推广品种、新育品系和骨干亲本的系统鉴定与基础品质普查，则有助于客观认识全区域和全国青稞科研现状。进一步整理归纳后，可成为政府决策、企业经营和科研取向的重要依据。

二、组织实施青藏高原区域青稞品种区域试验，促进全区域青稞育种科研协作

强小林研究员从2009年开始组织"青藏高原区域青稞新品种联合区域试验"预备试验，随后经逐步完善，已经成为全区域青稞科研的协作平台。2010—2012年度布点侧重于"寒旱地春青稞"丰产要求的首轮试验，筛选出6个可异地推广品种，其中4个通过国家最新鉴定，4个在西藏高寒农区生产试验表现良好。试验结果统计分析将参试点划分出的三个产量梯级，与全区域考察提出的中海拔河谷盆地水浇地（传统农业区）、偏高海拔草原荒坡雨养旱地（农牧过渡区）和较低海拔江河峡谷偏湿温病虫多发秋播区（农林交错带）的产区划分完全吻合，准确反映了产区条件与青稞品种类型的合理组合。2013年据此提出"分组分类"区域试验改进方案，并自春、秋播开始正式组织灌区

高产春青稞和秋播区多抗冬青稞两组区试首轮试验。三组首轮试验参试品种（42 个）和试点分布几乎囊括了全区域"十五"以来选育的所有青稞新品种、全部主产区和育种单位。改进方案既克服了现行"国家区试"试点少、偏重周边寒旱地产区、脱离主产区、筛选鉴定品种与主产区需求相悖和"青藏区试"前轮（旱地组）试验布点生态差异过大导致试验结果起伏不定、影响试验结论等的不足，而本轮两试验试点、品种组合更有助于准确分析了解全区域生产与品种现状，进一步完善区试组织。同时，因为以往藏区青稞关门育种、各自为战，青海长旱地疏盆地，西藏重河谷轻旱地，真正的高产育种不多，冬青稞更为独家育种，鲜有育成品种出省、州，观念、材料、方法待改进处颇多。分类分组区试，给参试品种提供了更大鉴定空间的同时，也为育种单位和相关产区提供多样选择机会。

三、青稞品种基础品质普查化验分析，提供青稞综合利用的理论依据

强小林研究员自 2011 年开始至 2013 年，完成 50 多个青稞品种的 40 项基础品质指标化验，包括各产区不同时期的主要推广品种、骨干亲本和新选育品种（系），可以全面反映青藏高原区域青稞品质的基本状况。部分品种不同产区试点样品对比化验和多种作物代表品种的比较化验结果的综合分析，可以揭示相关品质指标的基本地域变化趋势及其与其他作物的优劣差异。这些品质分析结果成为青稞深度加工开发，特别是产业化开发的基本依据。

四、筛选出高 β-葡聚糖保健型春青稞品种群，奠定青稞保健产品开发物质基础

强小林研究员在藏青 25 品种选育及其保健开发成功的基础上，进一步筛选出 QB01、QB14、QB24、QB27 等 4 个高 β-葡聚糖新品种（系），完成了从产量与品质性状检测到区域试验和生产试验以及小面积示范的一系列品种鉴定。并于 2017 年底申报了国家植物品种权保护进入 DUS 检测。4 个品种正常株高 95～110cm，一般亩产在 350～450kg，蛋白质含量 11.06%～14.3%，β-葡聚糖含量 6.83%～7.10%，属西藏现阶段着力追求的典型"四高"品种，与藏青 25 一起成为青稞保健产业开发物质基础。

五、粮草双高规范种植技术集成与高产创建示范效果明显，保健原料青稞生产基地形成规模

强小林研究员 2009 年在日喀则边觉乡和江孜重孜乡进行"百亩丰产方"高产创建示范，通过推广青稞良种，日喀则甲措雄青稞原料生产基地亩产一直保持在 370～420kg。2013 年高产创建示范扩展至山南、拉萨和（甘肃）天祝、（青海）共和，他所创建的青稞"千、百亩连片高产示范"，平均亩产也稳定在 350～400kg，高稳产特点突出。故有负责保"种"的甲措雄乡比扎村 80 岁高龄老农感叹，"自土改（有地）以来，从未见过产量这么高的青稞（品种）"！经过几年试验示范和补充完善，制定出《藏青 25 规模规范标准化种植技术规程》。因为采取预约控制生产原则，区内几家青稞加工企业已分别在日喀则和山南建成藏青 25 原料生产基地 4 983 亩，大热瓦集团甚至在所属产业园自建"百亩原种田"。2012 年在为农业部编制《藏南河谷水浇地春青稞亩产 400kg 高产创建技术规范模式图》时，《藏青 25 规模规范标准化种植技术规程》同时作为"子规程"上报提交。

基于藏区整体饲草短缺的现状，为将西藏地区的农牧业结合起来，建立一种可持续发展的生态农业，建立秸秆—饲料—养殖的秸秆循环利用模式，在"粮草双丰"二棱青稞品种选育的育种工作基础上，2016 年底他由承担"十二五"国家大麦青稞产业技术体系青稞栽培与土肥岗位科学家，勇敢转岗承担"十三五"国家大麦青稞产业技术体系饲草及副产物综合利用岗位科学家。结合西藏当地情况，开展了秸秆饲料化技术利用研究。通过将收获后的青稞秸秆进行发酵，提高饲草料的营养价值，改变农牧民直接将青稞秸秆饲喂牛羊的传统习惯，最大程度地提高青稞秸秆在家畜养殖中的饲喂效果，增加农牧民收入。

（副产品与综合利用岗位科学家团队　白婷）

啤酒大麦品种垦啤麦 9 号
生产之中显作用

2011—2014 年，东北地区雨水偏多，尤其是呼伦贝尔地区的 7 月和 8 月上旬降雨较多，使当时的主推品种垦啤麦 7 号和甘啤 4 号都严重感染根腐病，导致当地啤酒大麦产量减产 30％～50％。高产抗旱抗病啤酒大麦品种垦啤麦 9 号的育成，极大地缓解了东北地区啤酒大麦生产因根腐病发生导致的大麦减产趋势。

一、品种来源及选育过程

垦啤麦 9 号是红兴隆农业科学研究所用红 98 - 302 做母本，垦鉴啤麦 2 号做父本经有性杂交，采用系谱法选育而成。红兴隆农业科学研究所 1999 年用红 98 - 302 做母本，垦鉴啤麦 2 号做父本进行有性杂交，当年收获杂交粒 48 粒；2000—2004 年在红兴隆分别种植 F1～F5 代，2004 年 F5 代决选，决选行号 5279，决选当年编号红 04 - 45。2005 年参加产量鉴定试验，由于表现突出，当年拿入云南扩繁；2006 年直接提升全省区域试验；2007 年区、生同试。2008 年初经黑龙江省登记，2011 年 5 月通过内蒙古自治区品种审定委员会审定。

二、特征特性

垦啤麦 9 号属春性六棱啤酒大麦品种。幼苗直立，叶色深，分蘖力强，株高 90～95cm，齿芒，生育日数 77～78 天，千粒重 39～42g。抗旱、抗病、抗倒伏，适应性强。

三、产量

垦啤麦 9 号 2004 年 F5 代决选，2005 年参加产量鉴定试验，平均公顷产量 6 383.3kg，比垦啤麦 2 号增产 8％；2006—2007 年参加黑龙江省区域试验，平均公顷产量 5 139.5kg，平均比垦啤麦 2 号增产 9.6％，2007 年同时进行生产试验，平均公顷产量 5 109.2kg，平均比垦啤麦 2 号增产 12.91%。2008 年初通过了黑龙江省品种审定委员会审定。该品种经过内蒙古自治区呼伦贝尔市 2 年生产示范，由于产量和适应性都表现突出，2011 年通过了内蒙古自治区品种审定委员会的审定。

四、品质

垦啤麦 9 号经过中国食品发酵研究院多年化验平均蛋白质含量 11.9%，麦芽无水浸出率 79.3%，库尔巴哈值 45.0%，α-氨基氮 198mg/100g，总氮 1.87%，各项品质指标均达到或超过了我国六棱啤酒大麦品质标准，属于优质品种（表 3-2）。

表 3-2 垦啤麦 9 号原麦和麦芽品质

年份	千粒重(g)(绝干)	饱满度(%)	5d发芽率(%)	蛋白质(%)	麦芽无水浸出率(%)	糖化力(WK)	库值(%)	α-氨基氮(mg/100g)	黏度(MPa·s)	总氮(%)	可溶氮(%)	脆度(%)	色度(EBC)
2012	35.9	88.1	100	11.4	78.7	337	46.9	225.0	2.00	1.77	0.83	76.6	2.5
2013	37.1	95.4	98	13.2	78.0	324	46.5	225.0	1.51	2.15	1.00	74.7	5.0
2014	39.5	97.5	99	12.4	80.4	401	47.1	209.0	1.62	1.91	0.90	67.7	3.5
2016	35.1	90.5	86	12.7	80.3	352	45.0	175.0	1.86	2.00	0.90	64.9	3.5
2017	34.2	92.3	98	9.9	79.0	209	39.6	156.0	1.66	1.54	0.61	62.2	5.0
平均	36.4	92.6	96.2	11.9	79.3	324.6	45.0	198.0	1.73	1.87	0.85	69.2	3.9

五、栽培要点

1. 播种日期

该品种在黑龙江省 4 月 1～20 日播种，选择中等肥力地块种植，在内蒙古自治区东北部 5 月 20 日至 6 月 10 日播种。

2. 保苗株数

黑龙江省和内蒙古东北部的保苗株数都控制在 375 万～400 万株/hm²。

3. 施肥方法和施肥量

施肥采用 50%秋深施肥，50%春季种肥。黑龙江省施肥量纯氮 69kg/hm²、纯磷 69kg/hm²、纯钾 18kg/hm²。内蒙古自治区东北部施肥量纯氮 70kg/hm²、纯磷 87.5kg/hm²、纯钾 18kg/hm²。

4. 播种方法

采用 10cm 或 15cm 行距的机械播种。可以单项播种，也可以交叉播种。交叉播种时，每次播种量控制在总播种量的 50%。交叉播种可增加植株的抗倒伏性，但如果土壤含水量偏大则容易拖堆影响播种质量。所以，是否交叉播种取决于土壤墒情情况。

5. 田间管理

播种后根据土壤墒情及时振压 1～2 次。三叶期压青苗，并喷洒 72% 的 2,4-D-丁酯综合除草。在拔节期如果植株生长过旺则喷洒茎壮灵，每亩用量 20～25mL。

6. 收获

适时收获，在蜡熟末期割晒，完熟初期直收。蜡熟末期的主要特征是：茎、叶、穗都已变黄，籽粒用手能掐断但挤不出水。完熟初期的主要特征是：茎、叶、穗都已变黄，叶和芒已干枯，籽粒已掐不断。收获过早会造成青瘪籽粒过多，不但减产，而且品质差；收获过晚则会造成籽粒色泽深，品质差。所以，大麦应适时收获。

六、生产种植面积

由于垦啤麦 9 号抗旱、抗病、综合适应性强，推广之初，就深受种植户欢迎。2010 年，为宣传推广该品种，保证该品种科学种植，本育种岗位团队与呼伦贝尔农牧场管理局联合，对副场级以下的干部及技术人员进行了技术培训，使该品种的种植面积不断扩大，由当初的几千亩，发展到上万亩，直至几十万亩。截至 2018 年，累计推广种植 233.6 万亩，年度最大种植面积 60 万亩。

七、经济社会和环境生态效益

2012—2014 年，内蒙古自治区东北部由于根腐病的大发生而严重减产。垦啤麦 9 号由于抗病和抗旱，其极大地缓解了当地由于根腐病大发生及干旱而导致的产量下降和种植面积下降的趋势。到 2018 年，该品种累计推广种植 233.6 万亩，为农民增收 8 409.6 万元。依靠销售种子而创造的直接和间接经济效益 500 多万元。该品种 2008 年申请国家品种权保护，2010 年获得了品种保护权，品种权编号：CNA20080552.5。当年还获得了黑龙江省农垦总局科技进步二等奖。

　　总之，垦啤麦9号在东北地区大麦最困难的时期成为主导品种，一方面是其抗病性强、抗性强，另一方面是其适应性强，稳产性好。目前，虽然已选育出其替代品种，但由于种子量不足，垦啤麦9号仍是东北地区种植面积最大的品种，预计这种状况还将持续2年。

（育种岗位科学家　李作安）

江苏省啤酒大麦生产发展调研

一、江苏啤酒大麦种植面积还会减少吗?

啤酒大麦是啤酒麦芽工业的主要原料,我国加入 WTO 以后,大麦是非配额进口作物,实行了 3% 的低关税进口。因进口啤酒大麦原料(主要是澳大利亚大麦)的价格低于国产小麦保护价 600 元/t 左右,导致国产大麦价格同步降低,江苏地产啤酒大麦原料的价格虽然略高于进口澳麦的到厂价,但与国家小麦保护价仍然相差 400 元/t 左右。为提高农作物的种植效益,江苏啤酒大麦主产区纷纷压缩大麦种植面积,改种小麦,原来以大麦种植为主的江苏农垦农场(临海农场、新洋农场、淮海农场、黄海农场、弶港农场等)、江苏司法农场(方强农场、大中农场)及大丰、东台、兴化、盐都、射阳等县的大麦面积显著减少,导致江苏大麦种植面积从 20 世纪 90 年代初的 800 万亩减少到现在的 200 万亩左右。从以往的调查了解得知,农场和农户本身并不是希望扩种如此多的小麦,大麦面积的减少,一方面导致夏季水稻移栽季节过分集中及水稻移栽期普遍推迟,影响水稻产量的提高;另一方面导致生产相关的供水系统及配套机械均需大量改建与增加。为调整茬口,保证下茬水稻的产量,江苏稻麦轮茬地区必须种植一定比例的大麦,同时,江苏有大麦的新垦滩涂,因其土壤盐分含量较高,不适合种植小麦,只能种植大麦,大麦在新垦的盐碱地生长比小麦具有明显的优势。因此,江苏啤酒大麦面积不会再减少了。

二、蛋白质含量再也不是制约江苏啤酒大麦品质的指标

20 世纪 80 年代,江浙沪地区啤酒麦芽工业迅速发展,对啤酒大麦原料的需求不断增加,江苏沿海地区及江苏里下河地区啤酒大麦年种植面积超过 800 万亩,成为全国最大的冬啤酒大麦生产中心,江苏啤酒大麦品种选育也同步发展。江苏地产大麦部分因蛋白质含量偏高而被麦芽厂家拒收转为饲用大麦,江苏地产啤酒大麦制成的麦芽也比进口澳大利亚啤酒大麦制成的麦芽价格低 400 元/t。

近年来，随着进口啤酒大麦原料数量的增加，澳大利亚啤酒大麦原料的蛋白质含量偏低，麦芽的糖化力和酶活性偏低，影响了啤酒厂家的生产效益。据江苏省农垦麦芽有限公司销售部介绍，为保持啤酒的自然风味、提高市场效率，目前国内大型啤酒厂家在购进进口澳麦麦芽时，要求配供一定数量的江苏地产麦芽。目前江苏地产啤酒大麦麦芽的价格比进口澳大利亚啤酒大麦麦芽的价格高400 元/t。啤酒大麦籽粒蛋白质含量再也不是制约江苏啤酒大麦品质的指标。

三、江苏啤酒大麦原料实现订单生产

因进口澳大利亚啤酒大麦原料的蛋白质含量偏低，其麦芽质量满足不了国内啤酒企业的要求，掺加一定比例的高蛋白含量的国产麦芽是最佳的方案。江苏农垦麦芽有限公司年产麦芽 25 万 t 左右，为满足国内大型啤酒企业对国产啤酒大麦麦芽的需求，与百威英博啤酒集团联合在江苏建立啤酒大麦原料生产基地，对基地啤酒大麦实行订单生产。其订单生产的基本策略是：以体系培育的啤酒大麦新品种扬农啤 7 号为指定品种，按照其配套生产技术规程（江苏地方标准），进行优质啤酒大麦原料生产，确保啤酒大麦生产的产量和原料质量，价格高于进口澳麦价格 20%（1.90 元/kg）；当国际进口大麦价格上涨时，收购价格随着上涨；国际进口大麦价格下跌，收购价格不降。

（栽培岗位科学家　许如根）

技术援藏，助力青稞全程机械化生产

一、西藏农机化基本情况

青稞是西藏自治区的主要粮食作物，全区耕地面积 500 多万亩，青稞种植面积超过 300 万亩，占 60％以上。用青稞磨制成的糌粑是藏族人民不可缺少的主食，也是酿制青稞酒的主要原料。西藏自治区的青稞生产，不仅直接关系到藏族人民生活水平的提高，对稳定和发展国民经济也有重要的意义，因此也决定了青稞在西藏粮食生产中的重要地位与发展前景。

据 2015 年统计，全区农机总动力 621.8kW，拥有拖拉机 25.2 万台，配套耕播收机具 19.3 万台，联合收割机 5 570 台，耕种收综合机械化水平达 57.8％，2016 年已达 58.5％。由于自然环境、传统种植习惯、落后的种植技术、思想认识、区域经济条件和公共服务能力等方面的因素制约，自治区农业机械化发展处于初级阶段向中级阶段快速迈进的时期，农业机械化水平仍然较低。随着农业劳动力向非农劳动力转移的趋势日益明显，提升农业生产机械化水平，降低粮食生产成本，确保粮食安全工作已迫在眉睫。

二、摸清现状，助力青稞生产机械化

针对西藏自治区农机化发展的现状，为了促进自治区农机发展，找准区域影响农机化发展的具体因素，为自治区层面制定农机化发展的战略方针，做好顶层设计提供技术服务。2017 年，按照自治区领导的指示精神，国家大麦青稞产业技术体系生产机械化岗位（农业农村部南京农业机械化研究所）配合自治区农牧厅，联合一拖集团有限公司、凯斯纽荷兰（中国）管理有限公司等单位，开展了"农机适应性调研"，调研历时 10 多天，调研走访了西藏的 4 个市 9 个县，与当地农机管理部门、农机合作社、农机经销商、机手等进行座谈，并开展问卷调查，经集中汇总调研材料，形成"农机适应性改造调研情况报告"1 份，上报自治区。

为了深入了解西藏农机应用现状和对农机的技术需求，满足青稞育种研究，新技术、新品种试验示范需要，国家大麦青稞产业技术体系生产机械化岗位于 2017 年 9 月、2018 年 5 月，先后两次到西藏的 3 个体系试验站、当地农机销售部门等进行调研，与试验站的专家、地方农机销售人员等进行座谈交流，了解农机应用情况、当地土壤、地形地貌及青稞生产机械化条件等，询问机具使用问题，落实具体的需求，商讨制定机械化发展的技术措施。

三、细微处着手，助力西藏农机安全应用

针对农机适应性调研反馈——西藏自治区使用的联合收割机存在的缺少倒车语音的藏语提醒问题，一般农机生产和销售单位觉得问题不大，不影响产品销售，均不够重视。此问题虽小，但影响产品的安全使用，对青稞收割的机械化发展不利。2018 年初，体系生产机械化岗位按照自治区农牧厅的要求，积极联系内地生产企业开展定制，配合企业进行试验研究，并协助进行现场安装调试。到 2018 年 7 月中旬，已顺利完成 20 台（套）的藏汉两种倒车语音＋倒车影像的安装工作，为青稞机械化收获提供安全保障，也促进了青稞机械收获机具的推广应用，此项工作得到了自治区农牧厅的好评。

四、脚踏实地，助力青稞联合收获机械化的发展

青稞机械化收获是青稞生产机械化的重要环节，也是制约青稞全程机械化发展的瓶颈问题。过去青稞收获多为人工，或人工辅助背负式割晒机、手扶割晒机等，效率低，劳动强度大。近几年引入的谷物联合收割机，由于对西藏自然环境条件、青稞的生长特性、机手使用水平和传统的习惯研究不够，使用中存在不少问题，不少地区把谷物联合收割机当成移动式脱粒机使用，使用效率低、浪费严重。为了促进青稞联合收获技术的推广应用，2018 年 5 月国家大麦青稞产业技术体系机械化研究室在西藏山南市扎囊县设立"青稞全程机械化试验示范基地"，并签订了开展青稞高效、低损收割试验的合同。

（机械化生产岗位科学家　朱继平）

依靠科技推动青稞加工健康快速发展

西藏位于我国青藏高原西南部，面积 120.223 万 km²，约占全国总面积的 1/8，平均海拔在 4 000m 以上，素有"世界屋脊"之称。在我国，目前青稞主要分布在西藏、青海、四川的甘孜州和阿坝州、云南的迪庆州、甘肃的甘南州等海拔 3 000～4 500m 的青藏高寒地区。青稞为青藏高原特有的粮食作物，是西藏种植面积最大、产量占粮食作物比重最高的农作物，千百年来成为藏族民众主要的生活"口粮"，也是酿造工业、饲料加工业的重要原料。2017 年西藏青稞种植面积达到 211 万亩，产量达到 80 万 t，产量约占全国藏区青稞总产的 70%。

一、青稞加工对青稞原料的要求

不同的青稞品种其基础品质不同，不同的青稞产品对青稞加工原料的品质具有不同的要求。由于受思想观念、生活条件等各方面的影响，西藏传统的青稞收获方式不注重青稞的品种、品质，不能将不同品种的青稞做到单打单收，使青稞混杂严重，不能满足青稞加工的要求。国家大麦青稞产业技术体系青稞加工试验站每年进行青稞加工原料基地的建设，对农民进行技术培训，引导农民重视青稞加工原料。随着青稞加工业的快速发展，对青稞加工原料品质要求的不断提高，农民已经体会到科学种植及对青稞品种的重视所带来的经济效益。

二、科技对青稞加工产业发展的推动

西藏青稞传统的加工产品主要是糌粑和青稞酒。糌粑和自酿青稞酒是青稞传统代表食品，而糌粑加工主要利用传统的古老糌粑磨坊进行加工；青稞酒主要是农户自己进行酿造。目前较大的糌粑加工企业有堆龙古荣朗孜糌粑有限公司、西藏白朗康桑农产品发展有限公司等，但由于糌粑产品的区域性及保质期短等因素限制了企业的发展，在西藏自治区农牧科学院科技人员的努力下，利用新的技术对糌粑中脂肪氧化酶进行处理，使糌粑保质期显著延长，并以糌粑为主要原料进行糌粑新产品开发，如糌粑夹心巧克力等。国家大麦青稞产业技术青稞加工试验站示范企业——西藏仁布达热瓦青稞酒有限公司生产的青稞酒，灭菌不彻底导致保质期短，青稞加工试验站给予技术支撑，利用高温瞬时灭菌法进行灭菌，解决了企业的技术难题，使青稞酒的保质期明显延长。

在国家大麦青稞产业技术体系支持下，青稞加工试验站对青稞基础品质进行了系统研究，对青稞β-葡聚糖、青稞花青素等功效成分进行了提取工艺研究，开发青稞银杏胶囊保健品，获得国家保健品批号；应用现代生物与加工技术，对青稞β-葡聚糖提取剩余物分别进行深度加工，利用物理富集中的余留青稞粉开发了"速溶青稞粉"方便食品，还利用生物提取的初期上清液开发出"青稞露"饮品，并双双获得国家发明专利；开发了青稞通心粉、青稞奶片、青稞面条及青稞麦芽发酵饮料等产品，推动了西藏青稞产品向多元化方向发展。近年来，越来越多的企业到西藏自治区农牧科学院寻求青稞产品的开发合作，寻求技术支撑。国家大麦青稞产业技术体系青稞加工试验站还积极为西藏青稞加工企业提供青稞产品研发人才的培训。青稞保健功效的研究受到越来越多企业的关注，青稞加工试验站将继续以国家大麦青稞产业技术体系为平台，开展青稞β-葡聚糖等功效成分的消化吸收机理等基础研究，开发出不同需求的青稞产品，依靠科技推动青稞加工产业健康发展。

（青稞加工试验站站长　张文会）

提速大麦原料监测，护航产业健康发展

长期以来，食品行业和加工原料诚信和安全监管的难点在于：道德约束难以奏效，法规制度成本过高。大麦青稞行业亦是如此，谁曾想最广泛运用的麦芽原料竟然会成为长期影响啤酒产业健康发展的"卡脖子"问题。自 2002 年起，我国啤酒产销量就已跃居世界首位，目前中国啤酒年产销量达到 480 亿～500 亿 L，占全球总量近 1/4。然而由于我国大麦进口政策宽松、各啤酒大麦主产国的出口鼓励、国内啤酒大麦生产集中度不高和生产比较效益差、进口大麦价格低等多重因素影响，长期以来我国啤酒大麦的国外进口依存度较高。

一、如何准确快速地检验啤酒大麦及麦芽的真实性和品种纯度已成为啤酒行业亟待解决的关键问题之一

随着社会消费水平的普遍升高，我国消费者对于啤酒风味和质量的要求也日趋提高。作为啤酒工业的主要原料，大麦麦芽质量的优劣直接关系到啤酒的品质和口感。由于不同大麦品种麦芽的淀粉、蛋白质、β-葡聚糖、酶系活性等存在一定差异，其酿造工艺也存在一定的差异，啤酒企业对大麦麦芽纯度要求在 97% 以上，否则影响啤酒的品质和口感。因此，啤酒加工企业高度重视麦芽品种真实性及其纯度。然而我国多数啤酒和麦芽企业没有建立自有的原料大麦供应基地，不同的啤酒大麦品种从种源控制、田间收获、销售收购、制麦进料到麦芽出厂的多个产业链环节，都存在导致麦芽纯度变化的风险。国产大麦麦芽品种纯度和质量均一性得不到保障，给制麦和酿造工艺控制带来一定困难。此外，品种混杂或人为勾兑不仅增加了啤酒企业生产成本，而且影响啤酒质量和企业声誉。随着当前我国啤酒企业的集中度越来越高，前五大啤酒集团产量占全国总产量的 85% 左右。越来越多的啤酒企业意识到品质是企业产品的核心竞争力，啤酒品质的竞争以原料质量为基础，而高品质啤酒原料的真实性是实现高品质啤酒的关键控制环节。因此，啤酒大麦及麦芽真实性和纯度检测对啤酒加工企业尤为重要。

二、推动检测技术升级革新，破解制约性因素

传统的大麦纯度检测以形态鉴定法为主。如国家《农作物种子检验规程》（GB/T 3547.4—1995）规定：大麦种子形态鉴定法根据籽粒形状、外稃基部皱褶、籽粒颜色、腹沟基刺、腹沟展开程度、外稃侧背脉纹齿状物及脉色、外稃基部稃壳皱褶凹陷、小穗轴茸毛多少、浆片形状及茸毛稀密等形态特征进行鉴定，但是形态特征易受环境影响，对于啤酒大麦和麦芽来说并不完全适用。

随着近年来分子生物学技术手段的发展，品种纯度检测的方法也不断革新。常用的有蛋白质电泳法、同工酶电泳法和DNA指纹图谱法等。

蛋白质电泳法是依据蛋白质电泳产生的特征蛋白质分子标记将不同品种区分开来，如Draper等利用大麦和小麦种子醇溶蛋白的SDS-PAGE电泳谱带构建不同品种的指纹图谱，用于品种真实性和纯度的鉴定，并于1986年被国际种子检验协会（International Seed Testing Association，ISTA）采用；颜启传等也使用此方法对中国41个大麦品种和47个小麦品种电泳分析，证实种子醇溶蛋白可以鉴定大麦和小麦品种；林燕等利用Gel-Pro3.1软件分析了3个澳大利亚啤酒大麦和4个法国啤酒大麦的醇溶蛋白的SDS-PAGE电泳谱带差异，并构建了相应品种的标准图谱库；Bloch等报道了一种基于谷物贮藏蛋白的蛋白组学和质谱分析方法用于不同大麦品种鉴定。然而，种子醇溶蛋白和贮藏蛋白电泳具有多态性低、反应的信息量少等诸多缺陷，从而很难满足实际检测需要。

同工酶电泳法可以实现大量样品的低成本检测，具有稳定性好、重复率高的特点，是目前啤酒生产企业应用最为广泛的麦芽纯度检测方法；但同工酶可利用的数量少、多态性少、酶提取要求高且检测效率偏低。

随着DNA分子标记的开发和运用，可以弥补和克服在种子纯度的形态学鉴定及同工酶、种子蛋白电泳鉴定中的许多缺陷，因此DNA指纹图谱逐渐成为鉴定品种纯度的一种重要方法。DNA指纹图谱法主要依靠各种类型的DNA分子标记（RFLP、AFLP、RAPD和SSR等）来构建不同品种的指纹图谱，然后利用具有多态性的标记进行样品的纯度检测。谷方红等从20对引物中筛选出3对多态性高的AFLP标记完成对11个啤酒大麦品种的区分。Tinker从70对RAPD标记中筛选出9对可区别27个大麦品系和20个DH系的标记，认为RAPD技术是区别高度相似的大麦品系的有效方法。黄祥斌等采用PCR-

RAPD 技术，成功鉴定了北美的 5 个二棱啤酒大麦品种和 11 个六棱啤酒大麦品种。Russell 等利用 4 对 SSR 标记的不同组合可以区分 24 个大麦品种，也可以有效区分来自相同亲本的不同基因型。然而，由于多态性水平、成本、操作等因素的限制，各种 DNA 分子标记应用于品种纯度检测仍具有一定限制，如限制性片段长度多态性（Restriction Fragment Length Polymorphism，RFLP）需要大量高质量的 DNA，操作复杂且实验周期较长、费用较高；扩增片段长度多态性（Amplified Fragment Length Polymorphism，AFLP）技术需放射性同位素标记、较高的实验技能和精密仪器；SSR（Simple Sequence Repeat）标记检测也需要进行电泳检测和谱带读取，时效性也不高。

随着分子生物学研究手段的进一步发展，新一代的单核苷酸多态性标记（Single Nucleotide Polymorphism，SNP）在基因组中的分布最为普遍。而 SNP 分子标记具有数量丰富、遗传稳定、检测方法实现多样化和自动化等优势，迅速代替其他分子标记技术应用到遗传多样性研究、遗传图谱构建、分子辅助选择育种和功能基因组学等各个领域。

近年来，多种高通量和高自动化 SNP 检测技术的迅速发展，为快速、经济、准确地开展品种检测提供了技术支撑。针对 SNP 标记的检测手段也由直接测序、CAPS（Cleaved Amplified Polymorphic Sequences）、dCAPS（Derived Cleaved Amplified Polymorphic Sequences）等发展到利用 Taqman 探针、HRM（High Resolution Melting）、AS－PCR（Allele－Specific PCR）、Sequenom Mass ARRAY® MALDI－TOF 质谱分析和 KASP（Kompetitive Allele－Specific PCR）等多种方法来进行精确检测。利用 SNP 标记进行农作物品种鉴定的研究已有相关报道，如兰青阔等应用高分辨率熔解曲线（HRM）技术筛选出用于黄瓜杂交种纯度鉴定的 SNP 位点 CLA6（A/G），结合焦磷酸测序技术，建立了相应的黄瓜杂交种纯度鉴定方法。Yu 等开发了基于水稻全基因组 SNP 信息的芯片——RICE6K，该芯片包含籼稻和粳稻亚种的多态性信息，可用于水稻品种的基因型以及纯度鉴定。Pattemore 等运用基于 MALDI－TOF 质谱分析的 SNP 检测方法，用于高效区分澳大利亚的大麦品种。

确定最适麦芽 DNA 提取方法，是保证研究结果真实可靠的前提。目前，进行基因型分析所用 DNA 多是从叶片、根系等植物组织中提取，鲜有直接从麦芽中提取 DNA 开展检测的报道，可能的主要原因是麦芽 DNA 在制麦过程中的高温阶段被破坏，完整 DNA 量少且易降解。

三、品种真实性和纯度快速检测体系发挥功能

针对满足企业开展规模化、快速高效的麦芽纯度检测的需求，我们在前期开展种质资源鉴定评价研究基础上，提出利用最新发展的 SNP 标记检测技术，建立了一套可在 3 天内完成样品检测的"大麦、麦芽品种真实性和纯度快速检测体系"，大大提高了啤酒企业在采购的时间效率和检测准确性。首先，通过比较 4 种不同的 DNA 提取方法在麦芽 DNA 提取的差异基础上，确定最适合的麦芽 DNA 提取方法；其次，利用 EST－SSR 标记和 SNP 标记分别对大麦麦芽预混样品和盲样开展了定性和定量的纯度检测，初步确定 KASP 技术可以实现麦芽纯度的快速定量检测需求；最终，通过对 SNP 分子标记组合的优化完善，检测体系的优化以及不断积累的对照品种 SNP 指纹图谱数据库，建立了基于 KASP 技术的高效的麦芽纯度检测体系。目前，每年向啤酒和麦芽企业提供大麦、麦芽纯度及品种真实性鉴定技术咨询、专业技术培训等50～60人次；完成20家左右企业委托的大麦麦芽样品的快速检测 100 份次。同时，在国家大麦青稞产业技术体系产业技术研发中心依托单位——中国农业科学院作物科学研究所对该技术进行了示范，主要针对啤酒和麦芽企业品质检测技术人员进行操作流程和数据分析方法示范，获得包括青岛啤酒、燕京啤酒和百威啤酒等一线啤酒企业的热烈欢迎、高度认可和积极评价。

四、为企业节本增效、促进产业良性发展保驾护航

针对一直以来啤酒企业在原料采购过程中存在的大麦麦芽原料纯度及其品种真实性存疑的问题，通过研发出的大麦和麦芽品种真实性和纯度快速检测技术，满足了企业在啤酒原料的质量监测方面的迫切需求，为企业的原料采购提供了依据，在保障各方利益的同时，促进了大麦和麦芽产业经济活动中的诚信体系建设；同时也为促进国产啤酒大麦获得更大程度的企业认可提供了平台，为保障啤酒的商品品质提供了技术支撑。

未来该体系将进一步成熟和完善，随着食用和保健大麦青稞产业的兴起，同样需要同类的快速检测技术体系，可以实现大麦、青稞、麦芽、大麦产品等的纯度和真实性的高效鉴定，为大麦青稞的溯源性品质控制和产业的良性发展提供保障。

（种质资源岗位科学家　郭刚刚）

酿造一杯与众不同的美味青稞啤酒

青稞是藏族同胞主要的粮食作物和经济作物，并围绕青稞形成了内涵丰富、极富民族特色的青稞文化。近年来的研究发现，青稞具有丰富的营养价值和突出的医药保健作用，受到了行业内外的广泛关注。

为了加速青稞产品加工和产业化进程，更好地开发青稞产品，按照国家大麦青稞产业技术体系的工作要求，充分利用在发酵领域的技术优势，我们围绕青稞产品加工和产业化开展了一系列的研究工作，开发了青稞酵素、青稞醋、青稞酒、青稞蒸馏酒、青稞啤酒等传统发酵产品。但是，由于这些产品的工艺和风格要求不同，在研制过程中，尤其在产业化应用阶段我们采用了针对性的方法，解决了许多生产中可能遇到的问题，下面以青稞啤酒为例，介绍研制过程。

啤酒是传统的优势研究领域，与目前国内所有龙头企业均有密切的合作，尤其是与百威英博啤酒、国内燕京啤酒等企业均建立了紧密的技术合作关系，双方在原料、工艺、菌种、包装物等方面展开了全面的技术合作，并取得了很好的成绩。因此，对于青稞啤酒产品的开发，我们非常自信！我们认为在深入研究青稞原料的酿造性能的基础上，开发出风格特征独特的青稞啤酒是完全有可能的。我们研制青稞啤酒的主体思想是尽可能提高青稞的使用比例，也就是要尽可能多地使用青稞原料，更多地在青稞啤酒中体现出青稞固有的清新、醇香的香气特征和淡爽的口感特征。为此，我们针对青稞原料的特性，专门设计了青稞小麦啤酒、青稞皮尔森啤酒、青稞艾尔啤酒等三款啤酒产品。在研究过程中，鉴于青稞籽粒无皮壳、高蛋白、高葡聚糖、种皮色泽差异大等问题，着重关注了糖化过程的过滤和煮沸两个工序环节，重点研究并解决了青稞啤酒产业化应用过程中可能遇到的问题。

关于青稞啤酒的过滤问题，我们查阅了关于青稞及青稞加工的国内外资料。青稞作为我国西藏地区的主粮，在我国青海和西藏地区具有非常久远的种植历史，是凝聚了深厚的民族情感的一种作物。但作为啤酒酿造用的青稞，客观上对蛋白质含量、淀粉组成、多糖组成等都有明确的要求。因此，研发青稞啤酒时，我们依据青稞的组成及理化性质专门设计了原料的搭配和特定的制备工艺，以及选育了针对不同产品风格特征的青稞啤酒专用酵母。对于过滤而言，使用青稞进行啤酒酿造的最大障碍是青稞没有皮壳，无法形成滤层，此外，青稞中β-葡聚糖含量远高于其他谷物，平均为小麦含量的50倍左右，因此在啤酒生产中，随着青稞添加量的增加，麦汁的黏度会变得越来越高，而使麦汁过滤困难，过滤时间延长，对啤酒的生产不利，也对啤酒质量不利。为此，使用青稞进行啤酒酿造，在尽可能多地使用青稞的前提下，在部门领导和相关同事的积极配合下，大家集思广益，不断研究和讨论，将解决青稞啤酒的过滤问题集中在重点解决两个方面的问题：一是减少β-葡聚糖的溶出，降低麦汁黏度；二是增加滤层的通透性，提高麦汁过滤速度。

　　解决第一个问题，我们主要从青稞品种、青稞制麦以及酿造原料粉碎三个方面着手进行研究。在青稞品种的筛选方面，得到了体系内许多专家的帮助，我们先后收到了西藏农牧科学院、青海大学、云南农科院等单位提供的，包括了藏青2000、藏青320、喜马拉雅22、藏青13、果洛、北青3号、北青9号、昆仑12号、昆仑14号、昆仑15号、康青9号、肚里黄、黑老鸦等近年来在我国青海、西藏、云南等省区种植的40多个品种，完成了实验室阶段的制麦和酿造试验，先后进行了200多次试验，完成酿酒500多批次，最终选择确定了2~3个品种用于啤酒酿造。在进行青稞制麦研究过程中，我们也遇到了许多困难。由于青稞没有皮壳，制麦时的翻拌对于麦芽的损伤较大，为此，我们经过研究，认为青稞麦芽的制备不能完全模仿小麦麦芽的制麦工艺。在不断测试和试验的基础上，我们设计了高浸麦度、低温发芽、高温焙焦的生产工艺，使得青稞麦芽胚乳的溶解度达到60%左右，麦粒中β-葡聚糖最大程度地在制麦过程中消耗，减少啤酒酿造时的溶出。经过青稞制麦工艺的调整，经过大生产验证，总体上青稞麦芽中β-葡聚糖含量较模仿小麦麦芽生产工艺可下降50%以上。酿造时粉碎的研究，主要集中在原料粉碎度的研究。在一定粉碎度条件下，尽可能保留啤酒中青稞的特征风味，同时控制β-葡聚糖的溶出，降低醪液的黏度。但是，因为当前啤酒行业普遍使用湿粉碎方法进行粉碎，控制粉碎时的浸泡水温、粉碎度成为本环节的重点。为此，经过反复试验，形成了对辊湿法粉碎条件下，调整了浸泡水温度和辊间距离，使得糖化过程中溶出的β-葡聚糖含量较正常酿造又下降了50%，整体麦汁黏度基本与当前工业化啤酒糖化麦汁醪液相当，对于解决麦汁过滤问题奠定了良好的基础。

对于提高滤层通透性问题，鉴于应用青稞原料后、麦汁过滤时，滤层薄、通透性不好的问题，我们依据经验，采取了添加部分稻壳的方式，显著提高了过滤的速度，缩短了过滤的时间。考虑到添加稻壳后，啤酒中会出现苦涩味和氧化味的问题，我们反复对麦汁和啤酒进行分析后认为，其原因是稻壳中含有较多的米糠和多酚物质，稻壳中的这些物质在麦汁中浸泡时会溶出，进而影响啤酒风味，因此，必须对稻壳进行处理。经过研究，我们对稻壳在进入糖化锅之前，先进行预浸泡和清洗的操作，彻底去除了米糠，减少了其中的多酚物质；同时，保留了稻壳的韧性，起到了疏松滤层、提高过滤速度的效果。经过上述的工艺调整，青稞啤酒使用青稞的比例可以提高到40％～50％，经过测试，取得了较好的效果，酿制出的青稞啤酒保留了青稞特有的香气，酒液色泽诱人。

拉萨地处青藏高原，平均海拔3 650m，麦汁的沸腾温度只能在90℃左右。而常规的煮沸过程，要求煮沸温度为100～101℃，在这个温度下，一方面，麦汁中的各种酶因高温作用而钝化，麦汁也得到充分的灭菌，麦汁中的不良风味物质也得到挥发，麦汁中的大分子蛋白质以及多酚物质结合和絮凝，麦汁在高温条件下会形成有利于风味稳定的类黑素物质；另一方面，酒花中的α-酸充分异构化形成可溶于水的异α-酸，而富于啤酒愉悦的苦味。因此，在拉萨这种特殊的地理位置，又是青稞主产区，开展适于高原地区的麦汁煮沸工艺和麦汁质量评价技术研究具有非常重要的意义。为此，我们开展了相关研究，总体认为，90℃温度条件下，麦汁煮沸效果无法满足过程中对啤酒品质的需求，尤其在苦味、酒花香气以及酒花利用率方面显得尤为突出。为了满足高原地区煮沸温度达到100～101℃，啤酒酿造设备必须配备带压煮沸的功能，同时，工业生产应该配备真空蒸发装置，提高麦汁煮沸过程中不良风味物质的挥发。

在上述装备和工艺调整后，我们酿出了青稞啤酒，青稞的使用量达到50％，啤酒产品泡沫丰富、洁白细腻、挂杯持久，酒体诱人，青稞香气特征明显。青稞啤酒研制获得成功！

实践证明，青稞是一种很好的酿酒原料。青稞啤酒研制成功，使我们对应用青稞进行啤酒酿造充满了信心。本项目成果受到了西藏当地企业的青睐，已经有投资人计划对此项目进行投资，建厂工作正在紧锣密鼓地进行。资料显示，我国年人均啤酒消费量已经达到30L，相信此项目将会为我国青稞产品的产业化应用，尤其是提高藏区人民生活品质，为我国精准扶贫工作开辟了新路径。

我们期待着为我国大麦青稞产业的发展做出新的贡献，衷心祝愿青稞以酒为载体，我国大麦青稞产业不断取得新的成绩。

青稞啤酒试制调试

（北京麦芽试验站　于佳俊、郝建秦、张五九）

在体系建设中不断提升
产业技术创新能力

国家大麦青稞产业技术体系哈尔滨综合试验站于 2008 年随着国家大麦青稞产业技术体系建设的启动而建立，依托黑龙江省农业科学院作物育种研究所，由大麦育种研究室承担试验任务。

黑龙江省农科院作物育种研究所大麦育种研究室是在继承原大麦种质资源研究室的基础上建立起来的，主要以资源鉴定种质创新及啤酒大麦新品种选育为研究目标。随着国家大麦青稞产业技术体系哈尔滨综合试验站的建设，大麦青稞研究迅速发展并逐渐壮大起来。在研究方向、技术手段以及利用途径等方面不断拓展和提高，创建并完善了黑龙江省农科院大麦青稞遗传育种学科。

首先，遵从历史沿革，从资源引进、鉴定入手，通过资源创新开展新品种选育和品质改良。以啤酒大麦捷足先登，逐步形成食用、饲用、粮草双高、绿植加工等多元化种质创新与新品种选育及生产利用加工等研究方向并重的新格局。以常规育种为主要技术手段，辅以小孢子细胞工程技术、辐射诱变技术以及分子生物学辅助技术等技术手段融合，大幅度提升研究水平。

其次，以专用新品种进行大面积生产技术试验示范及培训，建立大麦青稞试验示范基地，集成大麦青稞轻简技术。深入生产指导，专题培训农业技术人员及新型农民。利用春播大麦夏播复种秋菜（饲草）、绿植复种、种养结合等栽培技术，以及粮草双高饲用大麦品种及生产技术的推广应用，为黑龙江省两减、调整结构提供技术储备。

针对北方地区对大麦青稞营养与保健价值的盲区，积极宣传培训。积极与企业对接，开发大麦青稞营养功能的保健价值，利用特定品种进行加工产品研发，如青稞珍珠米、青稞泡面、青稞杂粮面包专用粉、麦绿素、大麦叶茶等加工产品已进行中试阶段，拓宽东北大麦青稞的利用新途径。

利用国家现代农业产业技术体系平台，哈尔滨综合试验站在研究基础薄弱、技术手段单一的情况下，经历黑龙江省乃至我国大麦青稞直抵低谷风雨十年，已经建设成试验材料丰富、育种目标多元、技术手段并重、实验设备齐全、试验设施配套的国家大麦青稞的专业研究团队，并取得了较好的进展。

在新品种选育方面取得长足进步，一是连续选育了龙啤麦1号、2号、3号和4号4个特性优异的啤酒大麦新品种。其中，龙啤麦1号高产抗病；龙啤麦2号丰产、千粒重45g以上；龙啤麦3号得到国家第一批啤酒大麦认定，高产、稳产、抗病、优质，浸出率高，达到82.0%，β-葡聚糖82.50～112.50mg/kg，千粒重45g以上，具有高端啤酒的酿造品质；龙啤麦4号是啤食兼用型品种，秆强抗倒、抗病、丰产，并且淀粉含量高，达到75.11%，口感爽滑劲道。二是将高海拔的青藏高原的大麦青稞通过抗逆性改良，在抗病性、落粒性、秆强度以及穗发芽等性状方面取得突破，培育出能种在东北黑土上抗病、不倒、不落粒、不穗发芽的品质优良的大麦青稞品种，实现了食用青稞高海拔迁徙高纬度的梦想，培育出适合黑龙江省以及内蒙古种植的系列食用青稞品种（龙稞1～3号、龙紫稞1号）。三是针对大麦青稞高品质饲用价值的特点，开展了饲用大麦新品种选育及种植创新，相继推出青饲、粮饲及粮草双高的龙青、龙饲麦（龙饲麦1、2号）系列品种。同时，进行多元化特用专用品种的开发和加工利用研究，密切与企业、新型农民等的合作，研发特用产品及加工工艺。如大麦青稞泡面在品质上好于燕麦、大麦杂粮面包粉，实现30%添加完成其他谷物不能做到的比例，在工艺上克服口感问题。粮饲兼用专用型种质创新与选育填补黑龙江省空白。绿植如麦绿素、绿茶加工等专用品种及产品将形成自有知识产权的成果，也开创了大麦青稞研究利用的新途径。

十年间，一直专注以品种为核心的试验示范和推广工作，在黑龙江及内蒙古东部建立试验示范基地10余个，进行百亩示范方40多个，千亩示范片20余个，进行优质抗病大麦新品种推广及轻简技术试验示范，累计示范面积10万亩以上，下到田间地头技术指导500余次，培训农业技术人员及新型农民2 000人次以上。

目前，已经建立以大麦青稞多元化抗性育种与栽培为主线、以专用品种为核心的多元化利用研发和技术推广为策应的稳定研发队伍。撰写和参与发表论文6篇，获得专利5项，申请新品种权保护2项，合作制定《大麦品种抗根腐病鉴定技术规程》农业行业标准1项，正朝着大麦青稞多元化创新与利用研究及试验示范推广的全面发展方向迈进。

（哈尔滨综合试验站站长　刁艳玲）

体系建设全方位服务产业发展

国家大麦青稞产业技术体系自 2008 年建立以来，在积极开展大麦青稞产业技术创新和产业经济研究的基础上，主动开展产业技术培训、产业生产应急服务和政府决策咨询，全方位开展技术服务，促进大麦青稞产业的发展升级。

一、产业技术培训服务与传播推广

国家大麦青稞产业技术体系自启动建设以来，发挥专业优势，组织岗位专家和地区综合试验站站长，以产业技术示范基地为平台，以生产主导品种和主推技术为具体内容，编印技术资料，开办科技集市、科技宣讲会和专家讲堂等，积极开展各类产业技术培训。在关键农时，召开现场观摩会、组建博士专家技术服务队、担任县乡科技特派员，走村入户，针对实际生产需要，手把手、面对面，开展田间技术指导和地头技术答疑。利用报纸、广播、电视、电话和网络，开办专题讲座、技术专栏和专家热线，积极开展大麦青稞生产技术推广与技术咨询服务。例如，在云南省新农村建设信息网《数字乡村》栏目，发布《大麦高产栽培技术规程》；为青海省农民远程教育编制青稞栽培技术音像资料；参加湖北省楚天新闻台《乡村夜话》和河南省驻马店电视台《专家面对面》栏目等。累计举办各类技术培训 1 103 次，生产现场观摩 292 次，田间技术指导 768 次，来人、来电技术咨询 4 912 次，专题讲座 31 次，电台、电视、报刊专题报道 21 次。累计培训生产管理和技术人员 9 327 人次，农民 106 583 人次，学生 730 人次，印制发放大麦青稞生产技术挂图、光盘、手册、卡片、明白纸等各类技术资料 259 725 份。

二、农业生产应急服务

国家大麦青稞产业技术体系自启动建设以来，成立了产业预警与灾害应急专家组，建立了覆盖全国主产省区的病虫和气象灾害以及产业生产要素监测与市场跟踪分析系统，历年实时监测大麦青稞产区气候、生产和市场异常变化，及时汇报各级政府部门，提出技术应急解决方案，积极开展生产应急服务和政府管理决策咨询。分别针对 2009 年 2 月下旬至 3 月上旬，长江中下游连续低温阴雨，2010 年西南地区严重春季干旱、青海省玉树市强烈地震，2011 年河南和湖北两省局部地区发生大麦苗期干旱，2012 年春季云南特大干旱、6 月东北地区连续降雨、9 月新疆巴里坤麦收前突降大雪、2014 年我国中部地区春季干旱、青海省海北州青稞低温冻害，2015 年 1 月云南大理州罕见降温降雪、6～7 月西藏发生严重青稞苗期干旱和蚜虫危害、7 月青海省门源县出现大风、冰雹等地区自然灾害，体系及时向农业农村部和当地生产管理部门进行了灾情上报，制定应急处置技术方案，开展生产技术指导和培训工作，降低了农民的经济损失，为抗灾、救灾做出了贡献。

三、政府产业管理决策咨询

（一）2008—2015 年期间

在 2008—2015 年，"十一五"末和"十二五"期间，国家大麦青稞产业技术体系共计向国家有关部委和各级地方政府等提交各类咨询报告 49 份。其中，省部级及以上领导批示 42 份，地方各级政府采纳 7 份。

1. 为国家有关部委提供决策咨询

按照农业部（现农业农村部）办公厅的要求，完成历年大麦青稞生产主导品种和主推技术遴选推荐，为全国连片贫困区推荐大麦青稞适用技术和品种。建议农业部全国农业技术推广中心，启动首轮国家大麦品种区域试验。根据农业部关于月亮湾地区玉米种植调减方案，参加全国农技中心组织的《全国小杂粮生产发展指导意见》编写。向农业部科教司提交《中国大麦青稞贸易和生产政策研究报告》，编写出版《中国大麦青稞产业可持续发展战略研究》。担任农业部小宗粮豆专家，开展历年大麦青稞高产创建指导和生产咨询，为农业部种植业管理司编写历年《春播啤酒大麦生产技术指导意见》《青稞生产技术指导意见》《秋播大麦春季生产管理指导意见》，在农业部杂粮网上发布。参加全国农技中心组织出版的《中国小杂粮优质高产栽培技术》编写。开展 2014 年中国大麦进口猛增成因和主要来源国家、价格、消费与加工流向调查，上报农业部种植业管理司。撰写《中国大麦产业面临的五化困境与发展建议》，上报国家有关政府部门。向农业部提交 2009—2015 历年《大麦青稞产业技术发展报告》和《大麦产业发展趋势与政策建议》。

2. 为地方政府提供决策咨询

为内蒙古自治区政府编制《内蒙古自治区大麦产业发展技术路线图》，为西藏自治区政府编制《西藏自治区粮食安全中长期发展规划纲要》，为西藏自治区日喀则市政府编制《喜马拉22号良种繁育体系建设规划》，向西藏自治区昌都市政府提交《昌都市主要粮油作物优良品种示范推广调研报告》。为云南省迪庆州政府编制《迪庆藏族自治州青稞产业中长期发展规划》，向青海省海北州政府提交《海北州农业专业合作社发展建议》和《海北州2014年种子生产形势分析报告》，向新疆维吾尔自治区奇台县政府提交《奇台县青稞生产现状调查报告》等。向甘肃省农业厅和永昌县政府，提出稳定啤酒大麦生产、推广节水技术和啤酒大麦综合利用等多项建议。在2010年和2012年，云南省遭遇2次特大春季干旱期间，及时组织开展灾情调研，向农业部科教司和云南省农业厅提交了《2009年冬云南大麦旱灾及对策》和《2012年云南大麦旱灾现状及抗旱技术对策》。参加人社部和云南省人社厅组织的"海外赤子云南迪庆藏区行"，为云南省迪庆州青稞产业发展提出咨询建议。

（二）"十三五"时期以来

自2016年"十三五"时期以来，共向国家有关部委和各级地方政府提交研究报告23份、调查报告21份、预测报告5份、专题报告6份、政策建议26份。

1. 为国家有关部委提供决策咨询

向农业农村部有关司局等提交17份研究报告：《2016大麦青稞产业技术发展报告》《2016年青稞生产形势分析》《中国大麦青稞产业发展情况报告》《中国大麦青稞生产与国外进口情况分析报告》《大麦品种经济效益对比试验分析》《国内外农业科技成果转移转化模式比较分析》《中央农业科研机构典型模式调研及案例分析》等；10篇调查报告：《特困地区大麦青稞产业技术需求调研报告》《2016年中国大麦价格动态监测与预警分析》《2016年1—10月中国大麦进口形势分析》《2015—2016年中国啤酒行业市场形势分析》等；2份预测报告：《2016年大麦青稞产业发展趋势与政策建议》《我国大麦青稞产业损害监测预警报告》；5份专题报告：《青稞绿色增长技术》（时任农业农村部韩长赋部长视察西藏时汇报）、《2015年青稞产业专家解读报告》和《2015年大麦产业专家解读报告》等；9份政策建议：《2016年大麦青稞产业发展趋势与政策建议》《2016年春播大麦生产指导意见》《秋播大麦2016年春季管理指导意见》《2016 年全国青稞生产技术指导意见》《2017 年大麦青稞产业发展趋势与政策建议》《2017 年大麦生产指导意见》《2017 年青稞生产技术指导意见》《2018 年大麦青稞产业发展趋势与政策建议》《2018 年大麦生产指导意见》《2018 年青稞生产技术指导意见》《提高青稞单产的措施》《构建以高校为依托的农业技术推广体系（两会提案）》《关于将大麦与青稞合并纳入国家非主要农作物品种登记目录及非主要农作物品种登记指南——大麦（青稞）品种登记修改建议》等。

2. 为各级地方政府提供决策咨询

向省市县各级地方政府提交 6 份研究报告：《云南省啤酒大麦品种区域试验总结（2015—2016)》《内蒙古自治区科技重大专项可行性研究报告—啤酒、饲料大麦新品种选育及其产业化》《内蒙古啤酒、饲料大麦新品种选育进展报告》《甘孜州化解产业同质化课题研究》等；11 份调查报告：《甘肃省大麦科技发展报告》《甘肃省永昌县大麦冻害报告》《西藏山南市青稞生产与供应情况调查报告》《2016 年青海省青稞生产调研报告》《海北州大麦青稞产业发展调查》《2016 年度海北州青稞种子供需调查》《内蒙古自治区直属高校、科研院所科技成果转化情况调查—大麦育成品种及技术集成研发成果转化情况报告》等；3 份预测报告：《2016 年海北州青稞种子形势分析》等；3 份专题报告：《西藏农作物种业制种基地建设的可行性报告》《甘孜州"十三五"青稞产业行动指南》《西藏自治区青稞增产行动计划与实施方案》等；11 份政策建议：《大力发展冬青稞，推动西藏种植业结构优化》《推进大麦产业化发展》《充分利用土地资源，扩种饲用大麦，促进粮经饲种植协调发展》《关于提升西藏青稞单产潜力的建议》《湖北省杂粮研发及推广利用建议》《大兴安岭南麓特困山区大麦青稞产业提质增效生产关键技术研发与示范》《大麦生产大有可为，转变思路发展我市饲料粮食作物的一条新途径》《安徽省畜禽产业中种养结合有关问题的建议》《西藏自治区关于推进青稞产业发展的意见》等。

（首席科学家　张京；产业经济岗位科学家　李先德）

第四篇

产业技术扶贫

大麦虽小众，产业扶贫好帮手

历史上，大麦种植在安徽的农业生产中占有重要地位，20 世纪 50～60 年代，面积曾达 1 200 万亩，全省南北均有种植。之后随着生产的调整，种植面积逐步减少，20 世纪 90 年代面积在 250 万亩左右，农户收获的大麦籽粒主要用作猪饲料。进入 21 世纪以后，随着小麦种植面积的持续扩大和农业机械化水平不断提高，大麦种植面积持续下滑，生产零星种植，品种陈旧老化、配套栽培技术缺乏、产业链严重不畅等瓶颈问题突出，严重制约大麦生产效益的提升。与此同时，大麦等小作物科研工作因长期缺乏项目经费支持，研发队伍、人员也逐步转向以主粮作物研究为主，大麦从科研到生产迅速滑向几乎无人问津的边缘地位。

安徽省农科院作物所有幸在"十二五"加入国家大麦青稞产业技术体系，承担合肥综合试验站建设工作。进入体系后，合肥综合试验站对本省大麦全产业链各环节展开调研，包括农户种植品种、轮作方式、栽培管理、病虫草害综合防控、大麦消费利用方式、加工企业需求与利用情况、畜牧水产等养殖业发展现状与饲料需求情况等，总结梳理出制约大麦产业技术扶贫等瓶颈问题。

一、大麦产业技术扶贫离不开科技支撑

1. 大麦新品种选育需要定位市场需求

进入 21 世纪以来，随着人们生活水平的进一步提高，我国畜牧业进入了规模化养殖的快速发展期，草食畜牧业发展冬春季青饲料季节性短缺问题凸显。针对这一问题，合肥综合试验站及时调整了大麦育种方向，改变了单纯追求籽粒高产的传统育种观念，确定了选育粮草双高饲料大麦品种的育种思路。先后育成了适合安徽不同生态区域种植的"皖饲麦 1 号""皖饲 2 号""皖饲啤 14008" 3 个粮草双高型饲料大麦新品种，分别于 2012 年、2013 年和 2016 年通过安徽省非主要农作物品种认定，上述自育新品种和引进示范品种累计推广 40 余万亩，促进陈旧老品种的逐步更替。

2. 实现大麦产业高质量绿色发展，需加强新技术新模式研发

通过对安徽不同生态区大麦品种播期、播量、施肥和病虫草害综合防治等技术研究，制定了安徽省地方标准《饲料大麦栽培技术规程》（DB34/T 2169—2014）。该标准的颁布实施，填补了安徽省饲料大麦栽培技术规程空白。按该栽培技术规程进行大麦生产，比农民传统栽培增产5%以上，一般亩增产15kg以上。

针对草食畜禽养殖冬、春季青饲料短缺和南方稻作区大量冬闲田等问题，在传统利用大麦籽粒的基础上，开发大麦绿色营养体饲用价值，创新了全株大麦饲用途径，构建了大麦"冬放牧、春青刈、夏收粮"的利用模式；凝练"农—草—畜"耦合中大麦饲草料生产技术；研发的"大麦青饲（贮）种养结合生产技术"，经体系推荐，2017、2018年被农业农村部遴选为农业主推技术，向全国发布。目前，该技术已在我国南方冬麦区多个省份推广应用，为我国广大农区草食畜牧业发展提供了新的青饲青贮饲料来源，推动了我国饲料大麦产业供给侧结构性改革，解决科研和生产"两张皮"以及大麦种、养相对脱离的问题，为我国农区绿色种养提质增效、产业技术扶贫提供了科技支撑。

通过"大麦—冬闲田（地、埂、坡、林间等）"轮作，冬春季大麦放牧养羊等生产新技术的示范推广，对提升牛羊肉产量、品质和市场竞争力，解决牛羊养殖中冬春季青饲料短缺、种养业效益不高、农民增收难等问题，推动草食畜牧业发展，为产业扶贫，促进农业劳动人口就业，农民增收提供了良好途径。通过牛羊等过腹还田、堆肥发酵，有利于改良土壤结构，培肥土壤肥力，降低化肥农药施用量，减少农业面源污染。

二、大麦产业技术扶贫需要政产学研用共同推动

1. 加强新品种、新技术集成示范，是大麦产业技术扶贫的前提

2011年以来，合肥综合试验站在合肥岗集、长丰造甲、寿县保义、马鞍山博望、定远永康、蒙城坛城、阜南王店孜镇等相关乡镇累计建立核心示范基地6 000余亩，指导现代牧业、种养合作社、养殖场、种植大户等大麦生产基地3万余亩，辐射带动大麦青饲利用种植面积近15万亩，皖饲2号、皖饲啤14008、盐丰1号、扬饲麦1号等新品种累计推广面积40多万亩。

2017年春，为了更好地开展大麦养羊技术服务，合肥综合试验站联合安徽省农科院畜牧所、太和县畜牧局携手在太和县召开了"全省大麦养羊种养结

合现场观摩研讨会"，向来自贫困县区 46 家养殖合作社 130 余人推介大麦养羊种养结合新技术，现场观摩大麦品种丰产长势，机械收割、粉碎、液压包膜青贮技术。为实现科技服务的精准化、便捷化和高效化，通过建立的"安徽大麦人"微信群，向全省 90 余个畜禽养殖大户、合作社开展技术服务，有力推动了"大麦青饲（贮）种养结合生产技术"的应用。

2. 加强科技培训指导，是大麦产业技术扶贫的保证

编写《大小麦病虫草害防控技术》图册、《安徽省秋种大麦品种和技术简介》、《大麦青饲（贮）种养结合生产技术》、"大麦绿植体饲用方法"、"农—草—畜"耦合中的大麦饲草料生产技术、"不同时期大麦田间关键栽培管理技术"、"大麦主要病虫草害综合防控"等技术手册、明白纸 20 余篇。在大麦生育关键时节，结合生产需求，试验站组织召开本省大麦产业发展研讨会议 14 次，现场观摩会 10 场次、技术培训班 50 余场次。培训基层技术人员、合作社、大户、农民 6 000 多人，发放技术资料 20 000 余份。

通过利用冬闲田、抛荒地、林间等资源，进行多年多点的大麦"冬放牧、春刈割、夏收粮"种养结合技术集成试验示范，均实现显著的提质降本增效的效果。安徽省马鞍山兴民家禽养殖专业合作社在 150 亩冬闲田种植皖饲啤14008 大麦新品种，通过"大麦—冬闲田、林间"轮作，对 1 000 多头商品肉羊进行轮牧，每头节本增效 500 元左右。通过过腹还田、堆肥发酵，改良了土壤结构，培肥了土壤肥力，降低了化肥农药施用量，减少了农业面源污染。目前，大麦放牧养羊、大麦青饲（贮）生产已在安徽省多家规模化种养大户、企业和合作社示范推广，有效解决了牛羊养殖中冬春季青饲料短缺、种养业效益不高、农民增收难等问题，带动了草食畜牧业发展，提升了牛羊肉产量、品质和市场竞争力，为产业扶贫、促进农业劳动人口就业、农民增收提供了良好途径。

3. 政府推动是加速大麦产业技术扶贫的关键

发展大麦等饲料、饲草作物用于养殖业，生产和市场需求空间巨大。结合安徽贫困地区农业结构调整和牛羊等草食动物养殖规模不断扩大，配合地方政府开展大麦在粮改饲中合理发展利用，合肥综合试验站在每年 4 月中下旬选择一个示范县，召开以示范县技术骨干、当地种植养殖大户、家庭农场、合作社人员为主，同时邀请地方农业、畜牧业主管部门负责人参会，现场观摩大麦生产和种养结合利用技术，起到良好示范效果，推动了社会和地方政府对大麦生产利用的关注。

合肥综合试验站自 2015 年秋对接技术指导定远永康镇孟庄彩云养殖家庭农场，进行大麦—黄肉牛养殖种养结合，建立青饲、青贮大麦生产 80 余亩，在孕穗期刈割饲喂小牛，乳熟期刈割青贮饲喂育肥肉牛，所产黄牛肉品质优，销往滁州、合肥等地，2016 年实现销售收入 180 万元，年利润 80 万元，以代养的方式帮扶周边贫困户 40 多户，同时带动了周边部分群众发展黄牛养殖。该农场同时雇佣当地贫困户就业，帮助贫困户脱贫致富。合肥综合试验站在长丰示范县选择"求真务实养羊专业合作社"作为大麦—肉羊养殖种养结合示范基地，建立大麦示范片 100 亩，2018 年夏收经测产亩产青贮大麦饲草 3.5t。该合作社负责人杜鑫为长丰县养羊协会会长，由于贫困户缺乏养殖技术和养殖设施，该合作社与贫困户签订委托协议，为贫困户每户代养 8 只羊，帮扶贫困户 30 户，使贫困户实现脱贫。

安徽阜阳地区临泉、利辛、阜南均为国家深度贫困县，也是安徽省牛羊生猪养殖量最大县。临泉县 2017、2018 年列为国家粮改饲试点县，承担中原牧场建设任务，推进草食畜牧业发展。合肥综合试验站与临泉县地方政府联合，选择规模化肉羊养殖企业"临泉恒丰牧业"建立大麦—肉羊种养结合示范指导基地 600 余亩，引导带动在肉羊养殖中利用大麦，改善羊肉品质，提高产值。利辛县是安徽省肉牛羊体系重点推广县，合肥综合试验站与利辛县畜牧局、安徽省肉牛羊体系岗位、安徽科技学院开展政产学研联合，在利辛绿墅牧业有限公司建立大麦—肉羊养殖示范基地 200 亩，进一步研究大麦青苗、青贮饲料利用对羊肉品质改善的效果。阜南县濛洼行蓄洪区涉及 15 个乡镇，系沿淮深度贫困带，合肥综合试验站和阜南县农委合作，在王店孜镇石寨村阜南县博澳奶牛养殖场、王堰镇孙寨村阜南洪刚黄牛养殖场分别建立大麦青贮饲料生产示范基地，引导养殖户利用因行蓄洪需求不适于种植小麦的低洼地、抛荒地种植大麦、生产青饲料、发展养殖业，实现脱贫致富。

三、加强成果应用展示宣传，促进产业技术扶贫

为宣传体系工作，对本站举办的现场观摩会、科技培训与三农服务等重要活动及时进行宣传报道，在"安徽农业科技网"等媒体发表报道 35 篇。2015年马鞍山电视台《1818 新闻》栏目对合肥综合试验站马鞍山示范县组织本市及所辖县区的基层技术人员、种养大户参加的"大麦种植与山羊养殖循环利用

模式"观摩会进行全程采访报道；2016 年 5 月 12 日，定远电视台对合肥综合试验站在该县召开"大麦粮改饲助推农业结构调整现场观摩会"进行全程采访报道；2017 年 4 月 26 日太和人民政府网对合肥综合试验站在太和好好山羊场召开"全省大麦养羊种养结合现场观摩研讨会"进行宣传报道；2017 年 9 月 22 日安徽日报农村版记者对我站专访，9 月 26 日刊出"大麦虽小众　青贮用途好"报道；2017 年 12 月 28 日《安徽日报》、12 月 31 日《中国畜牧兽医报》对合肥综合试验站育成饲料大麦品种等进行报道；2018 年 1 月 19 日《农民日报》以"科技创新助力安徽大麦产业回暖"为题对安徽省大麦科研进展进行了报道。上述宣传报道有力促进了大麦新品种新技术的推广速度。

2018 年中国安徽名优农产品暨农业产业化交易会于 9 月 15～17 日在合肥滨湖国际会展中心隆重举办。我们以"大麦青饲（贮）种养结合生产技术"的核心内容——大麦"冬放牧、春青刈、夏收粮"为主题，精心设计并制作了大麦苗放牧羊群的现场模拟情景，生动地展现了技术模式的内涵，富有创新性、趣味性和时代性。9 月 15 日上午，安徽省委书记李锦斌、省长李国英、农业农村部党组成员吴宏耀等领导进行巡视，徐义流院长对"大麦青饲（贮）种养结合生产技术"和大麦"冬放牧、春青刈、夏收粮"技术模式及应用进行了汇报，得到了省领导的充分肯定。安徽省扶贫开发领导小组办公室朱永东副主任等领导来到展台，对大麦青饲（贮）种养结合生产技术的核心内容、推广应用情况和未来发展趋势等进行了解。以专业合作社、家庭农场为主的参观团和社会各界人士络绎不绝，他们饶有兴致地在大麦技术模式展台前驻足观瞧，边听讲解，边进行咨询。农交会三天时间，专业参观团和社会各界近万余人前来参观，合肥综合试验站发放"大麦青饲（贮）种养结合生产技术""农—草—畜耦合中大麦生产与利用技术""大麦绿植体饲用技术"等资料 3 000 余份。农交会结束后至秋种期间，不少客户纷纷来电咨询大麦种养结合生产技术。

（合肥综合试验站站长　王瑞）

大麦生产大有可为

  河南省驻马店市具有悠久的大麦种植历史，历史上大麦最大种植面积达150万亩，近年来，因市场价格和销售问题，大麦种植面积出现较大的下降。据市农业部门统计，驻马店2015年大麦播种面积仍达20多万亩。驻马店市属亚热带向暖温带过渡区域，光照充足，热量丰富，降雨适中，优越的地理环境及自然生态条件适宜于优质大麦生产发展，种植的大麦产量高，品质优，是我国大麦生产优势产区，无论面积还是总产量均居全省首位。

  大麦生育期短，具有独特的早熟特点，在多熟制地区可作为早熟茬口，在河南省轮作复种中占有重要地位。随着中央1号文件引导农民适应市场需求，调整种养结构，适当调减玉米种植面积，花生、大豆、水稻、甘薯面积不断增加，使河南省对秋季作物早熟的需求更加迫切。目前，饲料粮需求的增长成为影响我国未来粮食安全的重要因素。在玉米增产受限、进口受限的情况下，开发大麦的饲用价值，使其成为玉米的补充，是缓解我国饲粮短缺的可行方法。第一，抓住粮改饲的有利机遇，大力发展青贮大麦，在泌阳县、确山县肉牛养殖大县开展大麦—玉米—玉米一年三熟的模式种植，11月初种植大麦，次年5月15日左右青贮收割，种植第一次青贮玉米，8月20日左右收获，收获后种植第二次青贮玉米，至11月初收获，一年三熟，有效利用光热土肥资源，促使饲料全年均衡化供应。第二，利用大麦熟期早、需肥量少的特点，在正阳、确山、新蔡县大力发展大麦—水稻、大麦—花生、大麦—甘薯轮作种植模式，由于大麦晚播早熟，后茬水稻、花生、甘薯等作物可以早播10天以上，平均每亩可增产10%以上，全年增收效益十分显著。第三，大麦的饲用价值高，是养殖家禽的优质饲料，在国际上有广泛的应用。大麦在总饲料配比中占30%～40%，大麦有助于提高畜禽的肉质品质，我国著名的金华火腿和宣威火腿所用的猪肉都是采用大麦饲喂的。大麦耐贫瘠、耐盐碱，驻马店市山冈薄地晚茬作物种植面积较大，可充分利用山冈薄地发展大麦生产，不仅有利于调整茬口，还能充分利用农闲地，弥补5～9月（玉米）饲料短缺，使饲养业持续稳定发展，因此发展"饲料作物—青贮作物—畜牧业"相结合，农业和畜牧业相互促进的新型产业结构模式，充分发挥大麦的产业优势，促进大麦产业的健康发展，在适宜地区发展大麦生产，广阔天地，大有可为。下面举几个大麦种植模式创新的实例：

一、大麦—水稻一年两熟种植模式

与驻马店市农科院定点对接的确山县留庄镇崔楼村优质水稻种植面积大，品质优良，销路十分好，但存在水稻收获期晚、缺少适宜的后茬种植品种的困难，出现大块田块撂荒的现象，造成全年经济效益低的问题。利用大麦晚播早熟的特点，2016—2017年我们和确山县留庄镇崔楼村、河南驻研种业有限公司三方合作，建设驻大麦4号高产示范基地100亩，分别在播种前和拔节前开展大麦高产栽培技术培训班3次，培训贫困户120多人次。利用体系资金为贫困户免费提供1 000kg大麦种子和5t复合肥，同时针对大麦田禾本科杂草不能使用小麦除草剂的特点，免费提供除草剂爱秀40瓶。由于当年播种期正遇连阴雨，水稻收获后，土壤太湿不能适期下田播种，直到11月20日至12月1日晚茬种植，经追肥平均亩产达428.6kg，较同期种植小麦增产10%以上，生产出的大麦全部采用订单销售，每斤*较小麦商品价加价10%收购，每亩增收200元以上。2017—2018年全村稻茬大麦种植面积增加到了500多亩，我们在作物生育期各个关键时期，下乡开展技术指导10多人次，接受现场技术咨询50多人次，发放技术资料300多份，经实收测产，2018年平均亩产498.3kg，亩收入1 195元，每亩增收315元，贫困户增产、增收效益十分显著。

二、大麦—花生轮作种植模式

根据河南省"千名科技人员包千村"安排，驻马店大麦综合试验站4名团队成员承担了泌阳县下碑寺、春水两个乡镇杨家等8个贫困村的技术扶贫工作。两个乡镇都属于浅山丘陵区，大部分田块为山冈薄地，在这些地区种植大麦比小麦有更高的产量和比较优势，同时这两个乡镇种植花生面积很大，大麦晚播早熟，大麦比小麦早收获7天以上，后茬花生可以及早种植，基本上相当

---

　　* 斤为非法定计量单位，1斤＝0.5kg。

于春花生种植，后茬花生可以增产 15% 以上，两乡均属山区，土地面积大，牛羊存栏较多，畜牧业较为发达，种植出的大麦可以用精饲料，深受养殖户的喜爱。针对以上特点，2017 年 10 月和 2018 年 3 月我们与泌阳县下碑寺和春水镇政府合作，在 8 个贫困村开展了大麦高产优质栽培技术、大麦春季田间管理和病虫草害综合防控技术讲座 9 次，培训贫困户 300 多人次，发放技术资料 500 多份。我们和下碑寺镇益农农民专业合作社和春水镇啤酒大麦专业合作社，在两个乡镇推广大麦—花生一年两熟种植模式，建设驻大麦 3 号生产示范基地 500 多亩，当年驻大麦 3 号 12 月初播种，平均亩产 439.2kg，平均亩收益 877.4 元，每亩比小麦平均增收 65 元，大麦、花生两茬合计收益 2 156 元，较小麦、花生两茬收益 1 872 元，每亩增收 284 元，农户增产增收效益十分显著。2017—2018 年带动两乡镇农户种植驻大麦 3 号 3 000 多亩，大麦单季增收 26.6 万元，大麦、玉米两茬累计增收 60 多万元，取得了良好的社会效益和经济效益。

三、大麦—玉米一年三收青饲生产模式

近年来随着河南省畜牧业的发展和"粮改饲"工作推进，青贮玉米生产发展较快，但当前夏播青贮玉米生产中存在两个问题：一是青贮玉米个子高、抗倒伏差，易在 8 月大风大雨中发生倒伏造成减产；二是由于夏播青贮玉米易在 7 月抽穗期遇高温天气形成玉米高温热害，严重影响生长发育，导致产量降低。青贮大麦、青贮玉米一年三熟高产高效种植模式是利用大麦晚播早收的特性，第一茬青贮玉米可以在 4 月下旬播种，错开了不利天气对青贮玉米的影响，同时该模式充分利用土地和光、温条件，实现青贮大麦、青贮玉米一年三熟，可以实现青贮牧草高产、高效生产，是促进草畜协同发展、农民增收、农业增效的有效途径。青贮大麦、青贮玉米一年三熟具有以下几个优点：

（1）高产高效。与常规玉米青贮—小麦模式相比，青贮大麦—青贮玉米—青贮玉米的生产模式一年每亩可生产出 10t 以上青贮原料，每亩产值 3 000 元以上，每亩纯收益 1 350 元，较常规青贮玉米—小麦模式每亩纯收益 980 元，每亩增加经济效益 335 元，增收 34.1%。

（2）一年三熟可以有效提高复种指数，同时提高了青贮收获和打包机的使用效率，通过种植不同熟期的青贮大麦和青贮玉米品种，可以把青贮收获机械使用时间从每年 2 个月提高到每年 6 个月，提高了机械使用效率，降低收获成本。

（3）青贮大麦收获时正是青贮饲料相对短缺的时期，一年三熟可以调节青贮饲料的周年供给，保证了反刍家畜青绿饲料全年供应的稳定性。

（4）青贮大麦是优良的粗饲料。大麦绿苗含有的营养成分和微量元素比较齐全，据相关研究，大麦青稞绿色植株粗蛋白含量 4.6%，比青贮玉米 2.3% 高出近 1 倍，粗脂肪含量、粗纤维的消化率也比较高，可达 39% 和 54%，品质优于青贮玉米，营养成分与优质饲草苜蓿基本相当，且具有很好的适口性和饲用价值。

2016—2017 年该模式在贫困县兰考和南阳贫困县邓州小面积示范推广种植，示范面积 700 亩，取得了良好的社会和经济效益，2017—2018 年与兰考中贮牧草有限公司和兰考协同网络服务平台合作在贫困县开封兰考和南阳桐柏、邓州推广一年三熟种植模式 2.3 万亩，新增收青贮饲料 5.6 万 t，新增社会经济效益 770.5 万元。

（驻马店综合试验站站长　王树杰）

大麦复种育苗向日葵，为脱贫提供新路子

　　巴彦淖尔市是内蒙古自治区乃至全国最大的葵花生产区，向日葵是河套农民增收致富的特色支柱型产业，全市农民经济收入的 40% 来源于葵花。向日葵每年的种植面积维持在 400 万亩左右，已成为全国向日葵种植面积最大、平均单产、总产量最高的向日葵生产基地。当地的气候特点属于"一季有余两季不足"，近年来，随着向日葵晚播技术的推广，向日葵在 6 月 10 号左右播种，在播种向日葵前有 70 多天的空闲时间。如果开展向日葵填闲种植模式，既要保证复种品种的产量和质量，又要保证不能耽误向日葵种植，因此能够充分利用向日葵前的闲田种植的作物选择较少。大麦的生育期短，比小麦早熟7~15天，并且随着向日葵育苗移栽技术的成熟，前茬种植早熟大麦，早熟育苗向日葵在 7 月上旬移栽，可同时保证大麦、向日葵的正常收获。既有利于提高复种指数，又有利于作物优化部署，达到全年均衡增产。

　　位于巴彦淖尔市的河套灌区，还是我国典型的盐渍土发育区，其中484 万亩耕地存在不同程度的次生盐碱化现象，轻度盐碱化耕地 257 万亩、中度 148 万亩、重度 79 万亩，盐碱化土地占总耕地面积的 44%。盐碱地种植作物主要是向日葵，多年来，随着向日葵大面积连作，导致向日葵土传病害的发生和危害逐年加重，大面积葵田绝收场景频现，大片盐碱土地到了无法种植向日葵而撂荒的境地。而大麦是耐盐的先锋作物，利用大麦与向日葵进行轮作倒茬，既可以提高盐碱地利用率，增加收益，还可以有效防治土传病害。同时，巴彦淖尔市还是内蒙古自治区地级市中能够保证肉羊四季均衡出栏的市，饲草大麦的营养指标适合作为优质饲草，通过葵前填闲种植大麦这种"农牧结合"的生态农业模式，可以充分提高土地利用率，减少浪费，提高经济效益。不仅如此，饲草大麦、向日葵一年双季栽培模式是实现种植业结构由粮—经二元结构向粮—经—饲三元结构转变的必由之路，是加快草食型动物、节粮型动物发展的必要前提，是改善生态环境的有效途径。

一、开展的主要工作

(一) 开展调研，采集贫困户信息

按照精准扶贫任务要求，试验站坚持精准帮户、产业发展的原则，以改善生活条件、发展增收产业、增强致富本领、提高幸福指数等为主要内容，结合实际，多措并举。首先由试验站牵头对巴彦淖尔市临河区、乌拉特中旗、磴口县、杭锦后旗的贫困区和农户进行调研，分别对贫困区土地条件、大麦利用现状、向日葵种植面积、种植品种、种植技术、种植效益等方面进行调研，对重点贫困户的年龄、健康状况、家庭状况、居住条件、主要生活来源、土地面积、牲畜养殖情况、劳动力状况、子女经济状况以及致贫原因等方面进行细致了解并记录在册。共发放《贫困地区调查表》306份，收集《贫困户信息采集表》24份。对了解到的贫困信息进行认真梳理，会议研讨分析贫困原因。针对贫困区域种植业的具体问题和重点贫困户的问题，结合大麦产业开展科学技术服务，制定具体扶贫实施方案，着力发展农业特色产业扶贫工作。

(二) 开展试验示范

1. 针对黄灌区内贫困区，开展大麦复种育苗向日葵技术推广扶贫

由试验站长带领团队成员到杭锦后旗、磴口县、临河区等地的贫困户开展大麦复种模式研究，分别开展了大麦复种角瓜、育苗向日葵、蔬菜类作物、饲草等栽培模式的研究。在开展的多种模式中，复种育苗向日葵较符合当地的生产需要。因此，试验站累计推广种植蒙啤麦3号、蒙啤麦4号等早熟品种复种育苗向日葵示范2 963亩；推广"大麦复种育苗向日葵高效栽培技术"核心示范500亩。通过复种模式的推广，两季合计亩纯收益为698.77~1 815.31元，总产值693.88万元，总纯收益460.78万元（表4-1至表4-8）。

表4-1 2013年大麦复种育苗向日葵示范结果

复种模式	平均亩产 (kg)	收购价格 (元/kg)	面积 (亩)	亩产值 (元)	亩成本 (元)	亩纯收益 (元)	总产值 (万元)	总纯收益 (万元)
蒙啤麦3号	410.3	2.7	102	1 107.81	240	867.81	11.30	8.85
食葵 BKS6	172.5	7	102	1 207.50	260	947.50	12.32	9.66
合计	—	—	—	2 315.31	500	1 815.31	23.62	18.52

表 4-2　2014 年大麦复种育苗向日葵示范结果

复种模式	平均亩产 （kg）	收购价格 （元/kg）	面积 （亩）	亩产值 （元）	亩成本 （元）	亩纯收益 （元）	总产值 （万元）	总纯收益 （万元）
蒙啤麦 3 号	428.3	3.4	111	1 456.2	240	1 216.22	16.16	13.50
科阳 9 号	198.8	7	111	1 391.6	260	1 131.60	15.45	12.56
合计	—	—	—	2 847.82	500	2 347.82	31.61	26.06

表 4-3　2015 年大麦复种育苗向日葵示范结果

复种模式	平均亩产 （kg）	收购价格 （元/kg）	面积 （亩）	亩产值 （元）	亩成本 （元）	亩纯收益 （元）	总产值 （万元）	总纯收益 （万元）
蒙啤麦 3 号	413	2.2	2 300	908.6	261	647.6	208.98	148.95
育苗向日葵	174	7	2 300	1 218	451	767	280.14	176.41
合计	—	—	—	2 126.6	712	1 414.6	489.12	325.36

表 4-4　2016 年大麦复种育苗向日葵示范结果

复种 模式	折合亩产 （kg）	收购价格 （元/kg）	面积 （亩）	亩产值 （元）	亩成本 （元）	亩纯收益 （元）	总产值 （万元）	总纯收益 （万元）
蒙啤麦 3 号	488.0	2.2	350	1 073.6	261	812.6	37.58	28.44
向日葵	220.0	6	350	1 320	600	720	46.20	25.20
合计	—	—	—	2 393.6		1 532.6	83.78	53.64

表 4-5　2017 年杭锦后旗大麦复种育苗向日葵示范结果

复种模式	折合亩产 （kg）	收购价格 （元/kg）	面积 （亩）	亩产值 （元）	亩成本 （元）	亩纯收益 （元）	总产值 （万元）	总纯收益 （万元）
大麦	408.8	1.8	200	735.84	308.5	427.34	14.7	8.5
育苗向日葵	165	6.2	200	1 023	408	615	20.5	12.3
合计	—	—	—	1 758.84	716.5	1 042.34	35.2	20.8

表 4-6　2017 年磴口县大麦复种育苗向日葵示范结果

复种模式	折合亩产 （kg）	收购价格 （元/kg）	面积 （亩）	亩产值 （元）	亩成本 （元）	亩纯收益 （元）	总产值 （万元）	总纯收益 （万元）
大麦	365.9	1.8	100	658.78	308.5	350.28	6.59	3.50
T562	155	6.2	100	961	408	553	9.61	5.53
合计	—	—	—	1 619.78	716.5	903.28	16.2	9.03

表 4-7　2018 年磴口县大麦复种育苗向日葵示范结果

复种模式	折合亩产 (kg)	收购价格 (元/kg)	面积 (亩)	亩产值 (元)	亩成本 (元)	亩纯收益 (元)	总产值 (万元)	总纯收益 (万元)
蒙啤麦 3 号	402.18	1.5	100	603.27	328.5	274.77	6.03	3.29
T562	160	5.2	100	832	408	424	8.32	4.08
合计	—	—		1 435.27	736.6	698.77	14.35	7.37

表 4-8　2018 年杭锦后旗饲草大麦复种育苗向日葵示范结果

复种模式	折合亩产 (kg)	收购价格 (元/kg)	面积 (亩)	亩产值 (元)	亩成本 (元)	亩纯收益 (元)	总产值 (万元)	总纯收益 (万元)
蒙啤麦 3 号	800	1.6	30	1 280	328.5	951.5	3.71	2.85
TK9102	240	6.0	30	1 440	408	1 032	4.32	3.1
合计	—	—		2 720	736.6	1 983.5	8.03	5.95

2. 农牧结合贫困区，开展饲草大麦复种育苗向日葵技术扶贫

近年来，随着畜牧业的快速发展，对于优质饲草料的需求逐年增加，畜产品需求的快速增长也带动了饲草需求的增长。2017 年试验站进行了大麦饲草化应用方面的研究，研究结果表明：蒙啤麦 3 号作为饲草，亩产鲜草 4 200 kg，干草产量在 1 000 kg 以上，粗蛋白含量在 10% 以上。且饲草的价格不断攀升，干草价格在 1 600 元/t。因此，结合双季栽培模式，试验站在 2018 年进行了饲草大麦复种育苗向日葵研究，在 6 月 10 日左右就可刈割大麦进行育苗向日葵移栽，10 月上旬就可收获。而且通过种植饲草大麦可大大提高两季的种植效益，同时能够解决本地区因旱情而造成的饲草供应不足的问题。

（三）技术指导和培训

面对不同贫困区开展了有针对性的科技培训和指导。由试验站长积极邀请产业体系、内蒙古农科院、当地农业技术推广部门的专家，到贫困区开展培训。多年来，累计举办大麦高效栽培技术、向日葵育苗技术及育苗移栽技术、大麦旱地生产关键栽培技术、大麦节水灌溉技术等各类技术培训 61 次，其中，举办向日葵育苗技术及育苗移栽技术 13 次。为贫困农户讲解种植技术规程、种植过程中的注意事项，在春季播种、大麦、向日葵关键生育期亲自到农户地块进行技术指导，共发放宣传资料和栽培技术规程 4 600 多份，累计培训农民和技术人员 2 773 人次。

二、取得的主要成效

针对巴彦淖尔河套灌区的特点，筛选出了适宜河套地区葵前填闲种植的蒙啤麦 3 号、蒙啤麦 4 号，通过两季种植模式的开展，提高了土地利用率，增加了农户的收入，对科学合理的轮作倒茬提供了适合的品种选择。通过大麦麦后复种育苗向日葵技术的实施，可有效调整当地的种植业结构。通过开展饲草大麦复种育苗向日葵，每亩纯收益可保证在 1 500 元以上，且因饲草大麦刈割时间的提前，对于向日葵的提前收获争取了时间，同时解决本地区因无优质饲草需要外调的情况。

试验站联合市扶贫办定点包扶乌拉特前旗小佘太镇大十份子村 24 户贫困户。年龄在 70 岁以上的有 11 户，被评估为无劳动能力，试验站协调当地政府根据贫困户的意愿实施异地搬迁、社保兜底或生态奖补。其余 13 户有劳动能力，选择种植业脱贫或养殖业脱贫，由试验站提供技术及农资用品的支持，结合当地政府的资金补充，帮助其脱贫。除 2 户去世外，其余 22 户已经全部脱贫，精准扶贫工作取得良好成效。

三、面临的主要问题

试验站联合政府部门、扶贫办、农牧业局等单位在产业扶贫等方面做了工作，取得了一定的成效，但在具体推进过程中遇到了很多问题，主要表现在以下几个方面：

1. 贫困区农户科技素质与产业发展有差距

贫困群体中，有文化、有体力、有能力的青壮年均外出打工，留守农民的科技文化素质普遍偏低，发展产业意识薄弱，不愿在发展特色产业上动脑筋、想办法、谋出路、图发展，甚至体力都明显偏弱，致使产业发展缺乏后劲，给产业扶贫工作带来很大难度。

2. 产业规模小、缺少扶持发展资金

由于受自然资源的限制和小农经济意识的影响，贫困户缺少资金，产业发展不起来，投入相对较小，推动发展产业经济困难。

3. 组织化程度低，抵御市场风险能力弱

贫困区农产品深加工滞后，处于原料生产阶段，精深加工产品较少，产品附加值较低，产业链条较短，经济效益差。

四、下一步工作建议

一是要厘清思路，明确农业扶贫产业发展方向。在产业扶贫中，以增产增收为核心，科技支撑为重点，加快转变发展方式，抓实新型经营主体培育，支持适度规模经营，生产科研结合，增强创新能力，调结构、转方式、抓重点，努力发展优质向日葵的种植，促进贫困户通过发展产业增收脱贫。

二是要落实政策，激活贫困户发展产业的积极性。在农业产业扶贫中，发展产业不能搞"无米之炊"，必须加大对产业建设的投入力度，将扶贫工作由"输血"向"造血"转变，要结合已制定下发的农业产业扶贫工作方案和产业扶贫政策，开发扩大种植基地，辐射带动贫困户较多的贫困村，向政府提出政策建议安排项目资金用于改善水、电、路等基础设施条件，推进农业产业扶贫向纵深发展。

三是要加大培训，培育高素质农民。今后农民培训的重点，要放在科技示范户、返乡创业农民、专业合作组织负责人等人身上，要充分发挥他们实战经验丰富、接受能力较强等优势，对其进行有组织、有计划的系统培训，使其逐步成为有文化、懂科技、善经营、会管理的高素质农民，成为促进贫困村农民脱贫致富的"生力军"与"带头人"。

在农业产业扶贫上，要立足贫困村、贫困户的资源禀赋和生产条件，充分发挥农户主体作用，培育发展能带动贫困户脱贫、具有自身特色的农业产业，努力使贫困户通过发展农业产业实现增收脱贫。

（巴彦淖尔综合试验站站长　史有国）

藏青 2000 昌都青稞产业技术扶贫纪实

2013 年西藏自治区昌都市安排藏青 2000 示范推广 7 000 亩，其中二级种子田 2 000 亩，高产创建示范 5 000 亩。在市农牧局、农技推广中心、各县农牧局、农业技术推广站和各村驻村工作队的大力支持与配合下，国家大麦青稞产业技术体系昌都综合试验站积极参与，采取实地调研、走访农户等多种方式，加强对藏青 2000 示范推广的组织管理、责任书签订、农田灌溉、技术培训、技术服务等，进行了实地指导服务和督导。实际完成播种面积 7 053.5 亩，涉及 7 个县，8 个乡镇，23 个村，具体为：洛隆县 2 个镇 2 个村，1 500 亩二级种子田，550 亩高产示范田；边坝县 1 个乡 7 个村，500 亩二级种子田，1 500 亩高产示范田；察雅县 1 个乡 1 个村，400 亩高产示范田；贡觉县 1 个乡 8 个村，1 700 亩高产示范田；八宿县 1 个乡 2 个村，400 亩高产示范田；芒康县 1 个乡 2 个村，300 亩高产示范田；左贡县 1 个乡 1 个村，203.5 亩高产示范田。

为农民讲解青稞播种技术

藏青 2000 种植项目培训 7 县技术人员 39 人，农牧民技术明白人 1 832 人次，确定示范户 1 003 户，发放藏汉文资料 2 150 份，与项目所在乡（镇）、村、种植户层层签订项目目标责任书 1 073 份。

昌都市所示范的藏青 2000 在 6 月逐渐进入拔节-抽穗期，各示范县分别于 5 月中旬、5 月底结合中耕除草进行灌溉头水（五叶期以后），依据苗情追施肥料，亩施尿素 2.5kg，以促进分蘖。经 6 月初的田间调查显示，其分蘖能力强，亩最高茎蘖数在 31.2 万～49.3 万/亩，达到了技术规程的标准，为获得高产奠定了良好基础。由于各示范县野油菜、灰灰菜等双子叶杂草危害严重，各县农牧局以 80mL/亩配给 2,4-D-丁酯乳油，并于 6 月上旬安排喷施一次，化学除草效果良好，个别杂草危害严重县中期需安排人工拔除杂草 2～3 次。

国家大麦青稞产业技术体系昌都综合试验站团队人员与西藏自治区、地、县、乡（镇）四级专业技术人员众志成城，团结一心，长期蹲点，密切合作，交叉开展技术指导和跟踪服务，确保了青稞新品种示范的实施进度与质量。

（1）严格按照藏青 2000 新品种示范推广技术规程，提前做好田间管理和病虫害防治所需各类农药物资准备工作。

（2）加强藏青 2000 种植区田间管理技术操作现场培训，扩大培训范围，提高培训质量。

（3）做好苗情调查，进一步加强田间管理，重点抓好苗期灌水追肥和病虫草害监测及防治，做到科学灌溉、科学施肥、科学防控病虫草害。同时按照促控结合，防止后期倒伏。

（4）针对昌都市 2 000 亩种子田，在抽穗期和成熟期做好去杂去劣等工作，确保种子田纯度和净度。

（5）做到适时收获，确保丰产丰收。

青稞机播示范（一）

青稞机播示范（二）

青稞田间苗情调查

藏青 2000 大田生产

　　开展的青稞新品种藏青 2000 生产示范，在昌都市所有示范县均能正常成熟，生育期在 125～135 天，株高在 85～110cm。实地测产，藏青 2000 在昌都市平均亩产达到 310kg/亩，较本地区主推品种藏青 320 或当地农家品种，每亩提高 28.1～54.3kg，增产秸秆 30kg，种植户增产增收显著。集成优化了藏青 2000 高产栽培技术模式，总结了生产管理经验，较大幅度提高了本地区青稞生产技术水平和生产效益，为今后大面积推广种植提供可行性和良种支撑。

陪同昌都市领导赴贫困村开展生产调研

（昌都综合试验站站长　叶正荣）

古老的作物，脱贫的希望

——武威综合试验站助力天祝藏族自治县精准脱贫记

甘肃省天祝藏族自治县地处甘肃省中部，祁连山东端，地处青藏、内蒙古、黄土三大高原交汇地带，南接永登县，东靠景泰县，西与青海省的门源回族自治县、互助土族自治县、海东市乐都区毗邻，北与武威市的凉州区、古浪县接壤，西北与肃南县交界，系河西走廊门户，北纬 36°31′～37°55′，东经 102°07′～103°46′之间，海拔高度 2 040～4 874m，年平均气温－0.2～4℃，无霜期 90～145 天，年日照时数 2 500～2 700h，年降水量 265～632mm，常住人口 17.82 万人，是新中国成立后由周恩来总理亲自命名的第一个少数民族自治县和国家扶贫开发工作重点县，也是全省唯一的少数民族地区改革开放试验区。2014 年天祝县建档立卡贫困村 75 个，贫困人口 1.46 万户 5.63 万人，贫困发生率 33.8%；到 2017 年底累计减贫 4.37 万人，有 19 个村实现整体脱贫。

一、推广青稞新品种

天祝藏族自治县海拔较高，气候冷凉，可供种植的作物较少，青稞是该县的传统优势作物，有着悠久的种植历史。近年来，天祝县把脱贫攻坚作为最大的政治任务和"一号工程"，要实现尽快脱贫，离不开青稞这一传统优势产业，但青稞产地多处于高海拔冷凉地区，经济基础薄弱，生态环境脆弱，农牧民科技文化素质较低，生产中几十年沿用地方老品种，品种退化现象严重，产量很低，耕作粗放，倒伏严重。为了帮助当地做大做强青稞这一传统优势产业，加大技术扶贫和产业扶贫力度，国家大麦青稞产业技术体系武威综合试验站团队多次到天祝县调研考察，把高产优质新品种引进作为突破口，从 2011 年开始，积极通过体系内合作，从西藏、青海及甘肃等地多个科研单位引进新品种，开展品种筛选试验，经过 2 年的试验，筛选出适宜天祝县推广的优良品种昆仑 14 号和北青 9 号。2013 年，在抓喜秀龙乡示范种植昆仑 14 号 6 亩地，长势特别好，当地老百姓都说从来没有见过这样好的青稞，示范田当年亩产达

395.3kg。示范户李锦海说："这个品种比我们这儿种的品种好得多哩，我在脱粒青稞时，大家都抢着兑换，我没拿到家就兑换完了。"昆仑14号在天祝试验示范取得较大成功，引起了强烈反响，极大地调动了当地群众种植青稞新品种的积极性。因此，2014年武威综合试验站从青海省农业科学院调运昆仑14号种子5 000kg，进行较大面积示范；2015年又将天祝县列为国家大麦青稞产业技术体系示范县，每年为天祝县无偿提供青稞种子5 000kg，采用示范与良繁结合的方式，加快了品种推广进程；2015年安远镇直沟村建立示范基地200多亩，当年昆仑14号田间长势非常好，且抗倒伏，平均亩产408.4kg，亩产值达1 062元，示范田最高亩产达到了500kg以上，开创了天祝青稞种植史上亩产突破500kg的纪录。安远镇直沟村60多岁的张成禄说："我活了60多岁没有见过这样好的青稞，穗子长，籽粒多，还不倒。"

武威综合试验站还协同天祝县农业技术推广中心，将安远镇直沟村生产的青稞推广到朵什、哈溪、打柴沟、抓喜秀龙等乡镇，当年昆仑14号种植面积在3 000多亩，平均亩产达305.6kg。负责青稞的技术人员马其彪说："我们在朵什镇龙沟村测产时，齐德智老爷爷拉着我们到他的地里测产，当时我问老爷爷这个青稞怎么样？他说：我活了70多岁了没有看见籽粒这么多的穗头，这个青稞好。"安远镇直沟村主任徐成俊说："昆仑14号这个青稞好，产量高，而且不倒伏，我们种了这个青稞就可以用机械收割了，这样既提高了产量，减少了人工，又增加了收入，我们要把青稞这个产业做大。"他是这样说的，也是这样做的。从那时起，他就把青稞抓在了手上，和村两委一班人积极组织群众按照标准化的要求大力发展青稞种植，并建起了优质青稞生产基地。在他们的带领下安远镇直沟村成了青海省农业科学院的种子繁育基地，每年青海省农业科学院都要从安远镇直沟村收购种子，收购价格每斤相比较市场价格高0.1~0.15元。为更好做强青稞这个产业，2016年徐成俊成立了天祝藏族自治县安丰特色农业种植专业合作社，直沟村昆仑14号种植规模从开始的200多亩达到目前的1 500多亩，青稞成为该村农牧民增收的主导产业。在直沟村的示范带动下，安远镇其他村的村民都积极行动起来种植青稞，仅安远镇青稞种植面积近万亩，不仅直沟村成了种子基地，而且整个安远镇成了青海省农业科学院的种子基地，青海省农业科学院从每年收购种子40t到现在年收购160多t，种植户真正从青稞种植中获得了收益。

目前，全县安远、哈溪、朵什、西大滩、石门、赛什斯、松山、打柴沟等乡镇都种植以昆仑 14 号为主的青稞。昆仑 14 号的成功引进，进一步提升了天祝县青稞的产量和品质，提高了贫困户种植收入，青稞成为天祝县贫困户增收的主导产业之一。

二、开展技术培训与试验示范

推广青稞新品种的同时，武威综合试验站注重青稞标准化生产，每年春种期间安排技术人员到天祝县开展技术指导与培训，与天祝县农业技术推广中心合作开展试验示范，不断完善青稞标准化栽培技术。一是推广高产、优质、抗倒伏的品种昆仑 14 号；二是确定了天祝县适宜播种期；三是大力推广农机作业技术，促进农机农艺融合；四是确定了合理的播种量，将亩播量控制在15～17.5kg；五是合理轮作倒茬，减轻病虫草害发生；六是大力推广配方施肥技术，亩施腐熟农家肥 2 000kg，尿素 10～15kg，过磷酸钙 40～50kg，硫酸钾 1～2kg；七是推广病虫害综合防治技术，降低成本，提高防效；八是严格按照标准化进行生产，严禁高毒和高残留农药使用。通过新品种和标准化技术的推广，彻底解决了青稞品种退化、倒伏严重、产量不高的问题。天祝县属于武威市管辖，武威综合试验站把天祝县的脱贫看在眼里，记在心上，主动分忧，迎难而上，把脱贫攻坚作为己任，借助大麦青稞产业技术体系的力量，通过良种引进、示范推广、良种育法配套、示范与良繁结合，短短几年的时间，与天祝县农业技术推广中心合作，将天祝县的青稞产业提升到了一个新的台阶，真正为天祝县培育富民产业、助推产业扶贫起到了积极作用。

（武威综合试验站站长　张想平）

一颗种子，万人脱贫

——保山综合试验站大麦产业技术扶贫记

云南省保山市冬季农业开发中，大麦是山区、半山区主要的作物，也是农户家养牲畜的主要饲料，山区农民通过种植大麦解决了猪、牛等牲畜的主要饲料来源。当地大麦籽粒100％用作饲料；大麦秸秆是很好的饲草，30％的秸秆连同籽粒一起粉碎喂猪、牛等家畜，60％的秸秆直接喂牛、马、羊等，10％的秸秆垫圈发酵后作为农家肥。所以，大麦对山区农民增收起到了很大的促进作用。2017年保山市建档立卡贫困户53 573户210 118人。保山市一直把产业扶贫做成产业发展，2017年保山市在贫困山区开展大麦产业种植带动畜牧业进行产业扶贫，带动6 428户建档立卡贫困户23 899人种植大麦22 498亩，平均亩产约355.5kg，每亩比老品种大麦增产35.5kg，增加经济效益159.76万元。同时收获的大麦及麦草是很好的饲料饲草，带动贫困户发展畜牧业，收获的大麦能促使贫困户每户增加出栏肥猪2头，增加经济收入750元左右，累计增加经济收入482.1万元，同时大麦秸秆为山区贫困户发展养殖业（养牛、羊等）提供了充足的饲草。

一、良种助农户增产增收

阳春三月，保山市隆阳区辛街乡邵家山村千亩耕地一片金黄，滚滚麦浪传递着丰收的佳讯，十里歌声唱出丰收的喜悦。看着山山岭岭忙着收割的身影，村支书陈自昊自言自语地说，"一个良种可以改变村庄的一切"。

邵家山村是保山市800多个建制村中，从事农业生产立地条件最差的行政村之一。这里海拔高达2 280m，全村921亩耕地全是贫瘠的坡耕地，没有一亩水田，曾是一个贫困村。虽然邵家山村在保山市是全村没有一亩水田的特例，但是，村里小春种植属"冒险栽培"、大春生产"两头低温严重、中间光热不足"却是制约全市农业生产的共性问题。2008年国家大麦青稞产业技术体系保山综合试验站开始到邵家山村示范推广啤饲大麦，然而，农科人员的美好描述并不能打消群众经不起失败的疑虑。后经村支书陈自昊反复动员，部分村干部同意带头试种，总算推广了100多亩，那一年陈自昊一家也只敢拿出了一半的承包地4亩来种植保大麦8号。收获的时候，亩产达到350kg，比小麦产量整整高出1倍，而且还比种植小麦早熟15天以上，为烤烟种植赢取了时间，烤烟能在最佳节令移栽，产值出人意料地实现了效益翻番。

如今，保大麦8号、保大麦13号、保大麦14号等保大麦系列新品种成了邵家山村主要的小春种植品种，并改变了村庄的一切：小春单产从2006年以前的150kg提高到400kg左右；烤烟亩产值从2006年以前的1300元提高到2500元左右；全村生猪出栏数从2008年以前的300多头提高到800多头，每年出栏牛400多头，畜牧业产值从2008年不足百万元增加到340万元。"过去一年吃不上几顿白米饭，自2008年小春全部改种保大麦8号和大力开展养殖后，日子一天比一天好，仅出售仔猪、肥猪就有1万多元的纯收入……"陈自兴喜滋滋地说。

保山市农业科学研究所自2008年加入国家大麦青稞产业技术体系后，累计育成并通过国家登记的大麦品种有10个，8个品种入选云南省主推品种，特别是保大麦8号每年播种面积80万亩，其中在保山市每年播种面积40余万亩，在云南省内曲靖、楚雄、大理等州市播种面积近40万亩，每亩增加产量30.5kg，累计增加产量2440万kg，增加产值4880万元，为当地产业扶贫做出了巨大贡献。

二、核心技术促"粮经饲"协同发展

1. 大麦—烤烟—大麦耕作模式促粮、烟双丰收

保山市是一个典型的农业市，近几年，烤烟成为保山市主要经济作物，烤烟生产已成为全市支柱产业，每年种植烤烟面积30万亩左右。如何利用烤烟后的土地发展相应作物，各地都有研究，前几年的烟后豆、烟后玉米在一定区域获得成功，通过近几年的试验示范，烟后啤饲大麦成效更加突出。在新的产业形势下，保山市进一步明确小春作物结构调整思路：合理压缩小麦种植面积，加大力度示范推广啤饲大麦，尤其是大力发展烟后啤饲大麦。这为烟后作物生产开辟了新的路径。

隆阳区板桥镇种植大户田绍刚表示，近年来他每年流转200亩土地，大春种植烤烟，亩产值达4000多元，小春种植大麦，亩产值达1200元，除去各

项开支，每年共收入 20 多万元。"大麦—烤烟—大麦"种植模式，是全市较多山区农民脱贫致富的主要经济来源，烟前种植大麦，大麦早熟早收获，为烤烟适时早栽创造最佳的移栽节令，充分利用前期光热，使烤烟提质增效；同时，烟前种植大麦还比种植茄科、十字花科等作物可以降低烤烟黑胫病发病率1.2%、菌核病 5%～8%。保山市烤烟一般 8 月下旬或 9 月上旬可收获完毕，烟后及时播种大麦可充分利用雨季末期的雨水和烟后土壤遗留的肥料，增产增效。

2. 核桃林下套种大麦种植模式促"粮、经"齐发展

核桃是山区、半山区农民收入的重要来源，核桃种植区域大约一半面积为普通常耕地，每亩移栽核桃苗 12 株，株行距较大，种植密度稀，冬季落叶，园地实为冬闲。近年来随着核桃产业的发展，山区、半山区核桃种植面积逐年增加，每年达 458.4 万亩，其中 200 多万亩属中幼林，在中幼林中 100 万亩左右栽种在常耕地上，使农业和林果产业争地矛盾更加突出。保山市农业科学研究所在上级农业部门大力支持下，利用核桃树落叶季节，选择山地、半山地的核桃中幼林适宜区域，围绕核桃林下套种大麦，不仅努力选育高产优质、多抗广适的春性早熟啤饲大麦新品种，同时不断深入研究集成核桃林下套种大麦栽培技术，并加速示范推广，促进科技转化为生产力，取得较好成效。

核桃林下套种大麦的优点包括：一是有效减少冬春季耕地撂荒现象，大幅提高小春复种指数，提高大麦单产并保障稳产，促进农户增产增收，促进粮食安全；二是增收大麦促进畜牧业发展，啤饲大麦饲喂仔猪增重快，育肥猪瘦肉增加，肉质细致紧密，色泽美观，啤饲大麦秸秆也是很好的饲草饲料；三是通过浅耕、除草、施肥，还可促进核桃树生长，增收一季大麦产量，有效缓解农业和林业争地矛盾，增产增收，显著增加农民冬季种粮积极性；四是增加土地鲜活植物覆盖，有效抑制草害，涵养水肥，改良土壤，有效保护生态。

3. 大麦抗旱减灾集成技术促农户增产增收

在冬春持续干旱的情况下，保证大麦作物的生产安全，必须进行耕作制度改革，改变常规生产方式。通过多年探索研究发现，大麦早播有利于抗旱减灾。在海拔 1 500m 以下次热区，前作收获较早，田地空闲，选用春性早熟品种，于 8 月下旬至 9 月中旬提前播种，比传统播种提早 30～40 天。此时还是雨季，降雨充沛，土壤水分足，播种后 5 天左右就出苗，达到苗早、苗足、苗齐、苗匀，为后期高产打下坚实基础。同时利用前期雨水重施底肥、早施追

肥，有利发挥肥效，前期早生快发，促进后期高产，缩短生育期 20～30 天。到翌年 2 月底 3 月初，气温开始回升，蒸发量增大时，大麦已经成熟待收获。海拔 1 500m 以上的温凉区及冷凉区，前作收获迟，可适当推迟至 9 月下旬播种，比传统播种提早 20 天左右，也可获取高产。每亩增加大麦产量 40～60kg，增加产值 80～120 元。该技术适宜于云南省保山、临沧、大理、德宏、曲靖、楚雄等州市的山区半山区。

三、科技服务助脱贫

每年通过现场观摩会、举办县乡科技人员培训、发放栽培技术资料、报纸、电视、广播等宣传措施，让农户掌握核心技术，提高农户的科技素质。共培训科技人员及农户 3 000 多人次，印发给示范村、示范户和新种植户技术资料 3 000 份，使良种充分配套良法，使核心技术尽快在适宜区域示范推广，促使农户增产增收，及早脱贫。

为了展示良种规模种植的丰产性，检验相应栽培技术的适用性，农户、科技人员现场观摩学习的必要性和提供种源的保障性，每年在贫困村示范种植大麦 500 余亩，亩增产 35kg 以上，共增加产量 1.75 万 kg，增加产值 3 万元。同时，每年联合种植大户在贫困村指导繁殖大麦良种田 0.5 万亩，生产良种 150 万 kg，每亩增加产值 300 元，共为农户增加产值 150 万元，帮助农户脱贫致富。

（保山综合试验站站长　刘猛道）

扶贫攻坚战，我们在行动

新疆地处我国内陆，自然条件较恶劣，经济基础较薄弱，贫困发生率较高，扶贫任务更为艰巨。近年来，新疆紧扣精准脱贫主题，突出科技扶贫工作特色，以科技支撑产业发展为核心，以科技扶贫项目为重点，建立完善的科技扶贫服务体系，探索创新科技扶贫模式，使得科技支撑贫困地区经济社会发展的能力不断增强，科技扶贫已成为新疆精准脱贫的"加速器"。

新疆哈密市巴里坤哈萨克自治县（以下称巴里坤县）和伊吾县均为国家级贫困县，同时也是国家大麦青稞产业技术体系奇台综合试验站的技术示范县。这两个县均为半农半牧县，农民生产条件及技术相对比较落后，种植水平低，田间杂草严重，农民收入低。根据体系扶贫工作要求和新疆维吾尔自治区边远贫困县市科技人员专项支持计划实施方案有关规定，团队成员任玉梅、向莉、孔建平从 2016 年开始陆续赴巴里坤县、伊吾县开展科技扶贫工作。服务内容主要是开展啤酒大麦、青稞新品种筛选及优质高产栽培技术服务，服务方式主要是开展科技培训及生育期间田间现场指导，解决生产过程中的疑难问题。

一、开展的主要工作

1. 生产品种筛选

在巴里坤县奎苏镇农业技术推广站、伊吾县牧源合作社开展了啤酒大麦、青稞新品系比较试验，通过生育期调查、田间农艺性状调查、产量鉴定，筛选出综合性状表现优异的啤酒大麦品种 4 个（新啤 4 号、甘垦啤 7 号、2012C/119、2014C/99），青稞品种 2 个（昆仑 14 号、甘垦 6 号）。

2. 病虫草害防治

由于当地农民农业生产技术水平低下，田间管理较粗放，田间杂草严重，我们积极与病虫草害专家沟通解决这些难题。主要技术为：播前酷拉斯种子包衣，选用唑啉草酯（爱秀）80mL/亩，加 75％苯磺隆干悬浮剂 1.5～2g，兑水30～40L/亩，在大麦 5 叶期、杂草 3 叶期时进行机械喷雾，达到一次施药防除单、双子叶杂草的目的。这项技术的推广应用使防除效果明显，野燕麦防除效果在 95％以上，解决了杂草危害影响啤酒大麦及青稞产量和品质等问题。

示范面积共 500 亩，平均亩产 423kg，比非示范区增产 13.4％，亩增收 85 元，示范效果明显。

3. 高产示范田建设

2016—2018 年，在巴里坤县奎苏镇建立啤酒大麦高产示范田 4 200 亩，示范品种为新啤 4 号和甘垦啤 7 号，免费为农户提供良种和除草剂爱秀，在啤酒大麦关键生育时期，多次深入田间地头进行现场指导，解决田间管理过程出现的疑难问题。示范区平均单产 436kg/亩，比非示范区增产 9.22％，亩增收 60 元；在巴里坤县黄土场开发区牧业村建立青稞高产示范田 1 200 亩，示范品种为昆仑 14 号，平均单产 356kg/亩，生产出来的青稞原料主要用于喂养牲畜，深受牧民的喜爱。

4. 召开现场会及科技培训

（1）邀请巴里坤县农业技术推广中心、伊吾县牧源合作社、奎苏镇农业技术服务站技术骨干及种植大户参加了啤酒大麦植保新技术高产示范田现场观摩会。

（2）邀请中国农业科学院植物保护研究所、青海省农科院植物保护研究所、国家大麦青稞产业技术体系台county综合试验站站长等 7 位专家做了专题培训讲座，培训内容包括"杂草基础知识及草害防治措施""啤酒大麦新品种介绍""优质高产啤酒大麦栽培技术"等。

（3）邀请种植大户和技术人员现场观摩啤酒大麦和青稞新品系比较试验。

（4）利用科技之冬、农民夜校提供技术培训、咨询服务 162 人次，针对如何提高作物产量、杂草的防治技术，化肥的合理使用、新型农药（除草剂）等知识进行系统讲解，发放《农药科学知识普及问答》《农药协同增效与科学混用技术手册》、"优质高产啤酒大麦、青稞栽培技术""啤酒大麦、青稞新品种介绍""大麦、青稞杂草防治技术"等资料 418 份，受到了农民的欢迎。

5. 科学生产订单收购

通过对奇台县春蕾麦芽厂、农民专业合作社、啤酒大麦种植大户的现场调研，实行了订单生产、订单销售，进行专业化生产和规模化经营，尝试创建"市场牵龙头，龙头带基地，基地连农户"的产业化模式。2016—2018 年，协调奇台县春蕾麦芽厂与巴里坤县奎苏镇长春昌春种养殖合作社社长宋学昌签订啤酒大麦种植收购合同，涉及 54 000 亩大麦种植面积，以保底价 2 元/kg 收购大麦。选用奇台综合试验站提供的优质高产品种，采用播前酷拉斯拌种等技术措施，平均亩产 406kg，亩增收 70 元。

二、取得的主要成效

奇台综合试验站根据示范县及周边辐射区域的农业生产条件，因地制宜地开展了科技扶贫工作，取得了良好成效。为巴里坤县奎苏镇筛选出适合该区域种植的啤酒大麦品种 2 个，青稞品种 2 个，使当地啤酒大麦及青稞栽培水平和产量得到迅速提高，农民种植新品种的积极性大幅度提高。奎苏镇种植大户宋学昌每年种植大麦 4 000 亩，种子全部为上年自留种，种子退化严重，田间二层楼现象严重，亩产 350kg 左右，由于土地承包费用较低，种子也不用投入成本，每年收入还可以，所以根本不想更换新品种来增产增收。这几年通过给他耐心推广新品种、新技术，并免费给他提供新品种种子，进行跟踪服务，切实让他得到了实惠。自留种播量为 35kg/亩，新品种播量为 20kg/亩，新品种田间表现好，早熟、分蘖能力强、长势整齐、抗倒伏能力强，产量也高于自留种，经过几年的对比，他开始接受新品种、新技术。他是当地的种植大户，经济条件好，在他的带领下，当地农户都跟着他更换品种。奎苏镇气候冷凉，海拔 1700m，全年无霜期 104 天，有效积温 1700℃，年均降水量 220mm，主要种植作物为马铃薯、大麦、小麦。由于大麦成熟较小麦早，一般不会被压在雪里，当地农户喜欢种植大麦，通过订单种植，他们不用担心销路问题，生活得到了保障。

在伊吾县盐池乡开展了大麦、青稞青贮试验，筛选出了适合该区域种植的粮草兼用型大麦、青稞品种。其中新啤 8 号鲜草产量为 1 938.56kg/亩，垦啤 7 号鲜草产量为 1 720.98kg/亩，昆仑 14 号鲜草产量为 1 578.22kg/亩，甘垦 6 号鲜草产量为 2 239.28kg/亩，燕麦鲜草产量 2 000kg/亩，筛选出适合做青贮饲料的大麦品种新啤 8 号、青稞新品种甘垦 6 号。新品种的示范推广使当地栽培水平和产量得到迅速提高，当地农民、合作社及种植大户种植积极性大幅度提高，缓解了当地多年来发展畜牧业饲草短缺的农业生产紧迫问题，大麦青稞产业得到当地政府重视。本站积极与当地政府沟通为其提供政策建议，当地政府将大麦青稞产业作为其今后重点发展产业。伊吾县牧源农民合作社开发以大麦青稞为主的加工颗粒饲料，产品受到当地牧民的青睐，供不应求。

三、面临的主要问题及建议

大麦、青稞在新疆仍属于小宗作物，种植面积有限，其产业化程度较低，市场需求量有限。另外，由于大麦青稞产量不高，种植没有粮食补贴，与其他作物相比经济效益不高，影响了农民的种植积极性，因此建议今后工作应积极培育加工企业并重点发展订单生产，提高农民收入及种植积极性。

四、下一步工作

（1）继续在示范县巴里坤县奎苏镇开展科技扶贫工作，发展规模逐步扩大，并和麦芽企业合作进行订单种植，让农民增产增收。

（2）继续在示范县巴里坤县黄土场及其辐射区域、伊吾县盐池乡开展科技扶贫工作，积极发展粮饲兼用大麦、青稞品种，发展规模达到 10 000 亩。

为了贯彻落实党中央确定的新疆社会稳定和长治久安的总目标，推进新疆脱贫攻坚工作，我们要用科技扶贫带动大麦青稞产业发展，让脱贫攻坚能稳定持续下去。

（奇台综合试验站站长　李培玲）

大麦新品种"川农饲麦 1 号"产业扶贫显成效

为贯彻党中央国务院关于打赢脱贫攻坚战和乡村振兴战略的决策部署,坚持精准扶贫、精准脱贫的基本方略,在国家大麦青稞产业技术体系首席科学家张京研究员的支持下,结合四川大麦产业实际,成都综合试验站对大麦产区四川省凉山彝族自治州(以下称凉山州)等开展了大麦产业扶贫。与凉山州农业技术推广站和示范县冕宁县一道,立足贫困地区发展实际,突出需求导向,加快农业"转方式、调结构"的决策部署,把大麦产业扶贫作为助推贫困群众增收致富的重要抓手。建立了冕宁、会理、会东、普格、布拖、金阳、昭觉、喜德、越西、美姑、雷波及木里县大麦产业示范带和示范园区群,以转变发展方式为主线,以提高产业效益和素质为核心,坚持种养结合,优化区域布局,加大政策扶持,强化科技人才支撑,推动贫困山区农牧业可持续集约发展,着力促进大麦"粮经饲"三元种植结构协调发展,形成粮草兼顾、农牧结合、循环发展。

一、培育推广新品种,发展饲用大麦特色产业

随着我国经济快速发展,农业结构调整和农村劳动力转移,冬季农业生产呈现下降趋势,导致冬闲田面积不断增加。2017 年年末,凉山州有冬闲田土322.5 万亩,其中冬闲田 15.5 万亩,造成了耕地资源严重浪费。同时,该州草食家畜面临大麦优质粗饲料严重缺乏,而且优质饲草严重不足已成为当前亟待解决的关键问题。大麦具有适应性广、抗逆性强、用途广的特点,发展大麦产业推进扶贫攻坚,在全州已逐渐形成共识。凉山州种植大麦历史悠久,2009年以来,在国家大麦青稞产业技术体系成都综合试验站的引领下,积极发展地方特色饲用大麦生产。2011 年育成了产量高、抗病性强、适应性强、推广潜力大的品种"川农饲麦 1 号"并获得审定,进行了大面积示范应用和推广。2014 年该品种已累计推广 100 余万亩,创造经济效益 1 亿多元,帮助当地农户极大地解决了饲料短缺问题,2014 年获四川省人民政府科技进步三等奖。

二、饲用大麦生产技术集成示范与推广初见成效

从 2013 年起，开展了饲用大麦生产技术集成示范与推广。2018 年，四川省农业农村厅组织省、州、县有关专家组成验收组，对实施的"川农饲麦 1 号"饲用大麦生产技术集成与示范推广现场进行了考察与测产验收，示范片以凉山州冕宁县宏模、复兴、石龙等镇（乡）为主，集成示范推广了"优良品种、减量精播、平衡施肥、合理灌溉、农耕与农艺农机相融合"等主要技术，折合亩产达 679.26kg/亩，较农户常规种植田块增产 9.4%。截至 2018 年年底已累计推广 100 余万亩，创造经济效益 1 亿多元。

三、大麦新品种青贮饲用示范推广实现大麦新用途

2012 年以来，在邛崃等地示范种植用作青贮饲料的"川农饲麦 1 号"大麦新品种，每年种植万余亩。2016 年 4 月 9 日，在灌浆高峰期，成都市农业委员会组织省、市、县有关专家组成验收组，对实施的"'高产、优质'青贮用大麦新品种'川农饲麦 1 号'的示范推广"进行现场测产验收。为了充分发挥该品种生物产量高的增产潜力，提高其青贮用饲草大麦产量，增加农民收入，2012 年起在邛崃市宝林镇、临邛镇等地开展了"'高产、优质'青贮用大麦新品种'川农饲麦 1 号'的示范推广"项目。"川农饲麦 1 号"的鲜草产量达 2 004.43kg/亩，较对照增产鲜草达 45.19%。已累计推广 20 余万亩，实现利润 2 400 余万元。

四、完善农牧结合的种养模式

以安宁河谷优势区域为重点，形成资源高效利用、生产成本可控的种养模式。在冕宁县稻麦两熟区，种植大麦生育期较短，有利于解决茬口矛盾，大麦生产成本比小麦低，播种量和施肥量要比小麦低 30%～40%，价格稍高于小麦。在德昌、会理、会东等烤烟种植区，坚持生态优先，推行粮烟轮作种植制度，大麦可以迟种早收、茬口早，为烤烟增加有效积温（可增加有效积温300℃左右），便于合理安排农时并可提高烟叶品质。在西昌玉米制种区，通过复种大麦，既增加大麦作物产量，又提高玉米制种产量及质量。在木里藏区，引进示范昆仑 14 号高产抗逆新品种，在传统产区东朗、麦日、牦牛坪等乡镇，优化调整种植结构，发展大麦新品种种植，推行"粮经饲"三元复合生产模

式，建立"自繁自育"为主的种植模式，提升标准化规模种植水平，建成一批规模适度、生产水平高、综合竞争力强的大麦青稞种植基地。

五、建立资源高效利用的饲料大麦生产体系

推进良种良法配套，大力发展"川农饲麦1号"生产。发展大麦产业，用工劳动强度小，避开了农忙季节，为广大农民创造了劳动就业机会，大麦生产的副产物秸秆，既可作饲草、又可垫厩过腹还田，从而解决农田所需要的大量有机肥，按照生态循环经济发展模式，畜禽粪便和秸秆资源化、产业化、商品化，实现清洁生产和农业资源的循环利用。建立资源综合利用的循环发展模式，促进农牧业协调发展。一方面可增加畜牧业经济收入，另一方面培肥地力，实现化肥、农药投入零增长，推进本区域循环农业和绿色有机农业发展。这从根本上解决了安宁河谷地区饲料粮缺乏与快速发展下一季高附加值作物如烤烟、制种玉米适时播种等的矛盾，推进畜牧业发展，使贫困山区农民早日脱贫致富，达到经济、社会效益的有效统一。

六、大力发展大麦标准化规模种植

扩大"川农饲麦1号"标准化规模种植项目实施范围，支持适度规模种植场改造升级，逐步推进标准化规模种植。加大对中小规模大麦标准化规模种植基地改造升级，促进散种散养向适度规模化方向转变。扩大大麦扩群增量项目实施范围，发展农户适度规模大麦种植，支持龙头企业提高大麦种植比重，积极推进大麦粮转饲，逐步突破大麦种植的瓶颈制约，稳固大麦产业基础。鼓励和支持企业、家庭农场、专业合作社开展大麦收购、自建种植场，种植企业自建加工生产线，增强市场竞争能力和抗风险能力。继续深入开展大麦标准化示范创建活动，完善技术标准和规范，推广具有一定经济效益的种植模式，提高标准化种植整体水平。

七、加快"川农饲麦1号"扩繁推一体化进程

加强田间提纯复壮收集保存，筛选培育去杂去逆确保品种纯度。组织开展大麦品种区域试验，对新品种的适应性、稳定性、抗逆性等进行评定，完善大麦新品种评价测试体系。加强"川农饲麦1号"种子繁育基地建设，着力建设一批专业化、标准化、集约化的优势种子繁育推广基地，不断提升"川农饲麦

1号"良种覆盖率和市场占有率。

八、着力培育新型经营主体

支持专业大户、家庭农牧场等建立农牧结合的种植模式，合理确定种植规模，提高种植技术水平和经济效益，促进农牧循环发展。鼓励种植户成立专业合作组织，采取多种形式入股，形成利益共同体，提高组织化程度和市场议价能力。推动一、二、三产业深度融合发展。完善企业与农户的利益联结机制，通过订单生产、合同种植、品牌运营、统一销售等方式延伸产业链条，实现生产与市场的有效对接，推进全产业链发展。

九、提高物质装备水平

推广适合大麦生产专业大户和家庭农牧场使用的标准化设施种植工程技术与配套装备，降低劳动强度，提高种植效益。积极开展大麦种植机械化技术培训，支持开展相关农机社会化服务。重点推广大麦耕种收关键环节机械化、生态种植及精密播种机械化、高质饲料收获干燥及制备机械化等技术，提高饲草料质量和利用效率。

十、促进大麦过腹还田综合利用

综合考虑土地、水等环境承载能力，科学规划大麦和草食畜禽种养结构和布局，大力发展生态种养，推动建设资源节约、环境友好的新型草食畜牧业。加强大麦过腹还田资源化利用的技术指导和服务，因地制宜、分畜种指导推广投资少、处理效果好、运行费用低的粪污处理与利用模式。实施农村沼气工程项目，支持大型畜禽种植企业建设沼气工程。积极开展大麦过腹还田有机肥使用试验示范和宣传培训，大力推广有机肥还田利用。

（成都综合试验站站长　冯宗云）

青稞加工试验站帮助
西藏农牧民增收脱贫

　　作为西藏最具地域特色的农作物，高寒缺氧的生长环境和独特的地理位置，造就了青稞丰富的营养价值。近年来，随着人们对于青稞具有调节血脂等营养保健价值认识的深入，市场对于多样化青稞产品的需求逐年增加，发展前景喜人。作为西藏主要的粮食作物，西藏全区青稞种植面积在 300 万亩左右，总产量近 80 万 t，占粮食播种面积和总产量的近 80%。在西藏农村，家家户户都种植青稞，青稞收成直接影响了家庭收入，同时在整个自治区共有 40 多家青稞加工企业，青稞产业成为自治区农牧民的重要收入渠道。

　　习近平总书记指出，"全面建成小康社会，最艰巨最繁重的任务在农村、特别是在贫困地区。没有农村的小康，特别是没有贫困地区的小康，就没有全面建成小康社会。"西藏作为全国唯一的省级集中连片贫困地区，因地、因病致贫是西藏贫困的主要原因。国家大麦青稞产业技术体系青稞加工试验站结合工作实际，与西藏自治区驻村工作相结合，选择贫困地区进行青稞加工原料基地建设，为青稞加工企业提供技术支撑。2012—2017 年，西藏自治区农牧科学院农业研究所驻村点是日喀则南木林县南木林镇白玛当村，青稞加工试验站主要成员 2012 年、2013 年驻村。驻村队员对当地青稞种植、利用进行了详细调研，发现当地农民种植青稞和油菜混播、产量不高、品种混杂等实际情况，青稞加工试验站安排青稞原料种植示范，对农民进行种植、收获及贮藏等方面培训，引导农民向加工专用的青稞原料方向发展。为了解决当地农民日常糌粑的加工，青稞加工试验站帮助建设了小型糌粑作坊，并培训了加工技术人员，解决了当地农民糌粑加工的困难。通过几年的引导培训，让农民认识到青稞品种、品质的重要性，目前市场上的青稞加工原料价格在 2 元/斤左右，不同地区价格不同，但纯度高、品质好的价格在 2.2～2.5 元/斤，每亩能增加 100 多元的收入。

　　2017 年，国家大麦青稞产业技术体系青稞加工试验站将堆龙古荣村白玛次仁糌粑合作社作为合作企业，为该企业提供技术支撑。还与当地农民签订青稞种植协议，购买青稞加工原料，使当地青稞种植户增收，形成了"贫困户＋合作社、企业"的经营管理模式。该合作社将本村11位贫困户雇为糌粑加工人员，可将自家种植的青稞免费进行糌粑加工，由该合作社统一销售，销售收入全部归本人所有，合作社还付给他们收入分红和雇工费用。该合作社的青稞加工原料主要是当地产的青稞，青稞增产直接带动了当地农民增收。该合作社与青稞加工试验站青稞加工原料示范基地签订合同进行青稞原料收购，不仅青稞原料品质得到了保证，而且为示范县原料种植户解决了销路问题，使农民增产又增收。

青稞产业的发展，离不开加工技术的支撑。西藏传统的青稞加工产品单一、卫生条件简陋、食用口感较差等因素严重制约了青稞产业的发展。近年来随着对青稞的关注度越来越高，国家及自治区政府提供专门经费开展青稞基础品质及产品开发方面的深入系统研究，形成了一些新技术、新工艺、新产品，推动了自治区青稞产业的发展，将"天赋异禀"的青稞资源优势转化为产业优势，帮助农民脱贫、增收致富。

（青稞加工试验站站长　张文会）

青稞红曲三部曲

——青稞在西藏和浙江两地开花

青稞（裸大麦）具有抗寒、耐旱和耐瘠薄等特点，是青藏高原地区最适宜种植的作物，是当地农牧民的主要食粮。随着社会和经济发展，青稞作为食粮的比例逐年下降，而青稞独特的营养成分和健康功效越来越受到大众的青睐。充分挖掘利用青稞的营养健康功效，应用沿海内地特色的加工生产技术，让青稞从神秘的高原走向经济发达的非青稞产区，提高青稞产品的附加值，是带动西藏地区经济发展的一种有效途径，这也是国家大麦青稞产业技术体系加工岗位科学家团队科研的方向与目标。

青稞是一种很好的酿酒原料，以青稞为主要原料酿造的青稞酒是青藏高原地区的特色饮品，例如日常生活中低度的非蒸馏型青稞咂酒和高酒精度的蒸馏型青稞白酒等。在过去的 8 年中，青稞红曲系列产品是加工岗位团队研发的一个比较有特色的加工产品。合作方是浙江省义乌市章舸生物工程有限公司，该公司是以生物营养研发和产业化为一体的孵化型国家级高新技术企业，是浙江省创新型示范企业、浙江省农业龙头企业和浙江省农产品加工骨干企业。该公司主要开展生物营养和生物医药中间体和农副产品深加工的研发及生产，红曲作为该公司生产的拳头产品不仅供应国内市场，而且远销国外。

红曲，也被称作"丹曲""神曲"，是以红曲霉为主发酵菌所生产的一种独特米曲。红曲的制作始于唐代，是河北、江西、浙江、台湾、福建、广东等地的一种特色工艺。红曲具有健脾消食、活血化瘀的功效，主要用于红酒酿造、食品发酵、色素生产、中医中药等方面。众多专家学者利用现代生物化学和药理学技术对其药效活性物质进行研究，证实了红曲是一种能够调节人体血脂和治疗高血压的特殊食品辅助剂。红曲霉产生的次生代谢产物——Monacolin K，具有高效降脂功能，在保健方面有着较大的潜在药用价值。

团队研发的青稞红曲产品，第一步以青稞为原料进行发酵，获得红曲作为一种健康制品。该项目目前已为公司产生 500 万元的经济效益。第二步进行青稞酒的酿造。最后形成的酒糟，用于功能性饲料开发。由于青稞籽粒具有坚硬的种皮，成分与大米和糯米也有很大的差异，首先要对青稞籽粒进行磨碎或机械去皮，确保霉菌的生长和后续的发酵；然后通过对 30 多个菌株的筛选，得到了适合青稞发酵的红曲霉菌株。原有的红曲发酵形式包括液态发酵和固态发酵两类。通过试验比较，建立和优化了发酵工艺。此外，制作过程中青稞蒸煮、料水的比例和发酵条件也会影响品质，通过大量试验，将料水比确定为 1∶1.2。前发酵以有氧发酵为主，注意发酵温度和氧气供应，该阶段是以淀粉酶和糖化酶作用于淀粉，使之转化为糖；后发酵以厌氧发酵为主，将糖发酵成酒精。另外，通过对发酵过程碳源、氮源、发酵温度和时间、接种 pH 等参数的优化，进一步确保红曲酒的品质、风味，以及功效成分 Monacolin K 的含量。

在红曲及红曲酒制作完成后，产生的酒糟可作为饲料加工原料。两头乌是浙江金华地区著名的猪种，又称金华猪，是我国著名的优良猪种之一。金华猪具有成熟早、肉质好、繁殖率高等优良性能，腌制成的"金华火腿"质佳味香，蜚声中外。团队开展了大麦青稞籽粒发酵饲料研究试验，通过企业使用比较，青稞发酵和不发酵制作的饲料对生猪（品种为金华二头乌）的生长产生影响。结果显示，发酵饲料的效果更好，这样很好地解决了青稞制酒后的酒糟综合利用问题，拓展了应用范围，提高了经济效益。

除了在浙江企业进行试验和生产之外，团队还派技术人员到西藏自治区农牧科学院实地开展青稞红曲酒生产试验工作。为了筛选适合在西藏高原环境下发酵的功能红曲菌株，收集了我国各地不同菌株进行诱变筛选，经参数测定，得到适合青稞功能红曲发酵的红曲菌株 2 - KH 和青稞红曲酒发酵的菌株 DX - 2。还进行了适应高原生长的红曲菌株和青稞红曲酒技术在西藏的试验，为今后进一步在西藏开展青稞红曲酒的产业化生产建立了必要的技术条件。在此基础上，进一步研发了青稞红曲醋等液体发酵新类型产品，确定了生产工艺，制定了企业标准和生产技术规程，相关技术已经申报发明专利。目前，与企业联合完成扩大生产青稞红曲酒 15t 和青稞红曲醋 6.2t。

为发挥青稞的健康保健功能，提升青稞产品的附加值，团队还进行了"青稞红曲胶囊"和"青稞红曲咀嚼片"研发和工艺优化。以青稞为原料，通过筛选功能红曲霉菌株，优化发酵条件，获得具有红曲功效成分 Monacolin K 的青稞红曲，再利用食品胶囊加工技术生产青稞发酵红曲胶囊；在此基础上，再添加维生素等成分配制,生产青稞红曲发酵咀嚼片。生产技术均已获得国家发明专利,并在西藏推广应用。

青稞虽然是青藏高原特色作物,在漫长的历史文化变迁中发挥举足轻重的作用。在科技和经济高度发展的今天,青稞及其加工仍然在高原地区农业和加工业领域中扮演重要的角色。为了让更多内地的企业和消费者熟悉青稞,了解青稞的文化底蕴和健康功效,要让青稞从高原走向内地。通过"两地开花"的研发和推广模式,不仅可以促进西藏青稞作物的种植和原料的粗加工,同时让内地企业拓展产品研发思路,让两地企业获得更多经济效益,最终使青稞造福更多人。

(加工岗位科学家　韩凝)

燃烧的青稞

——青稞优良品种助推扶贫攻坚

青稞，既属于高原特有，亦为世界目前稀有的粮食物种。时至金秋时节，盛农专业合作社这片青稞田，绵延铺陈 1 400 亩，在海北州乃至整个青海省，属于超大田块，烈日之下，金灿灿、火辣辣的，仿佛一片燃烧的丰收希望。种植带头人柳芝福特别引以为豪。老柳的规模化经营已整整 7 年，青稞就像是他自己的孩子，一天天忙碌罢了，极其争气的长势和眼前丰收在望的景象，让他可以睡个安稳觉。

柳芝福的盛农土地联营专业合作社成立于 2009 年 4 月，作为门源县泉口镇后沟村土地流转的带头人，以合作社＋基地＋农户的合作模式来带动本村贫困户，对他来说也是下了很大的决心。后沟村位于泉口镇东部，距离浩门镇 25km，平均海拔 3 250m，属脑山地区，也是青海省定建档立卡贫困村，全村有 5 社 248 户 980 人，人均纯收入 2 580 元，贫困户 48 户 173 人。其中，种植业收入比重 17%，畜牧业收入比重 13.5%，劳务收入比重 35.6%，惠农强村政策收入比重 13.2%。种植业对当地农户收入影响较大，农业是主要的增收支柱之一。全村耕地面积 4 686 亩，种植作物以青稞、油菜为主，盛农专业合作社成立之初仅有资金 20 万元，土地 200 亩，通过经营青稞油菜的种植、农副产品购销、土地联营、特色种植、农机具服务等项目，艰苦奋斗了近 3 年，也只是使村里的流转土地面积达到了 1 100 亩，辛苦操劳下青稞产量能够比一般农户多收一些，能够给入社的贫困户多分些口粮。踏踏实实做好一个农民的本色，从农业种植上多些收成、多些收入是老柳和他的伙伴的心愿，他们一直在这片土地上琢磨、寻找着……

当 2012 年国家大麦青稞产业技术体系海北综合试验站的专业技术人员找上门时，他憨厚地笑着谈论起他的青稞种植，从土地耕翻到串换种子头头是道，有着种田老把式的丰富经验，但还是纠结于庄稼年年种着，到底怎样种既能增产又能增收呢？他也明白种子串换的重要性。可青稞到底有哪些品种呢？

回想起当时，他说种了半辈子庄稼，那时的自己只是个种地的，说起青稞种子仍然是白青稞黑青稞的表述，只知道吃苦出力，没有活出个门道。

从那一年起，老柳说他的青稞种植进入了春天，海北综合试验站的技术人员成了他家和专业合作社的常客，从此体系的青稞专家、植保专家，州、县两级的推广技术人员在国家大麦青稞产业技术体系搭建的平台上，络绎不绝。他们与农户交谈、与他进地查看，他也终于知道了"好种结好果"，到底从哪里能找到好种子，青稞种子成了他青稞地里的梦想，成了盛农专业合作社的希望，成了他们后沟村脱贫致富的宝贝。

说起他们被邀请到国家大麦青稞产业技术体系海北综合试验站的试验基地观摩的那次，老柳的脸上满是兴奋，他说："那时候我们真是刘姥姥进了大观园，满眼里的稀罕物。"第一次他见到了青稞那么多的花样，有芒的无芒的、六棱的两棱的、直穗的弯穗的、白色的黑色的紫色的，他也终于见到了梦中时常出现的沉甸甸的麦穗。海北综合试验站的技术人员告诉他，他们后沟村地力肥沃，热量水平偏高，作物生长季长于其他地区，具备生产优质青稞的自然优势。在海北综合试验站，他见到了北青 9 号、昆仑 14 号，也就是在这里，他清楚知道了什么是优质青稞新品种，哪些是高产青稞品种，哪些是粮草双高青稞品种。那一年，海北综合试验站为他调运了青稞新品种，他流转的土地成为青稞良种繁育田。他拿着《青稞综合丰产栽培技术实用教材》《农事活动实用手册》，与他的伙伴在整个春季、夏季总是往地头溜达，心里怀揣希望但也不免有些忐忑。当年他种植的 400 亩北青 9 号青稞平均亩产达到了 290kg 以上，当时门源县的青稞平均产量为 216kg，每亩比后者足足高出了 74kg。当年通过向外调售良种 4 万 kg，他种的青稞每亩增收 760 元。从那年起，他的青稞就成了附近农民青稞生产的种源，不仅增产，每千克卖的价钱也比别人高出了 1 元左右，他的心里乐开了花。从此他有了青稞良种田、生产田，生产水平不断提升。

后来，他的专业合作社成了门源县的样板、海北州的示范基地。海北综合试验站研制集成的青稞除草与施肥一体化田间管理技术、青稞种子包衣、深耕保墒灭草、机械精量播种、测土配方施肥、机械收获等一个个轻简化栽培技术，也在合作社土地上示范展示。以北青 9 号、昆仑 14 号等新品种和新技术为依托，他的合作社还成了当地甚至青海省青稞主产区的技术示范点、示范基地和高产创建区。他种植青稞的想法也越来越多，胆子也愈发得大了起来。从

2015 年起，合作社在门源县不断地流转土地，参加土地流转竞谈，与海北州军区农场签订了 2 000 亩的中长期租用合同，与村里农户签订了 10 年以上的土地流转合同，占到他们流转村里土地的 2/3 以上。2016 年他的青稞新品种示范田平均亩产达 300kg，比当地平均产量增产 80kg。老百姓对新品种的认可度大大提高，他也成了青稞种植的知名人物。他在后沟村流转的 430 亩土地上，建立了北青 9 号高产示范田。海北综合试验站技术人员对示范田从种到收全程跟踪服务，以产定投，减少青稞种子和化肥投入，指导他们采取"六统一"和"四项技术"开展青稞种植，当年邀请省级专家进行实地测产，北青 9 号亩实打产量 357kg，创造了海北州以及青海省高位山地青稞种植的高产纪录。

随着海北综合试验站专业技术人员的稳定服务和专业合作社自身能力的不断增强，他甚至将村旁被老百姓称为"蘑菇掌"的海拔 3 200m 以上的千亩土地流转来，就因为他从国家大麦青稞产业技术体系专家口中，知道了青稞的早熟品种和轻简栽培技术以及粮草兼用和粮豆混播技术，他的想法又多了起来。2015 年他的专业合作社生产的青稞第一次提供给了青海高原羚食品有限公司，他也第一次见到了青稞挂面，宛如他们门源农家手擀的青稞长面一般，虽口味、形状颜色上有些差异，但也足以慰藉游子的乡愁和宣传青稞的特色美食。

2017 年由于他的生产基地稳定、团队力量提升，600 亩位于后沟村的土地成为海北综合试验站国家青稞育种创新基地。现如今专业合作社流转土地面积稳步增长，区域扩大，2018 年整合（包括流转）土地 6 700 亩，实现耕地集约化、机械化经营。对于像他们这样的种子生产专业合作社、青稞商品生产专业合作社的发展，合作社的青稞良种率足以保证 100% 的供给，当地的青稞良种率也达到了 97% 以上，良种统供率也从 13% 提高到 15% 左右，海北登记在册的专业从事青稞生产的专业合作社和家庭农场遍及每个乡村，青稞加工企业也逐渐崭露头角。新品种的推广应用推动了青稞产业的发展，也助推了产业扶贫的成效，他们帮扶的贫困户 2016 年人均收入达 3 316 元以上，实现了精准扶贫脱贫目标。

2018 年的金秋，在他的千亩青稞麦浪中，老柳充满了感慨和遐想，他的盛农专业合作社资产已有 260 多万元，也有了自己的库房、农机、晒场，短短的几年他们早已不仅是以往老百姓称谓的万元户，甚至是百万元户了，但是他的心中是踏实的，他说："它们值了，我们庄稼人也值了！"因为他知道他的身后有一群坚强的和他一样的高原上的青稞的"守护者"，金灿灿的麦浪仿佛燃烧的一团火，晃耀了一片一片，燃烧的青稞燃烧了农户心中的更多期望。

青稞，就那样一直燃烧，在绝望或欢欣的日子里，在贫瘠或丰饶的岁月里……河湟诗人杨廷成的诗歌《高处的青稞》那是这一方青稞的礼赞，这一方水土的颂词，这一方人的青铜雕像——

> 七月，金黄金黄的阳光下
> 青稞的子孙们站在高高的山塬上
> 被浓醇如酒浆的秋风熏醉
> 它们尽情地歌唱与舞蹈着
> 欢呼于河湟谷地丰收的季节
> ……

（海北综合试验站站长　安海梅）

第五篇

主要技术成果

主要获奖成果

主要麦芽品质的遗传差异和环境调控研究

主要完成人：张国平、邬飞波、汪军妹、戴飞、韦康、殷琛、齐军仓

获奖年份与奖励等级：2011年浙江省科学技术进步奖一等奖

成果主要内容

率先建立了基于美国 AACC 法（酶学法）的近红外分析仪测定方法，为大麦种质评估与筛选提供了一种简易、快速、廉价的分析技术；阐明我国主要啤用大麦栽培品种的麦芽品质特点及其环境效应，鉴定与筛选到一批麦芽品质性状特异的遗传资源，构建了 7 个相关 DH 群体，定位到 9 个品质性状 QTLs，为啤用大麦生产基地建设和种质资源合理利用提供了重要的理论依据；澄清了我国啤用大麦品种麦芽品质相对低劣的主要原因，明确麦芽 β-葡聚糖酶、β-淀粉酶活性低是糖化力弱和麦芽浸出率低的根本原因；鉴定到可以解决蛋白质含量和 β-淀粉酶活性对麦芽品质有不良互作效应的醇溶蛋白组分，为啤用大麦品质检测与改良提供了可靠的评估指标与技术途径；阐明了主要气象和栽培因子对麦芽品质性状的影响，发现适量增施孕穗期氮肥可以增加 β-淀粉酶和 β-葡聚糖酶活性，降低麦芽 β-葡聚糖含量，改善麦芽品质，为啤用大麦优质栽培提供了理论与技术指导。

大麦遗传多样性与特异种质研究

主要完成人：张国平、戴飞、邬飞波、吴德志、叶玲珍、邱龙、蔡圣冠、黄雨晴

获奖年份与奖励等级：2017年教育部自然科学奖一等奖

成果主要内容

利用覆盖全基因组的分子标记分析证明我国青藏高原及其周边地区是世界

栽培大麦的一个重要进化和起源中心，结束了 80 多年来国际上关于西藏野生大麦存在与否的争论；利用 RNA‐Seq 比较了栽培大麦与中东和西藏野生大麦群体间的染色体相似性，以翔实的分子证据证明现代栽培大麦的多起源理论；利用构建的非生物胁迫抗性鉴定技术平台，鉴定到耐旱、耐盐、耐铝毒野生大麦种质，构建了多个 DH 群体和染色体小片段渗入系，丰富了大麦遗传资源；利用组学以及同源基因克隆等技术，阐明了特异种质的抗逆生理和分子机制；在解决微量制麦、微型制啤等啤用品质分析技术难题基础上，鉴定到高 β‐葡聚糖酶、限制性糊精酶活性、高 β‐淀粉酶活性、低混浊蛋白等一批啤用品质特异的西藏野生大麦种质，并系统地阐明了主要麦芽品质性状的基因型与环境效应，为优质啤用大麦育种提供了理论与技术支撑。

优质高产啤酒大麦新品种选育与生产技术集成推广

主要完成人：张凤英、刘志萍、高振福、张京、郑佰成、包海柱、杨洁、史有国、张爱民

获奖年份与奖励等级：2013 年度内蒙古自治区科学技术进步奖一等奖

成果主要内容

本成果立足于保障国家啤酒原料生产安全、巩固内蒙古国家优质啤麦主产区地位，通过强化育种技术，育成啤酒大麦新品种"蒙啤麦 1 号"和"垦啤麦 7 号"，并集成配套生产技术，使内蒙古自治区在大麦品种自主创新和品质育种研究方面实现了零的突破。

（1）品种创新。"蒙啤麦 1 号"是内蒙古农牧业科学院利用多亲本聚合杂交选育而成，集多个优良性状为一体，具有突出的抗旱、抗倒伏、丰产、稳产特性，填补了内蒙古大麦生产史上一直没有自育品种的空白。

（2）配套生产技术先进、适用性强。针对内蒙古自治区不同生态区，研制审定内蒙古地方标准 3 项，即：《啤酒大麦　蒙啤麦 1 号》（DB15/T503—2012）、《蒙啤麦 1 号原、良种繁殖技术规程》（DB15/T504—2012）、《内蒙古啤酒专用大麦生产技术规程》（DB15/T505—2012）；组装集成内蒙古大麦新品种高效生产技术体系；集成河套灌区"蒙啤麦 1 号"麦后复种经济作物高效栽培技术模式多项，亩效益在 2 200 元以上，为灌区增加复种指数，提高单位面积产量和经济效益提供了新的种植模式。

（3）新品种配套生产技术推广模式创新。在大麦主产区建成"品种＋栽培技术＋核心示范区＋专业合作社"四位一体的推广模式，实现了技术标准化和应用规模化，产量、品质得到协同提高。

（4）推广应用经济、社会效益显著。2010—2012 年，获奖品种累计在全区推广 425 万亩，实现大麦灌区平均亩产 430kg、旱区平均亩产 269.5kg，累计增加优质商品大麦 7 981.5 万 kg，新增总产值 1.69 亿元，经济效益和社会效益显著，为推动内蒙古大麦产业科技进步和旱作农业经济的发展做出了突出贡献。

大麦小孢子育种技术与花 11 的选育及应用

主要完成人：黄剑华、陆瑞菊等
获奖年份与奖励等级：2011 年上海市科技进步奖一等奖

成果主要内容

首次报道采用培养基中添加完整离体小花可以明显提高大麦游离小孢子培养胚状体诱导及植株再生率；以小孢子胁迫筛选培养方法为核心技术，结合传统育种手段，研制成大麦小孢子育种技术；应用小孢子育种方法，选育出优良啤酒大麦新品种"花 11"；通过不同地区的试验，获得了大麦品种"花 11"的高产优质栽培方法。"花 11"于 2006、2009 年分别获得上海、安徽的新品种证书；通过"花 11"的推广，累计种植 231.2 万亩，新增社会经济效益 15 682.32 万元。该成果是生物技术应用于育种和生物育种服务三农的成功典例。

优质高产啤用大麦新品种
蒙啤麦 1 号及高效生产技术集成推广

主要完成人：张凤英、刘志萍、包海柱、高振福、史有国等
获奖年份与奖励等级：2013 年内蒙古自治区农牧业丰收计划一等奖

成果主要内容

该成果针对内蒙古自治区大麦生产史上长期使用外引品种的局面，对自主育成大麦新品种"蒙啤麦 1 号"及配套生产技术进行研究，优化、集成与大面积示范推广，加快了自治区大麦新品种的更新速度，提升了自治区大麦生产技

术水平，为全区大麦生产及产业化发展提供了科技支撑和技术保障。

（1）集成建立节本降耗，提质增效的标准化生产技术，制定 3 项技术规程，实现种植规模化、品种良种化、技术标准化，夯实大麦生产。

（2）核心示范带动辐射推广，加快了新品种及高效生产技术的应用推广。

（3）研制大麦复种技术，鉴选了一批适合复种的作物品种，建立麦后复种早熟经济作物高效栽培技术模式，实现粮食和经济作物均衡发展，增产增效。

（4）2009—2012 年四年间，实现旱作平均亩产 296.37kg，平均比对照亩增产 22.45kg，平均亩增收 44.45 元。累计生产优质大麦 38 315.42 万 kg，累计新增大麦 3 109.44 万 kg，累计产生经济效益 76 243.51 万元，纯增总产值 6 144.57万元，投入产出比为 1：2.45。

专用型大麦新品种选育关键技术创新与应用

主要完成人：杨建明、朱靖环、汪军妹、吴伟、郎淑平、华为、贾巧君、尚毅、刘猛道

获奖年份与奖励等级：2016 年浙江省科学技术进步奖二等奖

成果主要内容

（1）创建了大麦抗白粉病基因精准鉴定与筛选技术，发明了一种延长大麦白粉病菌保存期的方法（ZL200910152419.8），解决了大麦白粉病菌不易活体保存且易交互感染的技术难题；建立了我国大麦白粉病菌致病型和核心种质抗病基因数据库，为抗病基因的合理利用提供了科学依据。

（2）克隆出大麦 *sdw1/denso* 半矮秆基因，发明了半矮秆基因的 InDel 标记与鉴定方法（ZL201410053080.7），建立了基因标记选择技术；*sdw1* 基因适用于饲用品种，*denso* 基因适用于啤用品种，解决了大麦品种矮秆抗倒与专用性不易结合的技术难题。

（3）形成了一套大麦高效组织培养育种技术，发明了大麦花药、成熟胚和幼胚三种培养新方法（ZL201210024418.7、ZL201210044472.8、ZL201410161360.X），克服了基因型限制并提高了绿苗再生率。

（4）构建了我国大麦穿梭育种平台，提供技术支持和每年 1 000 余份育种材料，有效改良了品种的适应性与抗逆性。通过育种技术与种质应用，育成啤用品种浙啤 33（CNA20090423.6）、饲用品种秀麦 11、浙皮 9 号和浙云 1 号，

合作衍生育成专用品种 5 个。浙啤 33 和秀麦 11 列为浙江省 2015 和 2016 年主导品种。全产业链研发发明了一种大麦加工方法（ZL200910097831.4）。

（5）本成果育成与合作衍生育成新品种，2011—2015 年累计推广 549.58 万亩，增加农民经济效益 3.398 亿元。其中浙啤 33 等在浙江省推广 122.96 万亩。

高产优质多抗啤酒大麦新品种驻大麦 3 号

主要完成人：王树杰、郜战宁、张京、赵金枝等
获奖年份与奖励等级：2012 年河南省科技进步奖二等奖

成果主要内容

驻大麦 3 号 2001 年 8 月通过河南省品种审定，经 4 年黄淮区试、省区试和生产试验，表现丰产稳产、广适、优质、抗逆，平均亩产 368.84kg，产量水平在参试啤酒大麦品种均位列第一，在河南省和黄淮流域参试啤酒大麦品种中产量和综合性状均居领先水平。2003 年驻大麦 3 号被列入国家科技成果重点推广计划，2004 年被农业部种植业管理司"啤酒大麦生产规划"列为黄淮流域重点推广的啤酒大麦主栽品种，2006 年被列入科技部星火计划"优质专用啤酒大麦新品种驻大麦 3 号高产研究与产业化"。驻大麦 3 号适应性广，不仅适宜在河南种植，也适宜在湖北、江苏、安徽等省大面积推广应用。多年省内外大面积生产示范，表现丰产稳产，据不完全统计，近年来省内外累计推广应用面积 751 万亩，新增总产 2.258 亿 kg，新增纯效益 3.8 亿元，是河南省和黄淮地区当前推广应用面积最大的啤酒大麦新品种。2007 年曾获驻马店市科技进步一等奖。

粮草双高型优质抗旱大麦新品种选育及综合利用

主要完成人：曾亚文、普晓英、张京、李国强、谷方红、曹立英、杜娟
获奖年份与奖励等级：2017 年云南省科技进步奖三等奖

成果主要内容

该成果针对国产啤酒大麦骤减、西南粮草缺乏和冬春旱灾及人类慢性病爆发难题，发挥云南生态和大麦种质优势，分子标记、高效育种和检测技术结合研发，取得突破性进展：

（1）育成分蘖再生力强、繁茂性好和功能成分含量高的粮草双高型优质抗旱抗病大麦新品种 3 个，建立了大麦高效育种、技术标准、烟后大麦高产节肥、新型功能食品及秸秆饲料综合利用的技术体系。

（2）云啤 2 号是世界上首个 1 年 3 代、2 年 6 代育成优质抗旱大麦新品种，S-4 最高亩产 746.6kg。

（3）首次用云南冬春干旱霜冻晒制大麦苗粉，每吨比冻干节支 6.5 万元，研制推广云功牌大麦苗粉及其 4 个新型功能食品；首次报道了云功牌大麦苗粉改善睡眠的分子基础和早大麦割苗再生的高蛋白草（苗粉）-秸秆-籽粒三丰收的技术创新模式。

（4）云啤 2 号、凤大麦 6 号和 S-4 在 2008—2015 年累计示范推广 453 万亩。其中，烟后大麦 294.1 万亩，使烟草增值和大麦节肥效益 5.84 亿元。

（5）核心期刊发表论文 17 篇、获新品种授权登记 4 件、专利授权 2 件。

青藏高原一年生野生大麦特异种质的发掘与利用

主要完成人：孙东发、徐廷文、张国平、赵玲、丁毅、李爱青、龚德平
获奖年份与奖励等级：2011 年湖北省科技进步奖一等奖

成果主要内容

本成果从青藏高原一年生野生大麦资源中，鉴定筛选创制出多个特异种质；利用这些特异种质育成了 13 个通过省级审定的优质啤用、饲用大麦新品种；创制出了大麦开发利用冬闲田与棉花、玉米预留行的大麦种植新模式，及专用大麦研、产、供、销一体化模式。在湖北、四川、安徽大面积推广所育成优质啤用、饲用大麦新品种及冬闲田与棉花、玉米预留行的大麦种植新模式，取得了显著的经济和社会效益。发表 42 篇有关青藏高原一年生野生大麦资源的研究论文，丰富了作物种质资源及相关理论。

云南啤酒大麦新品种选育及生产技术研究与产业化

主要完成人：曾亚文、普晓英、张京、李国强、潘超、唐永生、刘猛道
获奖年份与奖励等级：2013 年获云南省科技进步奖三等奖

成果主要内容

（1）首次用云南独特的生态条件，创新育种方法，将大麦育种周期由 6 年

以上缩短为 2 年，培育出 5 个大麦新品种，其中 3 个获新品种保护权，约占中国同期授权大麦品种的 17.6％；构建了适宜海拔、播种和收获的大麦夏繁基地，协助 5 个省份大麦夏繁 1.2 万份，加速了中国大麦育种进程。

（2）制定了云啤 3 号、云啤 4 号、云啤 5 号和富铁型云啤 6 号共 4 个优质高效配套栽培技术规程；首次将云南大麦按季节分 5 个种植类型，依次为冬大麦（80％）＞早大麦（16％）＞春大麦（3.5％）＞秋大麦（0.49％）＞夏繁大麦（0.01％），提出发展早大麦是抵御云南大麦冬春旱灾有效的生产技术。首次系统阐述云南大麦生产在烟草、啤酒、饲料和功能食品四大产业的协调发展，提出云南大麦持续稳定快速发展的思路和对策。

（3）按照啤麦的产业发展综合研究利用等技术集成累计推广 547.5 万亩，总产 14.22 亿 kg。2011 年云南省啤酒大麦和总大麦种植面积，分别占中国啤酒大麦和总大麦面积的 22.5％和 18.0％，使云南升级为中国最大的大麦生产基地，被国务院列为《西部大开发"十二五"规划》啤酒大麦优势产区 3 个省之一。

法瓦维特、甘啤 3 号等啤酒大麦新品种引进推广应用

主要完成人：胡瑞、李培玲、方伏荣、张天顺、何立明等
获奖年份与奖励等级：2010 年新疆维吾尔自治区科技进步奖二等奖

成果主要内容

（1）新品种引进及选育：成功引进筛选 5 个、自育 3 个优质高产啤酒大麦新品种，并对新品种的制麦工艺进行了优化，解决了新疆冷凉地区大面积山旱地区农业生产和酿造企业急需优质品种的关键问题，在产量、品质、抗性、适应性等方面取得了突破性的成果。

（2）优质高产栽培技术：提出了 5 项新疆优质高产啤酒大麦生产的关键栽培技术，解决了优质大麦生产的关键技术和集成配套。首次制定并发布了 2 个新疆地方标准，使新疆维吾尔自治区大麦种子生产和原料生产规范化和科学化。新技术的推广应用促使大麦平均单产提高 13.6％，达到农业节本增效的目的。

（3）建立了新疆大麦区划指标体系，首次明确提出新疆大麦四大区域方案。

（4）产业化应用：建成 50 亩原原种、1 400 亩原种、5 000 亩啤酒大麦良

繁基地；依托龙头企业，成功运营"科研＋基地＋企业＋农户"的模式，使大麦新品种占新疆大麦总播种面积的 87％，其中法瓦维特和甘啤 3 号占大麦总面积的 60％以上，解决了优质原料的生产问题。

（5）经济、社会效益：1996—2006 年，在大麦主产区昌吉、塔城和哈密累计推广新品种 543 万亩，新增总产量 1.701 1 亿 kg，新增总产值 2.041 3 亿元；2007—2009 年：累计推广 172 万亩，新增总产量 0.526 6 亿 kg，新增总产值 0.631 92 亿元；在麦芽企业增效方面（2007—2009 年），由于新品种的麦芽浸出率由 75％提高到 79％，使企业新增总产量 14 360t，新增总产值 0.315 92 亿元；另外，啤酒企业近 3 年仅因麦芽品质提高而降低生产成本从而新增利润 605 万元。总计新增总效益 2.980 36 亿元。

（6）基础工作与技术培训：累计种植大麦材料 2 万余份，配置杂交组合400 多个，田选单株 10 万株，调查测试分析各类数据 150 万个；繁殖大麦良种 180 万余 kg、累计发放技术资料 2 万多份；培训人数 1 000 余人次。发表论文 9 篇。

优质高产啤酒大麦品种甘啤 4 号

主要完成人：王效宗、潘永东、包奇军等

获奖年份与奖励等级：2009 年甘肃省科技进步奖一等奖

成果主要内容

甘啤 4 号是以法瓦维特为母本，八农 862659 为父本组配杂交，选育而成的优质高产啤酒大麦品种，成果达到国内领先水平，分别通过甘肃、新疆、内蒙古三省区品种认定，2008 年获国家植物新品种权。该品种具有以下突出特点：

（1）高产、稳产，增产潜力大。甘啤 4 号一般产量 7 500～8 250kg/hm²，最高产量 10 500kg/hm² 以上。1999—2001 年甘啤 4 号参加全省啤酒大麦品种联合区试，3 年 16 个试验点次。其中 1999 年 5 个点次试验中，平均产量7 489.65kg/hm²，较对照品种法瓦维特增产 16.43％，居参试品种第 1 位。2000年 6 个点次中，甘啤 4 号平均产量 8 593.8kg/hm²，较对照品种法瓦维特增产9.48％，居第 1 位。2001 年 5 个试点中，甘啤 4 号平均产量 7 530.45kg/hm²，较对照法瓦维特增产 8.69％居第 2 位。2002—2003 年甘啤 4 号参加西北啤酒大麦联合区试，参试品种 5 个。其中 2002 年 7 个点次试验中，甘啤 4 号平均折合产量 6 395.5kg/hm²，较对照品种甘啤 3 号增产 6.02%，居参试品种第 1 位。2003 年的 7 个点次中，甘啤 4 号平均产量 6 715.8kg/hm²，较对照品种甘啤 3 号增产 8.07%，居第 1 位。

甘啤 4 号 1999 年在武威市凉州区黄羊镇省农科院试验站进行生产对比试验，小区面积 20m²，折合产量 6 818.55kg/hm²，较对照法瓦维特增产 11.7%。2000 年小区面积 33.4m²，折合产量 8 347.5kg/hm²，较对照法瓦维特增产 9.6%。2001 年小区面积 135m²，折合产量 9 056.85kg/hm²，较对照法瓦维特增产 11.29%，同年在建工局景泰农场中等地力水平的土地上示范繁殖 14.33hm²，平均产量 6 937.5kg/hm²，较对照法瓦维特增产 7.6%。同年金昌八一农场天生坑分场种植 1.2hm²，平均产量 7 950.0kg/hm²，较对照品种法瓦维特增产 6.4%。2002 年八一农场天生坑分场种植 20hm²，平均产量 8 430.0kg/hm²，较甘啤 3 号增产 11.07%。2002 年鉴定后，永昌县连续多年亩产在 500kg 以上，被永昌县农民称为"糊涂一千"。2003—2008 年窑街煤电集团民勤林场每年种植 200hm² 以上，平均产量达 7 500kg/hm² 以上；2005 年在内蒙古巴彦淖尔市、呼和浩特生产试验平均产量 6 360.0kg/hm²，较对照品种来色依增产 28.5%，产量位居第 1 位；在新疆焉耆、奇台、石河子、巴里坤生产试验平均产量 7 050.15kg/hm²，较对照法瓦维特增产 5.3%，产量位居第 1 位。2008 年永昌县良种繁育 133.3hm²，平均产量 8 250.0kg/hm² 以上，其中东寨镇头坝村魏杰种植的 2.0hm²，平均产量 10 275.0kg/hm²；民乐县良种场历年繁种田 20hm²，产量 7 500～9 000kg/hm²；2008 年民乐县顺化乡新天乐村王保国种植的 0.23hm²，平均产量高达 10 950.0kg/hm²。2009 年新疆生产建设兵团农四师 76 团旱地种植甘啤 4 号 3 360hm²，产量在 7 500kg/hm² 左右，其中 14.3hm²，实收产量 10 159.5kg。

（2）酿造品质优。甘啤 4 号籽粒饱满，千粒重 45g 左右，2.5mm 筛选率 91.03%，发芽率 98.4%，蛋白质含量 11.76%，麦芽浸出率 81.4%，α-氨基氮 156.30mg/100g，库尔巴哈值 39.40%，糖化力 367.60WK，各项酿造品质指标均达到或超过国标优级标准。完全可与进口优级啤酒原料相媲美。

（3）抗逆性强，适应性广；推广面积大，经济社会效益显著。2006 年甘啤 4 号成为甘肃、新疆、内蒙古、青海、宁夏广大春啤酒大麦种植区的主栽品种，并在黑、辽、冀、川、云也有一定的种植面积。2008 年最大推广面积

22.0万hm²，至2017年累计推广面积达117.3万hm²以上。平均亩增产啤酒大麦28kg，累计增产优质啤酒大麦4.9亿kg，新增总产值9.8亿元，已获经济效益5.6亿元。甘啤4号的推广，增强了国产啤麦原料的市场竞争能力，在很大程度上替代了进口原料，使国产啤麦原料使用量由2002年不足30％增长到2008年的70％以上，降低了啤酒生产成本，带动了国内麦芽加工业的崛起，为我国啤酒工业健康稳定的发展起到支撑作用。

早熟抗旱优质啤酒大麦新品种甘啤5号选育及推广

主要完成人：潘永东、包奇军、张华瑜、刘小宁、火克仓等

获奖年份与奖励等级：2015年甘肃省科技进步奖三等奖

成果主要内容

啤酒大麦品种甘啤5号原系号9303-5-4-3-2，为甘肃省农业科学院粮食作物研究所于1993年，以8759-7-2-3为母本、CA₂-1为父本（8759-7-2-3/CA₂-1）配制杂交组合系谱选育而成。2008年甘肃省农作物品种审定委员会认定。2012年通过云南省品种认定登记，2011年获得国家植物新品种权。甘啤5号具有以下特点：

（1）早熟。在甘肃省中部地区甘啤5号较对照小麦早熟6天，较甘啤3号早熟4天；河西沿山高海拔地区较对照早熟7天。

（2）抗旱。在甘肃省中部旱地耕作区产量居参试品种首位，较小麦和其他大麦品种增产更为明显；在2005年抗旱性试验中甘啤5号的脯氨酸含量8.83％，位居6个参试品种首位（植物抗旱性与脯氨酸含量呈正相关关系），证实了甘啤5号（9303）比其他品种具有明显的抗旱性。

（3）优质。甘啤5号千粒重40g左右，2.5mm筛选率92％，发芽率99％，蛋白质含量11.8％，麦芽浸出率80.5％，α-氨基氮1 580mg/100g，库尔巴哈值42％，糖化力5 380WK，酿造品质指标均达到或超过国标优级标准，可与进口优级啤酒原料相媲美。

（4）抗逆性强，适应性广。甘啤5号一般产量5 250～6 000kg/hm²，最高产量7 500kg/hm²。甘肃省中部地区4点次区试中：2004年平均折合产量4 800kg/hm²，比当地对照小麦增产19.8％，居第1位。2005年平均折合产量4 129.51kg/hm²，比当地对照小麦增产44.7％，居第2位。河西沿山高海拔

地区 5 点次区试中：2004 年甘啤 5 号平均折合产量 7 800kg/hm²。2005 年甘啤 5 号平均折合产量 6 792.0kg/hm²。2004 年在武威市凉州区黄羊镇大麦中心试验站进行生产对比试验，面积 1.33hm²，折合产量 7 200kg/hm²。2005 年种植面积 0.2hm²，折合产量 7 680kg/hm²；同年在山丹军马场示范 21.3hm²，平均产量 2 377.5kg/hm²；张掖农场示范 13.7hm²，平均产量 5 317.5kg/hm²；在黄羊镇大麦中心试验点示范 0.4hm²，平均产量 7 440.0kg/hm²。2006 年在山丹军马场大面积示范推广 66.67hm²，平均产量 6 300kg/hm²；甘肃省康乐县附城镇示范 20hm²，平均产量 5 670.0kg/hm²。2007 年青海省格尔木示范 10hm²，平均产量 6 750.00kg/hm²。2008 年青海省海西州河西农场示范 133.34hm²，平均产量 6 150.00kg/hm²。云南在大麦高产创建核心区选用优质啤酒大麦新品种甘啤 5 号取得显著成效，2010 年示范区平均产量 5 547.0kg/hm²。宜良 10hm² 核心区最高产量 9 477.0kg/hm²。2011 年示范区平均产量 7 134.0kg/hm²，千亩展示片平均产量 6 030.0kg/hm²，万亩示范区产量 5 953.5kg/hm²。甘啤 5 号种植区域遍及我国新疆维吾尔自治区，内蒙古自治区，云南省嵩明、宜良、寻甸等地区，横跨我国东西、南北，是我国推广范围最广的啤酒大麦品种之一。

（5）推广范围广，经济社会效益显著。至 2015 年累计示范推广面积 34.52 万 hm²，增产 270kg/hm²，总增产 9 320.4 万 kg，新增总产值 1.864 亿元，已获经济效益 1.864 亿元。甘啤 5 号的推广，对我国啤酒工业的发展起到支撑作用，为中国大麦生产做出了贡献。

啤酒大麦专用肥研制与示范推广

主要完成人：火克仓、包奇军、张华瑜、刘小宁等
获奖年份与奖励等级：2014 年获甘肃省科技进步奖三等奖

成果主要内容

在多年啤酒大麦栽培技术研究的基础上，研制生产的啤酒大麦专用肥 2006 年通过省科技厅主持的技术鉴定，该项研究达国内同类研究领先水平。2010 年获国家发明专利（中国，ZL200710080228.6）。啤酒大麦专用肥具有以下特点：

（1）改善酿造品质效果明显。在甘肃省啤酒大麦主产区设 7 点次进行生产

对比试验，蛋白质平均降低 1.5 个百分点，筛选率平均提高 6.7 个百分点，千粒重平均增加 2.5 克，对提高啤酒大麦品质效果显著。

（2）肥料利用率高，增产效果好。研制的啤酒大麦专用肥在甘肃省优质啤酒大麦种植地区的不同生态条件 7 点次试验中，亩施用啤酒大麦专用肥 $600kg/hm^2$，折合纯养分 $240kg/hm^2$，平均折合产量 $7\,784.1kg/hm^2$，较对照增产 3.6%。说明啤酒大麦专用肥营养元素配比合理，能够充分满足啤酒大麦整个生育期的养分需求，在甘肃省啤酒大麦主产区不同生态类型地区均可获得高产。

（3）在啤酒大麦专用肥的研制和示范推广中采用研究、试验和开发一体化的模式，使科研成果迅速得到转化。

2006—2014 年在甘肃省内外示范推广 $3\,450hm^2$。每公顷节本增效 581.4 元，获得经济效益 8 914.8 万元。该项啤酒大麦专用肥及施肥技术，对进一步完善啤酒大麦高产、高效、优质栽培技术，提高肥料利用率，降低啤酒大麦生产成本，推动啤酒大麦产业化、标准化发展具有重要意义。

专用优质高产保健青稞品种
藏青 25 选育与产业化开发

主要完成人：强小林、周珠杨、次珍、魏新红、顿珠次仁、梁春芳、巴桑玉珍、白婷、聂战声、普哇措、付开地、谭海运、贡嘎、张文会、靳玉龙

获奖年份与奖励等级：2016 年西藏自治区科学技术奖二等奖

成果主要内容

藏青 25 是针对 20 世纪八九十年代青稞良种化以后逐步出现的生产过剩积压、增产不增收和大面积倒伏等问题，着眼产业化开发，利用引进品系材料青海 1039 与本所品系 815078 杂交，经多年选择鉴定培育的优质高产保健型青稞优良品种。其形态、生育特性与区内推广品种相近，亩产比藏青 320 等净增 50～100kg，蛋白质含量适中，β-葡聚糖含量高达 8.62%，被确认为世界上 β-葡聚糖含量最高的大麦品种和国内第一个优质高产保健青稞品种，是发展特色青稞加工的最佳载体品种。

藏青 25 2001 年通过审定后，开始在"一江两河"产区示范，并与企业携手定向推广，探索制定以"稳产提质"为核心的保健青稞种植技术规程，并建立一批企业保健青稞预约生产基地，平均增产幅度高达 4.88%～105.2%，同时积极向周边藏区推广形成青海海西南盆地和甘肃天祝河谷，前者每年挽回病害损失 5％～7％，后者增产 24.5％～35.3％。近 5 年区内外累计推广 80 余万亩，大幅增产和企业溢价收购为农民净增收入 1.47 亿元；企业加工总产值 14.87 亿元，转化增值率达到 357.3％，净利润 4.7 亿元，经济效益极为明显。

藏青 25 的高产、高蛋白和其超高 β-葡聚糖含量优势，既符合农民增产要求，又与现代健康膳食变化趋势相一致，开区内外多项第一，品种品质国际领先，显著提升了西藏自治区青稞科研水平，引发全国"青稞研究热"并促进藏区特色青稞加工产业发展，社会、学术意义深远。

青稞 β-葡聚糖生理功效、安全性研究与系列产品配伍开发

主要完成人：强小林、张文会、顿珠次仁、魏新虹、白婷、张京、周珠扬、吴昆仑、王波、靳玉龙、林长斌、巴桑玉珍、次珍、谭海运、扎西罗布

获奖年份与奖励等级：2017 年西藏自治区科学技术奖二等奖

成果主要内容

"青稞 β-葡聚糖生理功效、安全性研究与系列产品配伍开发"是区内外多家青稞大麦研究机构与加工企业围绕发展青稞加工产业、合作研发的最新技术成果，内容包括：

（1）成功开发辅助降血脂保健产品"青之元®青稞银杏胶囊"，取得国家保健食品批号并成为以 β-葡聚糖为主功效成分的全国第一个青稞类保健产品，同步制定《青稞银杏胶囊产品质量标准》，并与国内著名企业合作进行委托加工、营销，实现了生产上市，已取得显著效益。

（2）研究明确青稞 β-葡聚糖的突出生理功效。按照国家食药监局（FDC）指定专业机构，按保健产品功效认证规范要求，进行大鼠灌胃 30 天实验发现，饲喂青稞 β-葡聚糖为主成分的食物可显著降低大鼠的血清总胆固醇和甘油三酯水平（$P<0.05$），而对大鼠血清的高密度胆固醇含量无显著影响（$P>0.05$）；随之进行了 102 位符合实验条件的自愿受试者参加的 45 天人体临床试食实验，结果表明：实验组试食后与试食前比较，CHOL、TG 分别下降了 10.42％、22.44％，有显著性差异（$P<0.05$），试食后试食组与对照组比较，CHOL、TG 有显著性差异（$P<0.05$），HDL-C 无显著性差异（$P>0.05$），试食期间未见明显不良反应。由此判定，青稞 β-葡聚糖具有辅助降血脂功能。

（3）完成青稞 β－葡聚糖产品毒副作用研究。通过急性经口毒性实验、Ames 实验、小鼠骨髓嗜多染红细胞微核实验、小鼠精子畸形实验和 30 天喂养等 5 项动物毒性实验和人体临床试食实验，检测确定了青稞 β－葡聚糖产品安全、无毒。

（4）从原料充分利用和产品多样化研发目的出发，利用 β－葡聚糖提取过程中的固、液废料，研发了"青稞速溶粉""青稞露饮料""青稞复合米"等三个具有西藏特色的青稞方便快餐食饮品并制定了三个产品生产技术（企业）标准，在自治区技术监督局备案，从而实现了精深加工原料青稞的（无废弃）全利用。其中"青稞速溶粉"和"青稞露饮料"生产工艺双双获得国家发明专利。

（5）开展青稞食品加工相关技术研究，完成挤压膨化条件对青稞产品膨化度影响及其参数等研究；购买引进超微粉碎、膨化、制粒、胶囊灌装、微波干燥和均质等设备与技术，建成区内首个符合卫生洁净（QS）要求的青稞加工中试车间；同时先后开展西藏青稞产业发展现状和企业经营现状的系统调研分析。

本成果完成重要理论与技术研究 3 项，新开发国家级保健食品 1 个，特色青稞食品 3 个，获得国家发明专利 2 项，制定企业产品质量或生产技术标准 4 个，撰写论文 12 篇，会议、期刊发表 10 篇（核心期刊 6 篇）。其中青稞 β－葡聚糖药理毒性研究和"青稞银杏胶囊"保健食品研制以及两个专利产品开发均开国内谷物和区内农产品加工研发之先，属于重大科技创新，对青稞产业化发展具有积极推动作用，整体成果达到了国内领先水平，学术意义深远。

建立啤酒大麦定向育种的工业化应用技术平台

主要完成人：张五九、贾凤超、张京、宋绪坤、林智平、郭刚刚、谷方红、李红、郭立芸、姜伟

获奖年份与奖励等级：2014 年北京市科学技术奖二等奖

成果主要内容

1. 种质资源鉴定技术创新与优异种质鉴定

（1）改良现有大麦脂肪氧化酶含量鉴定方法，建立起适于进行种质大规模筛选的脂肪氧化酶活性化学显色法这一快速鉴定评价体系，为开展优异种质筛选建立了技术储备，填补了国内此项研究的空白。

（2）完成 1 083 份中国大麦青稞种质的 LOX－1 活性鉴定，并对国内重要

啤酒大麦品种及俄罗斯的啤酒大麦品种进行 LOX－1 活性的定量分析，为系统研究和分析啤酒大麦脂肪氧化酶积累了原始数据；同时针对国内外 110 份大麦青稞种质的 β－葡聚糖含量进行了测定。

（3）从中国农家大麦品种中筛选出 4 份 LOX－1 活性缺失的自然变异材料，从国外大麦品种中筛选出低葡聚糖含量种质 6 份，确定了与葡聚糖含量紧密相关的 SNP 位点，填补了国内啤酒行业相关研究的空白。

2. 优质低脂肪氧化酶酿造大麦种质资源的工业化应用

针对啤酒行业优质鲜啤生产中存在的关键技术和基础性科学问题，系统地开展了啤酒新鲜度控制技术研究与应用，建立了以提高啤酒风味稳定性为目标的制麦保障体系。研究以反－2－壬烯醛（T2N）等为代表的啤酒主要老化物质与脂肪氧化酶的关系，以优化的糖化工艺进行酿造，并辅以对氧负荷和热负荷控制的酿造保障手段，优良菌种选育、生产精细化风味再平衡控制的共性关键技术，提出鲜啤生产的完整技术体系，开发出具有良好货架期的优质啤酒，在此基础上形成适用于生产的鲜啤生产技术规范，为低脂肪氧化酶品种顺利进入工业领域建立良好的范例。具体获得以下合作成果：

（1）首次建立脂肪氧化酶与啤酒风味稳定性的控制系统，并进行大生产验证试验，使最终啤酒中的老化物质含量低于普通啤酒 30%。

（2）形成以降低脂肪氧化酶为主要目标的优质鲜啤酿造工艺并形成技术规范。

（3）通过上述关键技术以及配套生产技术的建立与应用，形成了啤酒企业鲜啤生产控制的完整生产体系。

3. 麦芽过滤性能的研究与应用

啤酒的初始原料（酿造大麦和麦芽）对啤酒过滤性能的影响是啤酒生产效率和非生物稳定性的瓶颈因素之一，但由于多指标之间的关联度复杂，因此通过模拟过滤控制模型，筛选与过滤密切相关的一个或一套评价指标，为筛选酿造性能良好的大麦资源打下基础。

开发研制出实验室小型模拟过滤装置，可以提高麦芽过滤性能 10% 左右；通过大量的试验确定了基本的过滤操作规范，并将之运用于实验室原料过滤性能的研究。通过对几十种不同麦芽糖化醪过滤规律的研究，依据 Ruth 过滤经验，及欧洲 Tepral 过滤器的评价方法，绘制不同麦芽的过滤曲线，同时开创性地将粒度分析技术应用于麦汁过滤研究。首次将过滤参数与粒度参数结合，对二者进行拟合分析，获得曲线关联度高的预测模型，为大麦育种者、制麦和啤酒酿造者预测大麦品种的可过滤性能提供方便可靠的分析评价体系。

4. 社会经济效益评估

该项成果及相关技术已在大型啤酒企业得到推广和应用，建成了年产 20 万 t 的鲜啤酒生产线 6 条。其中在北京市场累计生产鲜啤总量 150 万 t，其中年新增利润 3 000 万元以上。目前已经在燕京各地的子公司进行鲜啤的生产。

麦类作物品质和抗逆性状的生理及遗传特性

主要完成人：曹连莆、齐军仓、石培春、孔广超等
获奖年份与奖励等级：2013 年新疆生产建设兵团科技进步奖二等奖

成果主要内容

本成果重点探究了大麦籽粒品质与大麦抗旱相关的问题。在大麦籽粒品质方面阐明了新疆主要大麦栽培品种的麦芽品质特点及其环境效应，鉴定与筛选到一批籽粒化学组分和麦芽品质优异的种质资源，为新疆啤酒大麦生产基地建设和种质资源合理利用提供了重要理论依据。澄清了新疆啤用大麦品种麦芽品质相对低劣的主要原因，明确 β-淀粉酶活性普遍较低是造成糖化力弱和麦芽浸出率低的根本原因，鉴定到可以解决蛋白质含量和 β-淀粉酶活性对麦芽品质有不良互作效应的醇溶蛋白组分，为啤用大麦品质检测与改良提供了评价指标与技术途径。在大麦抗旱方面研究了大麦表皮蜡质与抗旱性的关系，发现干旱胁迫下大麦叶片表皮蜡质含量增加，且抗旱品种增加得更多。干旱胁迫后，大麦通过增加蜡质中的醇类、酯类和酮类等物质含量使表皮蜡质总量显著增加，而烷烃类物质增加量不明显。这些研究结果为明确大麦抗旱机理提供了理论依据。

高产抗病广适大麦新品种川农饲麦 1 号的选育及推广应用

主要完成人：冯宗云、何天祥、李达忠、叶少平、余世学、毛承志
获奖年份与奖励等级：2014 年四川省科技进步奖三等奖

成果主要内容

本成果采用系统育种法从大麦品系 90 - 18 中，选育出高产、抗病、广适大麦新品种"川农饲麦 1 号"。2011 年通过四川省农作物品种审定委员会审定。该品种丰产性好、抗病性强、品质优、适应性广、熟期较早，已成为四川

大麦主产区的主推品种。区试平均亩产 338.6kg，比对照增产 18.4%；高产示范单产 565.18kg/亩，比对照增产 24.02%。高抗条锈、高抗白粉、中抗赤霉病。籽粒蛋白质含量达 12% 以上。熟期较早，有利于水稻、玉米制种及烤烟适期早栽的茬口衔接，为大麦茬水稻（玉米）两季高产高效提供了品种保障。采用二次回归通用旋转组合设计在四川不同生态地区研究了"川农饲麦1号"密度、播期、氮肥、磷肥、钾肥对产量的影响，建立了播种量、播种期、氮肥用量、磷肥用量和钾肥用量与产量的数学回归模型，提出了该品种综合栽培技术措施，为四川发展大麦产业提供了有利的技术支撑。社会效益、生态效益、经济效益显著，至 2014 年累计推广面积达 106.69 万亩，新增产量 5 327.72 万 kg，新增产值 1.77 亿元，新增利润 1.58 亿元。

啤饲大麦新品种选育和示范推广

主要完成人：刘猛道、郑家文、尹开庆、字尚永等

获奖年份与奖励等级：2010 年农业部农牧渔业丰收三等奖

成果主要内容

本成果共选育啤饲大麦新品种 8 个，获省内科技成果奖 6 项，发表科技论文 21 篇。2008—2010 年示范推广啤饲大麦 367.3 万亩，新增总产量 1.38 亿 kg，新增总产值 2.32 亿元，总经济效益为 1.33 亿元，具有较好经济效益。

大麦高产高效栽培技术集成及示范推广

主要完成人：刘猛道、赵加涛、字尚永、郑家文、尹开庆、付正波、杨向红、方可团、尹宏丽

获奖年份与奖励等级：2016 年云南省科技进步奖三等奖

成果主要内容

发展啤饲大麦是保山市小春作物结构调整的主要方向，虽然保山市种植大麦具有良好的土壤基础和气候资源，但是全市的大麦生产一直存在着平均单产较低，发展不平衡，粮、经作物和粮、林争地矛盾突出，饲料供给不足的问题。该成果从 2012—2014 年，完成了大量的杂交组合选配工作。组配杂交组合 758 个，选择杂交后代 13 528 份，外引品种鉴定材料 3 600 份，登记新品种

8 个，发表科技论文 18 篇，完成项目指标。品种选育基因空间大，选育技术成熟。通过大量试验示范形成的高产高效集成技术，通过应用，技术成熟。如不同播种期、不同施肥期、不同播种密度、不同药剂使用以及不同调节剂的利用等技术的应用涉及的区域种类较多，基础数据充足，资料翔实，数据可靠，据查新报告，在施氮肥方法、藕草防除、条纹病防治具有创新性，同时创造了亩、百亩、千亩、万亩平均单产"四个全国第一"，属国内领先。新增总产量 10 434.65 万 kg，新增纯收益 18 447.9 万元，取得了显著的经济效益、社会效益和生态效益。

粮草双高青稞新品种选育及产业化

主要完成人：吴昆仑、姚晓华、迟德钊、姚有华、党斌、张志斌、任又成、谢德庆

获奖年份与奖励等级：2017 年青海省科技进步奖二等奖

成果主要内容

本成果以青稞产业进一步提高产量、巩固藏区粮食安全为基础，进入粮饲兼用、以农促牧和加工增值、提质增效两个新发展阶段的技术需求，形成青稞新品种及栽培技术、食品开发、加工原料基地等系列成果，为青稞产业的新发展提供全链条技术支撑：

（1）优质、粮草双高青棵新品种。以优化产量和品质为基础，以同步提高秸秆产量为重点，以强化抗倒伏性和抗病性为突破，选育成功粮草双高青稞新品种昆仑 14 号（青海省第一个通过国家鉴定的青稞品种）、15 号。两品种的育成使我省青稞最高单产突破千斤大关，秸秆产量高，为畜牧业提供了补饲饲料支撑，推动了青稞第四次品种更新。

（2）粮草双高栽培技术。从理论上明确了单位面积穗数是青稞高产的限制因子，首次提出以"促蘖增穗"为核心的粮草双高栽培技术模式，在此基础上形成新品种配套栽培技术规范。

（3）青稞加工技术。首次构建青稞加工适宜性评价体系，为青稞品质评价分级提供了依据；研发青稞饮料类、烘焙类和营养类等产品 7 个；建成全国最大的青稞原料生产基地、第一次完成全国最大的有机青稞基地认证。通过青稞加工技术研究、食品研发及原料基地建设，为青稞加工发展提供了技术支撑，

促进了青稞产业的增值增效。

（4）青稞产业技术创新联盟。成立科研、推广和企业共同参与的青稞产业技术创新联盟，实现了青稞技术研发与成果转化的第一次联合。

藏青 2000 新品种鉴定筛选及其栽培技术研制与大面积示范推广

主要完成人：尼玛扎西、禹代林、边巴、桑布、唐亚伟、（中）尼玛扎西、关卫星、刘国一、韦泽秀、范春捆、扎罗、彭君等

获奖年份与奖励等级：2017 年西藏自治区科学技术奖一等奖

成果主要内容

针对西藏青稞生产中面临的良种更新换代缓慢、良种良法配套滞后、大面积高产栽培技术集成应用乏力等突出问题，本成果鉴定筛选出广适、高产、高秆、优质青稞新品种藏青 2000，发布 3 个技术标准，发表论文 14 篇，出版专著 1 部，申报受理专利 1 项。藏青 2000 株高 115cm，与主推品种藏青 320 相比，在同等肥水条件下，较抗倒伏，亩产可达 350～450kg，普遍比当地主推的藏青 320 和喜玛拉 19 号增产 25kg 以上。示范推广藏青 2000 及其高产栽培与良种繁殖技术 232.4 万亩，新增产值 3.69 亿元。其中，2016 年藏青 2000生产种植 100.6 万亩，增产青稞 2.58 万 t。经济和社会效益显著。

高寒地区早熟春青稞新品种藏青 690 选育与示范推广

主要完成人：尼玛扎西、唐亚伟、强小林、梁春芳、雄奴塔巴、其美旺姆、关卫星、次珍、多旦、强巴洛珠等

获奖年份与奖励等级：2013 年西藏自治区科技进步奖二等奖

成果主要内容

选育出藏青 690，在拉萨、山南、日喀则、昌都、那曲、阿里等地区，累计生产推广 48.8 万亩。藏青 690 在高寒地区比当地主推青稞品种（紫青稞、兰青稞等），每亩增产 50～60kg，增产率 28％左右。藏青 690 在拉萨、山南、日喀则、昌都、那曲等地的高寒区域的推广辐射，提高了农牧民的良种良法意识，对提高青稞的良种化生产意义重大。

生产主导品种

蒙啤麦 1 号

蒙啤麦 1 号由岗位科学家张凤英团队育成，品种来源：Bowman/91 冬 27//91G318。内蒙古自治区啤酒大麦生产主导品种。

该品种为春性二棱皮大麦，幼苗半匍匐，植株健壮，苗期叶片上冲簇生，分蘖力中等，叶耳白色，叶色深绿；茎秆弹性好，抽穗早，灌浆时间长；抽穗时株形紧凑，穗全抽出，闭颖授粉，穗姿直立，穗长方形，穗层一致，长芒，齿芒；籽粒黄色，种皮薄，腹沟浅，籽粒椭圆形，饱满，半硬质；株高 90～95cm，穗长 8.5～9.5cm，主穗粒数 22～26 粒，单株有效穗数 2～5 个，千粒重 45～54g，生育期 85～95 天，属于中熟品种。该品种抗旱性突出，抗倒伏性强，抗病性强。适宜在内蒙古自治区东、中、西部不同生态区种植。

该品种酿造品质：籽粒和麦芽蛋白质含量 10.8%～13.5%，麦芽浸出物 75%～80%，库尔巴哈值 38%～45%，糖化力 263～357WK，α-氨基氮 159～227mg/100g，均达到啤酒、麦芽国标一级以上标准。

2010—2015 年在内蒙古自治区累计推广 200 多万亩，平均亩产 288.16kg，平均比对照亩增产 43.16kg，平均增产 17.6%。

蒙啤麦 3 号

蒙啤麦 3 号由岗位科学家张凤英团队育成。2011 年内蒙古自治区农作物品种审定委员会认定。品种来源：国品 11/GIENM。内蒙古自治区大麦生产主导品种。

该品种为春性多棱皮大麦，幼苗直立，苗期叶片上冲簇生，分蘖力中等，叶耳白色，叶色深绿，叶片数 7 片；株型紧凑，茎秆弹性好，抽穗早，穗姿直立，灌浆时间长；穗长方形，穗位一致，长芒，齿芒；粒色淡黄，种皮薄，腹沟浅，籽粒椭圆形，饱满，粉质；株高 85～110cm，穗长 6.3～7.2cm，主穗粒数 38～58 粒；单株有效穗数 1.2～3.8 个，千粒重 41～48g，生育期 75～92 天，属于中熟品种。该品种在水地抗倒性中等，在旱地抗倒性强，抗根腐病，轻感条纹病和黑穗病。适宜在自治区东、中、西部不同生态区种植。

该品种酿造品质：籽粒和麦芽蛋白质 12.0%～13.2%，麦芽浸出物 75.1%～79.5%，库尔巴哈值 39%～45.1%，糖化力 247～501WK，α-氨基氮 192～244.3mg/100g，均达到啤酒、麦芽国家标准。青贮饲草品质：干物质 34.3%，粗蛋白 12.6%，中性洗涤纤维 36%，酸性洗涤纤维 20.8%。干贮饲草品质：干物质 92.4%～92.9%，粗蛋白 10.0%～12.5%，中性洗涤纤维 47.9%～52.5%，酸性洗涤纤维 29.1%～31.3%。2012—2017 年，在内蒙古自治区及山东省累计示范推广 200 多万亩，包括青贮饲草生产利用 3.5 万亩。籽粒平均亩产 319.0kg，每亩增产 44.5kg，增产率 17.4%。青贮饲草亩产 1.8～2.3t。

浙啤 33

浙啤 33 由育种岗位科学家杨建明团队，从杂交组合［（岗 2/秀麦 3 号）F3//秀麦 3 号］F3///岗 2 中，通过杂交系谱选育而成。浙江省 2015 年、2016 年和 2017 年大麦生产主导品种。

该品种属二棱皮大麦，幼苗生长半直立，叶色浓绿、旗叶稍宽。苗期生长旺，叶片微卷，旗叶叶耳有颜色。株型紧凑，茎秆粗壮，乳熟期外稃有小紫筋，穗姿势直立，纺锤形，小穗着生密度中等。籽粒颜色浅，卵圆形，芒长中等，易脱芒脱粒。全生育期 165～175 天，株高 75～80cm，每穗可结实 25～28 粒，千粒重 42～43g。春性、早中熟，抗倒性好，耐湿性强，中抗赤霉病，丰产性好，亩产量 400kg 以上。平均细粉麦芽浸出率 81.27%，糖化力 217.80WK，蛋白质含量 9.83%，麦芽 α-氨基氮（绝干）169.12mg/100g，库尔巴哈值 50.59%。2009 年来已在浙江省推广种植 99 万亩，累计种植 110 万亩。

皖饲 2 号

皖饲麦 2 号由合肥综合试验站，以（鹿岛麦/γ-早-80-21）F5 为母本，1693（法国）为父本配制杂交组合，经系谱法选育而成。2013 年通过安徽省非主要农作物品种审定，审定编号为：皖品鉴登字第 1107001。2017 年获农业部植物新品种权证书，品种权号：CNA20130715.7，证书号：第 20178787 号。

该品种为粮草双高饲料大麦品种。六棱皮大麦，偏冬性，幼苗匍匐，叶色深绿，抗寒性好，分蘖力强，全生育期 200 天左右。株高 88.8cm，茎秆粗壮，抗倒性好。穗长 5.1cm，每穗实粒数 55.1 粒，千粒重 30.1g。籽粒蛋白质含量 13% 左右，氨基酸含量 8.43%，再生性强，抗倒伏。籽实亩产 400kg 左右，乳熟期植株生物鲜重每亩 3.5t。轻感白粉、赤霉病，适合淮北、沿淮地区种植。已累计推广 5 万亩左右，主要用于肉羊、牛青饲、青贮利用。

皖饲啤 14008

皖饲啤 14008 由合肥综合试验站，从配制的杂交组合 92 342//（Mola/SHYRT）中，采用系谱法选育而成。2016 年通过安徽省非主要农作物品种鉴定登记。适宜黄淮中南部晚茬田、江淮及沿江地区种植。

该品种为粮草双高大麦品种。六棱皮大麦，春性，幼苗直立，叶色青绿，叶片宽厚。抗寒性较好，分蘖力中上，成穗率中等，再生性强，全生育期平均 173 天，株高 90cm。茎秆粗壮，耐肥抗倒，成熟不折穗。穗长 5cm 左右，穗数 30 万～35 万/亩，每穗实粒数 55～60 粒，千粒重 35g 左右。籽粒蛋白质含量 14.1%，氨基酸含量 9.77%，耐迟播，高抗倒伏。籽实亩产量 450kg 左右，乳熟期植株生物鲜重每亩 3.5t 以上。轻感白粉、赤霉病，条纹病较轻。适合沿淮、江淮地区种植。用于肉羊、牛等草食动物养殖利用，已累计推广 5 万亩以上。

新啤 6 号

新啤 6 号为石河子综合试验站，从大麦种质资源岗位专家团队提供的美国啤酒大麦杂交后代材料中，经多年系统选育而成。该品种系二棱、长芒皮大麦。幼苗直立，株高 70～75cm，茎粗中等，分蘖成穗率高，茎叶蜡粉中等。穗长 8～9cm，主穗粒数 21～24 粒，籽粒淡黄色，椭圆形，粉质，千粒重 46～48g。抗倒伏能力极强，具有一定耐盐碱、耐瘠薄能力，对条纹病高抗。麦粒粗蛋白质含量 12.3%，千粒重（绝干）43g，麦芽糖化力 297WK，麦芽微粉无水浸出率 79.9%，库尔巴哈值 38%，α-氨基氮 136mg/100g。在适宜种植区域内，中上等水肥条件下，一般亩产可达 450～500kg，具有亩产 600kg 以上的潜力。适宜在新疆各春大麦区种植。累计推广种植 20 多万亩，2015 年最大种植面积 5 万亩。

驻大麦 3 号

驻大麦 3 号是驻马店综合试验站，利用驻 8909 为母本，TG4 为父本，通过有性杂交，经多年连续选择培育而成。

该品种为二棱啤大麦，河南省啤酒大麦主栽品种之一。表现弱春性、中早熟，株高 75～80cm，全生育期 200 天左右。幼苗半直立，叶色深绿，长势强，抗寒性好。分蘖力强，成穗率高，株型松散，叶片上冲，茎秆粗壮，穗下节长，抗倒伏。小穗排列中等，芒较长，平均成穗数 40 万～50 万穗/亩。每穗粒数 25～30 粒，千粒重 40～45g，平均亩产 400～450kg。籽粒皮色淡黄，蛋白质含量 10.3%～13.2%，浸出率 79%～80%，属优质啤酒大麦。高抗三锈、白粉病，轻感条纹、黑穗、赤霉病，耐渍耐旱，落黄好，千粒重较为稳定。近 5 年来在河南、湖北、安徽等省年度生产种植 10 万～15 万亩，已累计推广面积 60 万亩以上。

驻大麦 4 号

驻大麦 4 号为驻马店综合试验站，以驻 89039 为母本，85V24 为父本，通过有性杂交，经多年连续选择培育而成。河南省大麦生产主导品种。

该品种为饲料大麦品种。属春性四棱皮大麦，中早熟，株高 70～80cm，全生育期 200 天左右。幼苗直立，苗期叶色黄绿，拔节期后植株清秀，长势强，分蘖力中等，返青拔节期两级分化快，分蘖成穗率高。株型紧凑，叶片上举。茎秆粗壮，抗倒性强。长芒，粒形接近菱形，皮黄色，半粉，抗落粒，亩成穗 30 万～35 万穗，穗粒数 50 粒左右，千粒重 37g。灌浆期芒呈太阳红色。高抗三锈、白粉病，轻感条纹、黑穗、赤霉病，后期耐旱、耐渍性好，是河南省种植面积最大的大麦品种。最近每年在河南、湖北、安徽等省推广应用 40 万～50 万亩，5 年累计生产推广应用约 200 万亩。

驻大麦 5 号

驻大麦 5 号由驻马店综合试验站，利用驻大麦 3 号为母本，邯 95406 为父本，通过有性杂交，经多年选择培育而成。

该品种为弱春性、中早熟啤酒大麦品质。长芒、二棱，幼苗半直立，叶色浓绿，苗壮，生长势较强，抗寒性好，分蘖力中等，成穗率高。株高 85cm 左右，茎秆坚韧，弹性好，穗下节长，抗倒伏能力强，株型适中，旗叶长而上举，穗层整齐，结实性较好，穗粒数较多。长相清秀，抽穗后灌浆速度快，耐旱耐渍性好，籽粒淡黄、皮薄、饱满度好，千粒重高，浸出率高。为河南省啤酒大麦主栽品种之一，年推广应用面积 5 万亩左右，近 5 年累计推广应用面积超过 20 万亩。

华大麦 9 号

华大麦 9 号由育种岗位科学家孙东发团队，采用复合杂交系谱法育成。亲本杂交组合：美里黄金/华矮 11//川农大 1 号/W168。湖北省品种审定委员会 2011 年审定。湖北省饲料大麦生产主导品种。

该品种属二棱皮大麦，苗期叶片浅绿色，半匍匐，分蘖力强，成穗率较高，成株蜡粉少，株型紧凑，剑叶中等大小，长芒，齿芒，穗纺锤形，光合效率中等。株高 80cm，抗倒伏能力强，生育期 190 天，穗层整齐度高，熟相好；亩穗数 42.2 万/亩，穗长 8cm 左右，小穗密度中等，主穗小穗数 31 个左右，穗平均实粒数 24.8 粒，千粒重 39.7g，籽粒蛋白质含量 15.2%。在湖北省大麦品种区域试验中，2 年平均亩产 389.5kg，比对照增产 4.0%。抗锈病、赤霉病、条纹病、白粉病和纹枯病，轻感叶枯病。在湖北省已累计生产种植 287.3 万亩，其中冬闲田与棉花、玉米预留行种植 64.9 万亩。

华大麦 10 号

华大麦 10 号由大麦育种岗位科学家孙大发团队，采用复合杂交系谱法育成。亲本杂交组合：85V24/川农大 1 号//华大麦 2 号/美里黄金。分别于 2012 年、2013 年和 2014 年，通过安徽省、河南省和湖北省农作物品种审定委员会审（认）定。优质饲用大麦品种。

该品种为六棱皮大麦，幼苗生长直立，分蘖较弱，叶耳白色，拔节早，大小蘖两极分化快，茎秆蜡粉多，穗层较整齐，熟相较好。株型紧凑，剑叶中等大小，长芒，齿芒，穗纺锤形，光合效率中等。亩有效穗 34.14 万，穗粒数 39.4 粒，千粒重 34.1g，株高 90.0cm。生育期 181～200 天。湖北省大麦品种 2 年区试，平均亩产 432.0kg，比对照增产 9.5%；河南省 2 年区试平均亩产 483.7kg，比当地对照增产 7.7%；安徽省区试平均亩产 423.3kg，比当地对照增产 10.1%。籽粒蛋白质含量 12.4%，超过饲料大麦国家标准（12%）。抗锈病，田间赤霉病、白粉病、纹枯病轻。已累计在湖北省、安徽省和河南省推广种植 346.4 万亩。

苏啤 4 号

苏啤 4 号为江苏沿海地区农业科学研究所，利用申 6/美酿黄金//单二大麦/3/单二大麦杂交后代中间材料为母本（品质好），用盐麦 3 号作父本（抗病、抗倒、粒重高），进行杂交配组，经连续选择而成，2009 年通过江苏品种鉴定（苏鉴大麦 200902）。2018 年通过农业农村部非主要农作物品种登记 [GPD 大麦（青稞）（2018）320022]。江苏省啤酒大麦生产主导品种。

1. 主要特点

（1）产量高。2006 年参加江苏省大麦区域试验（原编号盐 97024），平均产量 430.2kg/亩，比对照单二大麦增产 6.5%，达极显著水平。2007 年参加江苏省大麦区域试验平均产量 420.1kg/亩，比单二大麦增产 6.96%，达极显著水平。2008 年参加江苏省大麦生产试验，平均产量 442.6kg/亩，比单二大麦增产 7.2%，达极显著水平。苏啤 4 号产量水平一般为 400～450kg/亩，潜力达 500kg/亩以上。2010、2011 年夏收，盐城不少农户种植苏啤 4 号的田块产量水平达 550kg/亩。

（2）品质优。经中国食品发酵工业研究院分析，麦芽细粉浸出物 79.5%，α-氨基氮 164mg/100g，糖化力 292WK，均高于国家优级麦芽品质标准。

（3）抗性强。省区试鉴定点扬州大学农学院鉴定结果为高抗品种。

（4）耐盐性好。在江苏沿海滩涂中轻度盐渍土壤区（2‰～4‰）种植平均亩产 323～425kg。

2. 生产推广应用

苏啤 4 号育成后先后被列为国家农业综合开发农业部专项、江苏省农业重大品种后补助项目、江苏省高新技术研究等项目。并与企业合作，加强配套技术研发，实施产业化开发，推广面积逐年扩大。截至 2012 年，累计推广种植 662.05 万亩，其中江苏省 570 多万亩，外省 80 多万亩。2011 年种植面积最大，为 154.3 万亩。亩增效 70.9 元，合计创社会经济效益 4.69 亿元。

苏啤 6 号

苏啤 6 号为江苏省啤酒大麦生产主导品种。由江苏沿海地区农业科学研究所，利用浙皮 1 号为母本，单二大麦作父本，进行人工杂交配组，再用单二大麦进行回交，经连续 5 年系谱选育而成。2011 年通过江苏省农作物品种审定委员会鉴定（苏鉴大麦 201102）。2014 年获国家植物新品种权保护，品种权号为 CNA20080409.X。2017 年通过农业部非主要农作物品种登记［GPD 大麦（青稞）（2017）320021］。

1. 主要特点

（1）丰产性好。2007 年秋播参加江苏省大麦区域试验，平均亩产416.04kg，居第二位，比对照品种单二增产 16.66％；2008—2009 年平均亩产 456.25kg，比单二增产 16.93％，达极显著水平，居第二位；两年平均亩产436.15kg，比单二增产 16.66％。生产试验平均亩产 445.2kg，比对照增产17.5％，通过江苏省中间试验。

（2）麦芽品质优。2007 年经中国食品发酵工业研究院酿酒技术中心测定的麦芽品质结果为：蛋白质含量 11.0％，糖化力 328WK，α-氨基氮 190mg/100g，库尔巴哈值 47％。

2008 年由美国 AB 公司哈尔滨实验室分析的品质结果为：大麦蛋白质含量 11.11％，麦芽蛋白质含量 10.68％，细粉浸出物 80.08％，粗粉浸出物79.23％，浸出物差 0.85％，糖化力 412.18WK，α-氨基氮 187.66mg/100g，β-葡聚糖 150.88mg/kg，库尔巴哈值 46.33％。麦芽品质均达到优级水平，与进口啤麦的分析结果相仿。江苏农垦麦芽有限公司进行小批量麦芽品质测定，品质指标均达到国标优级麦芽水平。

（3）抗性好。抗大麦黄化叶病（江苏省区试测定试点：扬州大学），对网斑病、条纹病、白粉病有一定的抗性。

2. 生产推广应用

苏啤 6 号育成后先后被列为江苏省农业重大品种后补助项目和江苏省高新技术产品。至 2015 年累计种植 718.71 万亩，其中 2014 年种植面积最大，为158.05 万亩。江苏本省 620 多万亩，外省种植 94.4 万亩，亩增效益 125.7 元，累计增加社会经济效益 9.04 亿元。

苏啤 8 号

苏啤 8 号为江苏沿海地区农业科学研究所，利用大麦育种中间材料盐97024 为母本，苏啤 3 号大麦作父本，进行人工杂交配组，经 6 年连续选择，于 2010 年育成定型。2016 年获国家植物新品种权保护（CNA20121148.3），2017 年通过农业部非主要农作物品种登记［GPD 大麦（青稞）（2017）320023］。江苏省啤酒大麦生产主导品种。

1. 主要特点

（1）丰产性好。2010—2011 年参加本所啤酒大麦新品系比较试验，以单二大麦作第一对照，以苏啤 3 号作第二对照，平均产量 489kg/亩，比对照单二大麦增产 17.67%，达极显著水平，比苏啤 3 号增产 4.68%，达显著水平，居 12 个参试品系第 1 位。2012—2015 年连续 3 年参加国家南方大麦区域试验，8 省市 10 个试点平均单产 379.5kg/亩，比对照增产 2.4%，比单产均值高 3.7%，比二棱大麦单产均值高 5.5%，在 14 个参试品种中居第 4 位。

（2）矮秆、耐肥抗倒。株高比单二大麦矮 10～15cm，与扬农啤 5 号相仿，正常株高为 80cm 左右，株型较紧凑，适合棉麦套种和机械化种植。

（3）弱春性。幼苗半匍匐，耐寒抗冻性好，幼苗分蘖力强，成穗率高，亩有效穗 55 万左右，麦穗较大，约 6cm，长芒，每穗粒数为 26 粒左右，千粒重为 42～45g，正常情况下比苏啤 3 号高 3g，籽粒饱满度好，细皱纹多而密，腹沟浅，麦芽品质优。2017 年经中国食品发酵工业研究院酿酒技术中心测定，苏啤 8 号麦芽浸出物 80.7%，糖化力 337WK，库尔巴哈值 42.6%，可溶性氮 0.86%，麦芽品质达到优级啤麦标准。成熟期与苏啤 3 号相仿，后期转色正常。

2. 生产推广应用

苏啤 8 号育成后与种子企业合作，加强配套技术研发，实施产业化开发，推广面积逐年扩大。截至 2017 年累计推广 85 万亩，全部在江苏种植，2016 年种植 33 万亩，亩增效 100 元左右，合计创社会经济效益 0.8 亿元。

扬农啤 8 号

扬农啤 8 号由栽培岗位科学家许如根团队，利用扬农啤 2 号为母本、苏农 16 为父本，通过杂交系谱选育而成。2011 年通过江苏省农作物品种审定委员会鉴定（苏鉴大麦 201101）。2014 年申请国家植物新品种权保护（公告号：CNA005686E）。

扬农啤 8 号属春性二棱皮大麦。幼苗半直立、叶片较长、分蘖力中等偏上。株高 85cm 左右，株型较紧凑、成穗率较高，穗层整齐、每穗结实 25 粒左右。籽粒淡黄色、椭圆形、皮壳较薄、千粒重约 45g，蛋白质含量 11.29%。

麦芽细粉浸出率 80.2%、α-氨基氮 170mg/100g，库尔巴哈值 45.0%、糖化力 350WK。各项品质指标达到国标优级麦芽标准。黄淮地区秋播全生育期 195 天。耐肥抗倒性强，高抗大麦黄花叶病。

扬农啤 8 号 2008—2009 年参加江苏省大麦品种区域试验，2 年平均单产 6 537.8kg/hm²，比对照品种单二大麦增产 16.7%。在 2009—2010 年江苏省大麦生产试验中，平均产量 6 693.2kg/hm²，比单二增产 17.8%。该品种 2011 年在江苏、湖北两省示范推广，至 2015 年累计生产种植 26 万 hm²。

云啤 2 号

云啤 2 号是育种岗位科学家曾亚文团队，以澳选 3 号为母本、S500 为父本，采用世界上杂交系谱法育种周期最短的"一年三代"高效育种技术，育成的粮草双高型二棱啤酒大麦品种。2012 年云南省种子管理站品种登记（云登记大麦 2012030 号），2018 年国家非主要农作物品种登记［GPD 大麦（青稞）(2018) 530012］，云南省啤酒大麦生产主导品种。

该品种优质、抗旱、耐瘠、抗冻、抗病、分蘖再生能力强、功能成分含量高。2005—2007 年在云南省啤麦区试中，全部 9 个试点平均每亩籽粒产量 373kg，较对照品种增产 34.7%。前期生长速度中等，籽粒灌浆期长，生育期 158 天。分蘖力特强、成穗率高，啤麦及麦芽品质优，蛋白质含量 10.8%，麦芽浸出率 79.8%，糖化力 389WK，α-氨基氮 195mg/100g，库尔巴哈值 46%。株高 81cm，每亩有效穗 47.4 万，成穗率 78.9%；穗粒数 21 粒，千粒重 43g。2008—2018 年，在云南省 10 个州市及四川和贵州等省累计示范推广 195 万亩，增产籽粒 9 009 万 kg，增产秸秆饲草 10 823 万 kg。其中，2015 年最大生产种植面积为 45.5 万亩。

云饲麦 3 号

云饲麦 3 号是育种岗位科学家曾亚文团队，以 8640-1 为母本、G061S089T 为父本，采用秋播夏繁一年两代及高低海拔穿梭杂交育成技术，培育的六棱啤饲兼用大麦品种。2012 年云南省种子管理站品种登记（云登记大麦 2012007 号），2013 年获国家植物新品种权保护（CNA20130988.7），2018 年国家非主要农作物品种登记［GPD 大麦（青稞）(2018) 530017］。云南省大麦生产主导品种。

2011—2012 年在云南省饲料大麦区试中，全部 7 个试点平均每亩籽粒产量 427.2kg，比平均对照增产 16.7%，增产点次 100%，居第 1 位。半冬性、前期生长缓慢，后期灌浆迅速。幼苗匍匐，生育期 151 天。粒脉及芒呈紫色，分蘖力强、成穗率高，抗病、抗逆性强。啤酒酿造品质好，浸出物 81.0%、α-氨基氮 139mg/100g、糖化力 233WK。株高 78cm，每亩有效穗 31.6 万，成穗率 64.4%；穗粒数 49 粒，千粒重 40g，结实率 93.4%。2014—2018 年云南省累计生产种植 111 万亩，增产籽粒 5 651 万 kg，增产秸秆饲草 6 782 万 kg。其中，2018 年最大种植面积 39 万亩。

云啤 15 号

云啤 15 号是育种岗位科学家曾亚文团队，与种质资源岗位科学家张京团队等合作，以 BARI293 为母本、S500 为父本，采用秋播夏繁一年两代及高低海拔穿梭育种技术，杂交育成的二棱啤酒大麦品种。2015 年云南省种子管理站品种登记（云种鉴定 2015013 号），2018 年国家非主要农作物品种登记［GPD 大麦（青稞）（2018）530035］。云南省大麦生产主导品种。

2014—2015 年在云南啤酒大麦区试中，全部 9 个试点平均每亩籽粒产量 520.5kg，比平均对照增产 13.5%，增产点次 100%，居第 1 位。2017 年在玉龙县生产示范种植 21 亩，平均单产 719.3kg，比 2016 年创中国大麦最高产纪录的 82-1 增产 21.8%。该品种分蘖力强，成穗率高、抗病、抗逆性强，啤麦及麦芽品质优。株高 63cm，全生育期 164 天，每亩有效穗 56 万，成穗率 77%，每穗实粒数 24 粒，结实率 94.4%，千粒重 45g。2015—2018 年在云南省 10 个州市累计生产示范 8.5 万亩，增产籽粒 545.6 万 kg、秸秆饲草 773.0 万 kg。其中，2018 年最大示范种植面积为 4.2 万亩。

云饲麦 7 号

云饲麦 7 号是育种岗位科学家曾亚文团队，与种质资源岗位科学家张京团队等合作，以 V43 为母本、G039N056N-2 为父本，采用秋播夏繁一年两代及高低海拔穿梭育种技术，杂交育成的六棱啤饲兼用大麦品种。2015 年云南省种子管理站品种登记（云种鉴定 2015022 号），2018 年国家非主要农作物品种登记［GPD 大麦（青稞）（2018）530037］。云南省农业主导品种。

该品种高产、优质、抗逆。2013—2014 年在云南省饲料大麦区试中，全部 7 个试点平均每亩籽粒产量 406kg，比平均对照增产 15.0％，增产极显著，居第 1 位。半冬性、前期生长缓慢，后期灌浆迅速，生育期 151 天。分蘖力强、成穗率高，抗病、抗逆性强。啤酒酿造品质好，麦芽浸出物 80.1％、α-氨基氮 125mg/100g，库尔巴哈值 42.8％、糖化力 177WK。每亩有效穗 29 万，成穗率 62.8％，穗粒数 41 粒，实粒数 37 粒，结实率 90.3％。2015—2018 年在云南省累计示范种植 1.7 万亩，增产籽粒 115.5 万 kg、秸秆饲草 138.5 万 kg。其中，2018 年最大示范面积 1.5 万亩。

保大麦 8 号

保大麦 8 号是由保山综合试验站采用系统选育方法育成的饲料大麦品种。2014 年云南省种子管理站非主要农作物登记（滇登记大麦 2014016 号），2017 年国家非主要农作物登记［GDP 大麦（青稞）（2017）530012 号］。云南省饲料大麦生产主导品种。

特征特性：四棱皮大麦，幼苗半匍匐、植株整齐、叶片深绿、植株基部和叶耳紫红色，穗半直立、株型紧凑整齐，长粒、长芒，乳熟时芒紫红色，穗长 6.3cm，穗实粒数 40 粒左右，千粒重 36g 左右。春性、全生育期 155 天、早熟，株高 90cm 左右，抗倒性中等，抗寒性、抗旱性好，高抗锈病，中抗白粉病和条纹病。籽粒蛋白质含量 10.29％、淀粉 58.06％、赖氨酸含量 0.36％。

产量表现：2001 年参加 13 个品种的预试试验，亩产达 496.3kg，产量居第 2 位；2002—2003 年参加保山市啤饲大麦区域试验，两年区域试验亩产分别为 514.9kg 和 493.5kg，比对照 V06 每亩分别增产 59.1kg 和 56.3kg，各增产 13％和 12.9％，6 个试点两年平均产量均居第 1 位。

生产推广情况：云南省海拔 1 400～2 300m 的地区种植，年度最大推广面积 80 万亩，已累计生产种植 450 万亩。

栽培要点：①选择排灌方便的中上等田块，播种前晒种 1～2 天，10 月下旬至 11 月上旬播种。②适量播种，田麦 6～8kg/亩，地麦 8～10kg/亩，不宜过密，防止倒伏。③合理施肥，氮肥适量，适当增加磷、钾肥施用量，全生育期亩施农家肥 1 500～2 000kg 作底肥，尿素 40kg/亩，普钙肥 30kg/亩，硫酸钾 6～8kg/亩，其中，分两次施尿素，种肥占 60％，分蘖肥占 40％，普钙肥和钾肥一次性做种肥与尿素混合拌匀后撒施。④有条件的地方灌出苗水、分蘖水、拔节水、抽穗扬花水、灌浆水 3～5 次。⑤防治病虫草害及鼠害。⑥及时进行田间管理和收获。

保大麦 13 号

保大麦 13 号是由保山综合试验站采用系统选育方法育成的饲料大麦品种。2014 年云南省种子管理站非主要农作物登记（滇登记大麦 2014018 号），2017 年国家非主要农作物登记 [GDP 大麦（青稞）（2017）530018 号]，2013 年申请国家植物新品种权保护，2017 年 9 月获品种权（品种权证书号：CNA20131013.4）。云南省饲料大麦生产主导品种。

特征特性：六棱皮大麦，幼苗直立、植株整齐，叶色深绿、叶耳不显色。穗半直立、分蘖力强，有效穗多，整齐度好。长粒、长芒、籽粒黄色、穗长 6cm 左右。基本苗 16 万～18 万/亩，最高茎蘖数 61 万/亩，有效穗 36 万/亩左右，成穗率 66％。每穗结实 40 粒，千粒重 33g。春性、早熟，全生育期 155 天，株高 85cm 左右，中抗倒伏，高抗锈病，中抗白粉病、条纹病。籽粒蛋白质含量 10.63％、淀粉 57.01％、赖氨酸含量 0.35％。

产量表现：2009 年参加保山市啤饲大麦品种多点鉴定试验，平均亩产 527.2kg，比对照保大麦 8 号每亩增产 49.2kg，增产 10.3％。2010—2011 年参加云南省饲料大麦品种区域试验，2010 年平均亩产 436.7kg，较对照 YS500 增产 79.9kg，增产 22.4％。2011 年平均亩产 497.5kg，较对照 YS500 增产 112.1kg，增产 29.1％。两年平均亩产 467.1kg，较对照增产 96.1kg，增产 25.9％，居第一位，增产点次率 100％。2012—2014 年参加国家大麦品种区域试验，平均亩产 395kg，比对照增产 6％，居第二位。

生产推广情况：云南省海拔 960～2 100m 的地区种植，年度最大推广面积 16 万亩，已累计生产推广种植 95 万亩。

保大麦 14 号

保大麦 14 号是由保山综合试验站采用杂交系谱选育方法，于 2009 年育成的饲料大麦品种。原品系代号 09 - J20，亲本杂交组合为 peaosanhos - 174/92645 - 8。2014 年云南省种子管理站非主要农作物登记（滇登记大麦 2012010 号），2017 年国家非主要农作物登记 [GDP 大麦（青稞）（2017）530013 号]。云南省饲料大麦生产主导品种。

特征特性：六棱皮大麦，幼苗半直立、植株整齐，叶片深绿、叶耳不显色，穗直立、分蘖力强，整齐度好。长粒、长芒、籽粒浅黄色，穗长 7.3cm，每穗结实 48～55 粒，结实率 87.2%，千粒重 35～38 克。春性、中早熟，全生育期 156 天。株高 94～100cm，中抗倒伏，中抗白粉病、条纹病，高抗锈病。籽粒蛋白质含量 10.3%、淀粉含量 56.08%、赖氨酸含量 0.39%。

产量表现：2009 年参加保山市啤饲大麦品种多点试验，平均亩产 491.2kg，比参试品种平均亩产高 82.3kg，增产 20.1%，居第二位。2012 年参加保山市啤饲大麦区域试验，全部 6 个试点平均亩产 497.5kg，比区试总平均亩产 468.3kg 高 29.2kg，增产 6.2%，增产点次率为 80%，居第二位。

生产推广情况：2011 年在云南省海拔 1 000～2 400m 地区推广种植，年度最大推广面积 13 万亩，已累计生产推广种植 75 万亩。

凤大麦 7 号

凤大麦 7 号系大理综合试验站，采用杂交系谱选育方法，育成的啤饲兼用大麦品种，亲本杂交组合为 S500/凤大麦 6 号。2013 年 4 月云南省种子管理站非主要农作物品种登记（滇登记大麦 2012004 号）。云南省大麦生产主导品种。

该品种属二棱皮大麦。春性、幼苗半匍匐，苗期长势中等，叶窄而短，叶耳紫色，叶绿色直立。中熟，生育期 144～178 天，平均 154 天。株高 71.7cm，茎秆蜡质多，茎秆偏细，株型紧凑，穗层整齐，穗芒呈紫色。分蘖力强，成穗率高；最高茎蘖数 68.9 万/亩，有效穗 52.7 万/亩，成穗率 78.5%。穗棒形，疏穗型，籽粒黄色椭圆形，穗长 6.7cm，每穗总粒数 24.6 粒，实粒数 20.9 粒，结实率 85.7%，千粒重 46.1g。高抗倒伏，熟相好，高抗白粉病，抗锈病，抗旱性和抗寒性中等。原麦蛋白质含量 10.7%，千粒重（绝干）40.3g，≥2.5mm 筛选率 90.8%，3 天发芽率 95%，5 天发芽率 97%，水敏性 3%。破损率 0.1%，色泽淡黄色，具光泽，有原大麦固有香味。啤酒麦芽品质浸出物 79.6%，色度 4.0EBC，α-氨基氮 155mg/100g，糖化力 346WK，库尔巴哈值 41.7%。

品比试验平均亩产 482.3kg，云南省大麦品种区试平均亩产 355.9kg，大田生产一般亩产 300～500kg，最高亩产达 705.4kg。2016 年鹤庆县千亩示范实产验收平均亩产达 608.2kg。2018 年云南省生产种植面积 51.3 万亩，已累计生产应用 149.2 万亩。

凤大麦 6 号

凤大麦 6 号系大理综合试验站采用系统选育方法，从法国大麦杂交后代品系 AT－1 种，选育的啤酒大麦品种。2012 年云南省种子管理站非主要农作物品种登记（滇登记大麦 2012019 号）。2017 年入选云南省大麦生产主导品种。

该品种幼苗直立、叶色绿，叶片窄而上挺，分蘖力强。二棱、长芒，粒色淡黄，粒形卵圆。株型紧凑，植株整齐，株高 80cm 左右。生育期 161 天，较 S500 迟熟 5 天。每亩基本苗 18 万～20 万，最高分蘖 100 万左右，有效穗 65 万以上，成穗率 65％以上，穗实粒数 22 粒以上，千粒重 38～45g。籽粒蛋白质含量 11.0％，无水麦芽浸出率 82.1％，达到国家优级啤酒酿造指标。抗条锈、叶锈和白粉病，抗旱耐寒，株高适中，穗多，穗层整齐，成熟落黄好，粒形粒色好。

品比试验平均亩产 478.0kg，云南省大麦品种区试平均亩产 388.9kg，较对照品种 S500 增产 10.6％。大面积生产示范亩产 450～550kg，最高亩产达 716.3kg。2016 年云南省生产示范种植 23.50 万亩，已累计生产应用 170.6 万亩。

V43

V43 系大理综合试验站采用系统选育方法，从墨西哥大麦杂交后代材料中，鉴定选育的六棱饲料大麦品种。2015 年和 2016 年入选云南省大麦生产主导品种。

该品种幼苗直立，叶色绿，叶片较宽，分蘖力中等。六棱，长芒，粒色淡黄色，粒形纺锤形，株型紧凑，繁茂性好，叶片挺，功能期长，株高 100cm 左右。适宜大理州海拔 2 000m 地区种植，全生育期 160 天左右。亩基本苗 20 万情况下，最高分蘖 60 万～70 万，有效穗 36 万左右，穗实粒数 35 粒以上，千粒重 42～48g。抗锈病、高抗白粉病，抗旱、耐寒性强，根系发达，茎秆弹性好，抗倒耐肥。高产稳产，适应性广，增产潜力大。

品比试验亩产 492.9kg，大理州大麦品种区试平均亩产 507.3kg，生产示范一般亩产 500kg 左右，最高亩产达 695kg。2010 年在云南省生产种植面积达 102.3 万亩，2018 年面积为 67.2 万亩。已累计生产种植 1 120 万亩，是云南省年度生产种植面积超过 100 万亩和累计应用面积超过 1 000 万亩的饲料大麦品种。

甘垦啤 6 号

甘垦啤 6 号为啤酒大麦品种，由武威综合试验站通过杂交系谱选育而成。亲本组合为 98003/垦啤 91134。甘肃省农作物品种审定委员会 2010 年认定，2015 年获国家植物新品种权保护（CNA20090438.9）。甘肃省啤酒大麦生产主导品种。

该品种春性、二棱、直穗型，矮秆抗倒伏，灌浆期长，增产潜力大、品质好。在 2008—2009 年 10 点次甘肃省大麦品种区域试验中，平均亩产达 597.6kg，2008—2009 年在甘肃省河西及沿黄灌区不同生态条件和不同试点生产试验中，平均单产达 568.6kg，最高单产达 621kg。籽粒蛋白质含量 11.1%，选粒率 93%，千粒重 44g，麦芽细粉浸出率（绝干）81.4%。α-氨基氮 192.8mg/100g，库尔巴哈值 39%，黏度 1.63MPa·s，色度 2.5EBC，糖化力 385.2WK，脆度为 85%。年度最大种植面积为 60 万亩，已累计生产种植 247.8 万亩。

甘垦啤 7 号

甘垦啤 7 号为啤酒大麦品种，由武威综合试验站通过杂交系谱选育而成。亲本杂交组合为 98003/垦啤 9102。甘肃省农作物品种审定委员会 2014 年认定。2015 年分别通过国家小宗粮豆品种鉴定（国品鉴杂 2015011）和新疆维吾尔自治区农作物品种登记（新登大麦 2015 年 53 号）。2016 年获国家植物新品种权保护（CNA20110644.5）。

该品种灌浆期为直穗型，增产潜力大，丰产性好。茎秆粗壮，基部节间短，高抗倒伏。抗病、耐旱、耐干热风，适应性广，稳定性好。2013—2015 年在国家春播大麦品种区域试验中，3 年平均单产 452.4kg，比对照甘啤 6 号增产 18.4%，在参试 12 个品种中居第 1 位。籽粒千粒重 43.3g，3 天发芽率 96%，5 天发芽率 99%，籽粒蛋白质含量 11.2%，选粒率 94.1%。无水麦芽浸出率 79.0%，α-氨基氮 142mg/100g，库尔巴哈值 38.9%，黏度 1.82MPa·s，色度 3.0EBC，糖化力 225WK，各项指标符合国家啤酒大麦优级标准。年度最大种植面积 45 万亩，已累计生产种植 132.5 万亩。

甘垦啤 5 号

甘垦啤 5 号为食用裸大麦品种，由武威综合试验站从美国大麦杂交高代材料 NDL6-1 中，通过系统选育而成。2012 年甘肃省农作物品种审定委员会认定（甘认麦 2012001）。2017 年获国家植物新品种权保护（CNA20131048.3）。

该品种为春性、六棱裸大麦，籽粒支链淀粉含量超过 98%。籽粒黑色，大小均匀，加工品质好。麸皮中黄酮含量达到 28.4mg/100g，与苦荞麦的含量相当。矮秆，早熟，抗倒伏。品种比较试验每亩产量 388kg，多点区域试验平均单产 386.4kg。在 2010—2011 年大面积生产试验中，每亩平均产量 346.5～384.7kg。年度最大种植面积 2 万亩，已累计示范种植 8.2 万亩。

新啤 4 号

新啤 4 号为啤酒大麦品种，由奇台综合试验站以红日啤麦作母本、耶费欧作父本有性杂交，采用系谱选择法选育而成。新疆维吾尔自治区种子管理总站登记，啤酒大麦生产主导品种。

该品种春性、中熟，全生育期 84～128 天。幼苗直立，叶色淡绿，株型较紧凑，茎秆弹性好，拔节后基部叶鞘紫色；穗部疏二棱，长方形，长芒，抽穗期芒顶端紫红色，成熟后穗向下弯曲；籽粒淡黄色，长卵形，颖壳上皱纹多，皮薄。株高 93cm，单株成穗 2.7～3.8 个，主穗长 9cm，主穗粒数 22～26 粒，千粒重 41～45g；抗条纹病、抗干热风、抗倒伏能力强。籽粒蛋白质含量 11.73%，麦芽蛋白质含量 11.28%，细粉浸出物 80.8%，库尔巴哈值 45%，糖化力 377WK，α-氨基氮含量 241mg/100g，各项品质指标符合国颁啤酒大麦和麦芽优级标准。自治区生产试验平均单产 336.05kg，比对照法瓦维特增产 17.9%。2009 开始在北疆春大麦区生产推广，至 2017 年已累计种植 28 万亩。其中，2010 年最大推广面积 15 万亩，包括昌吉州 8 万亩、塔城地区 3 万亩、哈密市 4 万亩。

新啤 5 号

新啤 5 号为啤酒大麦品种，由奇台综合试验站采用杂交系谱选育而成。亲本杂交组合为 Poland/Harrington。新疆维吾尔自治区种子管理总站 2009 年认定登记。

该品种春性、中早熟，全生育期 96～101 天。幼苗直立，叶宽、色绿，株高 70～98cm，株型紧凑，茎秆弹性好。单株成穗 2.7～3.8 个，穗二棱、长芒，主穗长 8.5cm，主穗粒数 22~26 粒，千粒重 41~45g。籽粒灌浆速度快，粒色淡黄，粒长卵形，皮薄、皱纹多。抗旱、抗倒伏，抗条纹病。籽粒蛋白质含量 12.24%，麦芽蛋白质含量 11.71%，细粉浸出物 78.9%，库尔巴哈值 32%，糖化力 238WK，α-氨基氮含量 127mg/100g，各项品种指标符合国颁啤酒大麦和麦芽优级标准。

2011—2017 年在北疆春麦区山旱地和戈壁地大面积推广种植，累计生产推广面积 12 万亩。2012 年最大推广面积 5.3 万亩，其中，昌吉州 3.2 万亩，哈密市 2.1 万亩。

新啤 6 号

新啤 6 号为啤酒大麦品种。由石河子综合试验站从种质资源岗位科学家张京团队提供的美国大麦杂交高代材料中，通过多年系统选育而成。2010 年新疆维吾尔自治区非主要农作物品种登记办公室登记。

该品种属春性二棱皮大麦。幼苗直立，分蘖成穗率高，株高 70~75cm，穗长 8~9cm，主穗粒数 21~24 粒。籽粒淡黄色，粒形椭圆，粉质，千粒重 46~48g。抗倒伏能力强，较耐盐碱、耐瘠薄，高抗条纹病。籽粒蛋白质含量 12.3%，麦芽糖化力 297WK，无水细粉浸出率 79.9%，库尔巴哈值 38%，α-氨基氮 136mg/100g。在适宜种植区域，中上等水肥一般亩产 450~500kg，具有亩产 600kg 以上的潜力，适宜在新疆各春大麦区种植。已累计生产推广种植 20 多万亩，2015 年最大种植面积 5 万亩。

I090M066M

I090M066M 为啤酒大麦品种。由石河子综合试验站根据种质资源岗位科学家张京团队提供的美国大麦杂交高代材料，通过多年鉴定和系统选育而成。2011 年新疆非主要农作物品种登记办公室登记。

该品种为春性皮大麦，幼苗直立，分蘖成穗率高，株高 80~90cm，茎秆粗细和茎叶蜡粉中等。穗二棱、长芒，穗长 7.5~8.5cm，主穗粒数 21~27 粒，籽粒淡黄色，椭圆形、粉质，千粒重 45~50g。抗倒伏能力较强，有一定耐盐碱、耐瘠薄能力，高抗条纹病。籽粒蛋白质含量 12.1%，千粒重（绝干）45g，麦芽糖化力 305WK，麦芽细粉无水浸出率 80.3%，库尔巴哈值 42%，α-氨基氮 148mg/100g。在适宜种植区域，中上等水肥一般亩产 450~500kg，具有亩产 650kg 以上潜力。适宜在新疆各春大麦区种植。已累计生产推广种植 15 多万亩，2016 年最大种植面积 3 万亩。

甘啤 6 号

甘啤 6 号为高产优质啤酒大麦品种。由育种岗位科学家潘永东团队以 883 - 50 - 2 母本、吉 53 为父本，通过杂交系谱选育而成。2010 年甘肃省农作物品种审定委员会认定登记。2015 年获国家植物新品种权（品种权号：CNA005111E，品种权证书号：第 20155272 号）。甘肃省啤酒大麦生产主导品种。

该品种属春性二棱大麦，中熟、生育期 102 天左右。分蘖力强、成穗率高，一般种植密度下，单株有效分蘖 2.5 个。茎基部节间短，穗茎节较长，茎秆弹性好，高度抗倒伏、耐水肥、抗干热风，抗条纹病和其他大麦病害。酿造品质优良，籽粒千粒重 45～50g，选粒率（≥2.5mm）85％～93.0％，3 天发芽率 95％～100％，5 天发芽率 100％，蛋白质含量 8.7％～10.5％。麦芽蛋白质含量 8.7％～10.3％，糖化时间 8min、色度 3.0EBC，麦芽浸出物 80％～82％，α-氨基氮含量 155～180mg/100g，库尔巴哈值 39％～46％、糖化力 325～359WK。各项品质指标均达到国家啤酒大麦和麦芽优级标准。

甘啤 6 号一般亩产 500～600kg，每亩最高可达 700kg 以上。2009 年在永昌县生产示范种植 2 025 亩，平均单产 560kg。其中，东寨镇 30 亩示范田，平均单产达 710.0kg。2010 年在永昌县示范 230hm²，平均产量 8 640kg/hm²。2011 年甘肃省玉门市昌马乡示范甘啤 6 号 14hm²，平均产量 8 610.0kg/hm²。2012 年成为甘肃啤酒大麦种植主栽品种，并在新疆、内蒙古有一定的种植面积。年度最大推广面积 80 万亩。至 2017 年累计生产种植 415.3 万亩。

甘啤 7 号

甘啤 7 号系大麦育种岗位科学家潘永东团队，以 8759 - 7 - 2 - 3 为母本、KRONA 为父本，通过杂交系谱选育而成。2010 年甘肃省品种审定委员会认定登记。2015 年全国小宗粮豆品种鉴定委员会鉴定（国品鉴杂 2015013）。2015 年获得国家植物新品种权（品种权号：CNA005112E，品种权证书号：第 20155273 号）。甘肃省啤酒大麦生产主导品种。

该品种为春性二棱皮大麦。生育期 92 天左右，中熟。一般密度条件下，单株有效分蘖为 2.7 个，分蘖力强，成穗率高。基部节间短，穗茎节较长，茎秆弹性好，较抗倒伏。2008—2009 年，在甘肃秦王川盐分含量 0.6％的盐碱地试验鉴定，表现耐盐、抗旱性强。高抗条纹病，中抗网斑病和根腐病，黄矮病和条锈病免疫。酿造品质优良，原麦千粒重 45g，3 天发芽率 95％、5 天发芽率 97％，蛋白质含量 10.5％、选粒率（≥2.5mm）97.0％；麦芽浸出物82.3％，色度 3.0EBC、α-氨基氮含量 195mg/100g，库尔巴哈值 44％、糖化力 325WK。

甘啤 7 号一般产量 6 750～7 500kg/hm²，最高产量可达 9 000kg/hm²。在甘肃省 2 年 12 个点次大麦品种区域试验中，平均亩产 570.8kg，较对照品种甘啤 4 号增产 8.2％，居参试品种第 1 位。2012—2014 年在国家大麦（春播）品种区域试验中，3 年平均亩产 425.9kg，比对照增产 11.5％。2011 年在甘肃省永昌县红光农场示范 450 亩，平均亩产 560kg，较对照甘啤 4 号增产13.2％。2012 年永昌县示范种植 3 000 亩，平均亩产 510kg，较对照甘啤 4 号增产 10.2％；山丹马场旱地示范种植 4 000 亩，平均亩产 350kg，较对照甘啤4 号增产 16.2％。2013 年永昌县生产示范 5 000 亩，平均亩产 524kg；山丹马场旱地示范种植 5 250 亩，平均亩产 365kg，较对照甘啤 4 号增产 20％。适宜在甘肃省河西走廊、中部沿黄灌区、西北及内蒙古、黑龙江等同类地区种植。已累计生产推广 53 万亩。

川农饲麦 1 号

川农饲麦 1 号由成都综合试验站从大麦品系"90-18"中系统选育而成，是饲用大麦品种。2011 年四川省农作物品种审定委员会审定。

该品种系春性中熟六棱皮大麦，全生育期 178～184 天。芽鞘淡绿色、幼苗直立，叶色淡绿、长势旺，分蘖力强、成穗率高。植株紧凑，平均株高90cm 左右，穗层整齐、落黄转色好。穗长芒，平均穗长 5.1cm，穗粒数 31 粒左右。白颖壳，籽粒黄色、椭圆形，饱满度好，平均千粒重 39.1g。区试平均亩产 338.6kg，比对照增产 18.4％；高产示范单产 565.18kg/亩，比对照增产24.0％。高抗条锈、白粉，中抗赤霉病，田间未见条纹病、黑穗病。籽粒蛋白质含量 12％以上。该品种年度生产应用规模 50 万亩，至 2018 年已累计生产应用 300 万亩以上。

康青 6 号

康青 6 号由甘孜综合试验站通过杂交系谱选育而成。亲本系谱：康青 3 号/藏青 80//Hiploly。四川省青稞生产主导品种。

该品种为春性、裸大麦。中熟、春播生育期 125～140 天，幼苗直立、分蘖较强。叶色深绿、株型紧凑，穗层整齐、成穗率中等，株高 98～108cm。穗长方形、六棱、长齿芒，乳熟期叶耳、颖脉呈紫色，穗长 6.6cm，穗粒数 38～43 粒，千粒重 44～48g。籽粒黄色、椭圆形，蛋白质含量 12.4％，淀粉含量 69.5％，赖氨酸含量 0.46％。对条锈病、白粉病免疫，无网斑病，中感赤霉病和云纹病。

康青 6 号在四川省青稞区试中，2 年 12 个试点平均亩产 237.5kg，比对照康青 3 号增产 12.5％。多点生产试验平均亩产 272.0kg，较对照康青 3 号增产 27.8％。适宜四川海拔 2 300～3 800m 春播青稞产区种植。2008—2018 年累计生产推广 400 多万亩，增产粮食 4 万多 t，增加牲畜越冬饲草 4.5 万 t。

康青 9 号

康青 9 号由甘孜综合试验站通过复合杂交系谱选育而成。2012 年四川省农作物品种审定委员会审定。亲本杂交组合：色查 2 号/95801//乾宁本地青稞/甘孜白六棱。四川省青稞生产主导品种。

该品种系春性六棱裸大麦。幼苗半直立、叶色深绿，茎节和叶耳白色，分蘖力中等、成穗率较高。株型松散、株高 80～110cm，茎秆弹性强、较抗倒伏。穗姿弯垂、长齿芒、颖壳黄色，穗长 6.9cm、穗粒数 43～46 粒。籽粒浅黄色、粒形椭圆、粒质半硬，千粒重 45～47g，蛋白质含量 14.8％，淀粉含量 77.0％，赖氨酸含量 0.52％。中熟、较耐肥抗旱，四川省甘孜州春播生育期 130 天左右。高抗大麦条锈病和抗白粉病，高感赤霉病。

康青 9 号 2009—2010 年参加四川省青稞品种区域试验，2 年平均亩产 235.3kg，比对照品种康青 3 号增产 19.4％。2010 年参加青稞品种生产试验，平均单产 223.2kg，比对照康青 3 号增产 14.2％。该品种主要在四川省甘孜州生产推广，2012—2018 年累计种植面积 100 万亩。

黄青 1 号

黄青 1 号由甘南综合试验站，以甘青 1 号为母本、90 - 19 - 14 - 1 为父本，经杂交系谱选育而成。2012 年通过甘肃省农作物品种委员会认定（甘认麦2012004）和国家小宗粮豆品种鉴定委员会鉴定（国品鉴杂 2012016）。甘肃省青稞生产主导品种。

该品种为六棱食用裸大麦。春性、中熟，生育期 112～116 天。幼苗直立，叶绿色。株型紧凑，叶耳白色。株高 85.8～93.8cm，茎秆坚韧，粗细中等。穗全抽出，穗脖半弯。穗长方形，长齿芒，穗粒数 30.4～50.0 粒，籽粒黄色，椭圆形、硬质、饱满，千粒重 44.4～45.7g。籽粒碳水化合物含量 71.0%，蛋白质含量 12.2%，脂肪含量 1.9%。耐寒、耐旱、抗倒伏，抗病性好。适宜在甘肃省甘南州海拔 2 400～3 200m 的高寒阴湿区及青海西海镇、西宁、互助等地推广种植。2012 年以来在甘肃省甘南州已累计生产推广 35 万亩。

甘青 6 号

甘青 6 号由甘南综合试验站，以 91 - 84 为母本、90 - 118 - 3 为父本，杂交系谱选育而成。2015 年国家小宗粮豆品种鉴定委员会鉴定（国品鉴杂2015009）。

该品种为食用裸大麦。春性、早熟，生育期 111～112 天。幼苗直立、叶深绿，株型紧凑，叶耳白色。株高 80.7～90.5cm，茎秆坚韧，粗细中等。穗全出，穗脖半弯，穗长方形，六棱疏穗，长齿芒，窄护颖。穗粒数 39.4～45.9 粒，籽粒黄色，椭圆形、硬质、饱满，千粒重 39.8～42.7g。籽粒碳水化合物含量 73.48%，蛋白质含量 10.87%，脂肪含量 2.49%。成熟后期口紧，落黄好、耐寒、耐旱、抗倒伏，高抗条纹病。适宜在青海海北、互助、西宁，四川马尔康、道孚，云南迪庆，甘肃合作等青稞种植区域推广。2016 年开始在甘南州青稞种植区推广种植。

昆仑 13 号

昆仑 13 号由青稞育种岗位专家迟德钊团队，采用杂交系谱法育成。2009 年青海省农作物品种审定委员会审定。亲本杂交组合为 89 - 828/北青 1 号。食用青稞品种，青海省青稞生产主导品种。

该品种属春性六棱裸大麦。幼苗直立、叶色浓绿，旗叶长 22.4～25.1cm，叶宽 2.1～2.6cm。株高 105～110cm，穗全抽出、长方形，穗长 6.8～7.4cm，长芒、穗和芒黄色，每穗结实 37.40～39.50 粒。籽粒角质、黄色，粒形卵圆、千粒重 39.0～43.4g、容重 760g/L。脂肪含量 2.24%，纤维含量 11.2%，淀粉含量 60.0%，蛋白质含量 11.78%。青海省春播种植，中早熟、全生育期 107～113 天。中抗条纹病，耐寒、耐旱性中等，中抗倒伏。大田生产一般单产为 260～350kg/亩，最高生产潜力可达 400kg 以上。该品种自 2009 年开始在青海省推广种植，年最大推广面积为 10 万亩左右。

昆仑 14 号

昆仑 14 号由青稞育种岗位专家迟德钊团队，采用杂交系谱法育成。2013 年青海省农作物品种审定委员会审定，2015 年全国小宗粮豆品种鉴定委员会鉴定。亲本及杂交组合：白 91-97-3/昆仑 12 号。食用青稞品种，青海省青稞生产主导品种。

该品种系春性六棱裸大麦。幼苗半匍匐、叶色浅绿、叶姿半直立，株型紧凑、茎秆弹性好，株高 101.4～104.4cm。穗全抽出、穗姿下垂，穗长方形、穗密度稀、长齿芒、穗和芒黄色，穗长 7.2～7.8cm、穗粒数 36～42 粒。籽粒黄色、卵圆形、半角质，千粒重 43.1～46.8g、容重 788g/L，蛋白质含量 11.08%，直链淀粉含量 20.60%、支链淀粉含量 79.40%，β-葡聚糖含量 4.16%，赖氨酸含量 0.657%。中早熟、全生育期 107～110 天。抗倒伏性强，耐旱性、耐寒性中等，中抗条纹病、云纹病。

昆仑 14 号于 2011—2012 年参加青海省青稞品种区域试验，平均每亩单产 348.2kg，比第一对照品种柴青 1 号增产 8.5%，比第二对照北青 6 号增产 54.1%。2012—2013 年在青海省青稞品种生产试验中，平均每亩单产 321.9kg，比柴青 1 号增产 11.0%，比北青 6 号增产 34.2%。在 2012—2014 年国家青稞品种区域试验中，3 年平均产量 255.9kg/亩，较参试品种平均产量增产 12.9%。在 2014 年国家青稞品种生产试验中，平均产量 312.3kg/亩，增产 9.6%。2013 年该品种开始在青海、甘肃、新疆等省（区）推广，年最大推广面积 22.5 万亩。

昆仑 15 号

昆仑 15 号由青稞育种岗位专家迟德钊团队，采用杂交系谱法育成。2013 年青海省农作物品种审定委员会审定。亲本及杂交组合为柴青 1 号/昆仑 12 号。食用青稞品种，青海省青稞生产主导品种。

该品种系春性六棱裸大麦。幼苗直立、叶色浓绿、叶姿上举,株高85.4~92.5cm,茎秆弹性好、株型紧凑。穗半抽出、穗长方形,长齿芒、穗密度稀,穗和芒黄色,穗长7.3~7.7cm、穗粒数36.5~41.1粒。籽粒褐色、半角质、卵圆形,千粒重42.1~44.7g、容重792g/L,蛋白质含量9.91%,直链淀粉含量17.52%、支链淀粉含量82.48%,β-葡聚糖含量5.36%,赖氨酸含量0.40%。中早熟、全生育期105~111天。抗倒伏性强,耐旱性、耐寒性中等,中抗条纹病、云纹病。

昆仑15号参加青海省2011—2012年青稞品种区域试验,平均每亩单产352.1kg,比对照品种柴青1号增产9.4%,比北青6号增产41.9%。在2012—2013年青海省青稞品种生产试验中,平均亩产339.0kg,比柴青1号增产17.5%,比北青6号增产41.5%。2013年该品种开始在青海、新疆等省(区)推广种植,年最大推广面积34.5万亩。

北青8号

北青8号由海北综合试验站,采用杂交系谱法选育而成。青海省农作物品种审定委员会审定。亲本杂交组合:昆仑3号/门农1号。食用青稞品种,青海省青稞生产主导品种。

该品种属春性六棱裸大麦。幼苗直立、叶色浓绿,叶姿平展、叶耳白色。株型半松散,茎秆弹性较好,穗下节间长26.0cm、株高106.0cm。穗全抽出、穗姿半下垂、穗长方形、穗长6.8cm,穗密度稀,长齿芒,穗和芒黄色,穗粒数45.3粒。籽粒蓝色、椭圆形、半硬质,千粒重52.0g、容重790.0g/L,蛋白质含量14.11%。中熟、全生育期141天左右。中度耐寒、耐旱、耐盐碱,不抗倒伏,中抗条纹病。

北青8号在一般土壤肥力下,产量为260~300kg/亩,高水肥条件下种植亩产超过300kg。旱作产量为210~260kg/亩。该品种已在青海省海北州累计生产种植337.5万亩。

北青9号

北青9号由海北州综合试验站,以76-8为母本、繁-17为父本,通过有性杂交选育而成。2015年青海省农作物品种审定委员会审定。食用青稞品种,青海省主导品种。

该品种早熟，适宜在青海省年平均温度 0℃ 以上，中、高位山旱地和高位水地种植。一般亩产 231.9kg，比对照北青 6 号增产 15.2%。高抗条纹病、云纹病，抗倒伏性好，是海北综合试验站育出的抗倒伏能力较强的一个品种。在青海省海北州年种植面积约 3 万亩，目前已累计生产推广 15 万亩左右。

喜玛拉 22 号

喜玛拉 22 号由西藏自治区日喀则市农业科学研究所，采用复合杂交系谱法选育而成。亲本及杂交组合：石海 1 号/喜玛拉 15 号/3/福 8-4/昆仑 1 号//关东 2 号。食用青稞，西藏自治区青稞生产主导品种。

喜玛拉 22 号属春性六棱裸大麦。幼苗直立，分蘖力强，成穗率高，叶片上举、株型紧凑，株高 94.7cm。穗长 6.0cm、穗长方形，穗姿半下垂、穗密度稀，每穗结实 40～56 粒。籽粒黄色、粒质硬、粒饱满度好，千粒重 45g，蛋白质含量 11.66%，淀粉含量 53.74%，脂肪含量 1.19%，β-葡聚糖含量 4.32%。西藏自治区日喀则市春播种植，中熟、全生育期 134 天左右。抗倒伏性强、耐旱、耐湿、轻感条纹病、黑穗病。

喜玛拉 22 号在西藏自治区青稞品种区域试验，2 年平均亩产量 587.5kg，较对照品种藏青 320 增产 36.1%。在西藏自治区青稞品种生产试验中，2 年平均亩产 463.6kg。2014 年列入西藏自治区青稞主推品种。当年生产种植面积 7.7 万亩，平均单产 403.7kg/亩。已在西藏自治区累计生产种植接近 100 万亩。

藏青 2000

藏青 2000 由青稞育种团队和拉萨综合试验站，采用复合杂交系谱法选育而成。2013 年西藏自治区农作物品种审定委员会审定。亲本及杂交组合：藏青 320/拉萨白青稞//喜玛拉 19 号/昆仑 164。食用青稞品种，西藏自治区青稞生产主导品种。

该品种属春性六棱裸大麦。幼苗直立、株高 98～120cm，穗长方形、长齿芒，穗姿下垂、芒和颖壳黄色。穗长 7.0～8.0cm，每穗结实 50～55 粒。籽粒黄色、硬质，千粒重 45～48g，蛋白质含量 9.69%，粗脂肪 1.96%，淀粉 58.79%，氨基酸总量 9.63%、谷氨酸 2.48%、赖氨酸 0.38%。中晚熟、生育期 120～135 天。较抗倒伏和抗蚜虫，轻感黑穗病等种传病害。

2009—2010 年藏青 2000 在白朗县巴扎乡生产示范，亩产 320～393kg，较生产对照品种喜玛拉 19 号增产 11.0%～14.0%。2011—2012 年在江孜、南木林、定日、康玛、林周、曲水等县生产示范 12 000 亩,平均亩产 350.0kg,比对照品种喜玛拉 19 号增产 15.1%。该品种适宜在西藏自治区拉萨、山南、日喀则、昌都、阿里、那曲等地农区种植。已累计生产种植超过 500 万亩,年最大种植面积近 100 万亩。

冬青 18 号

冬青 18 号由青稞育种团队和拉萨综合试验站,采用杂交系谱法选育而成。亲本及杂交组合:冬青 11 号/82987 - 88605。2013 年西藏自治区农作物品种审定委员会审定,食用青稞品种。

该品种属半冬性六棱裸大麦。西藏秋播种植,中晚熟,全生育期 268 天左右。叶片宽大、叶色浓绿,植株整齐、成穗数高,株高 100cm 左右,茎秆弹性好。抽穗整齐、穗长 7.5cm,短齿芒、穗粒数 48.4 粒、结实率 90%。籽粒浅黄、饱满,千粒重 42.6g,蛋白质含量 10.3%,脂肪含量 1.83%、淀粉含量 60.5%、灰分 1.9%。抗寒、抗倒伏,抗条斑病和黑穗病,轻感条纹病。

冬青 18 号于 2009 和 2010 年连续 2 年参加西藏自治区冬青稞品种区域试验,平均亩产 382.5kg,比对照增产 10% 以上。2011—2013 年在山南、林芝、拉萨等地 6 个试点生产示范,种植面积 2～500 亩,2 年共示范 867 亩,平均单产 372.0kg,比当地生产对照品种增产 11.7%。最高产量每亩 550kg。该品种适宜在西藏自治区拉萨、山南、林芝、昌都等地冬青稞产区种植。已累计生产推广种植 70 多万亩。

生产主推技术

技术名称：大麦青贮、干贮种养一体化生产技术

研发集成团队：栽培岗位科学家张凤英、刘志萍团队

技术要点

（1）适宜品种。蒙啤麦 3 号、蒙啤麦 4 号。

（2）适期播种。内蒙古西部 3 月中旬至 3 月下旬，中部 4 月上旬至 4 月中旬。

（3）适宜行距和播种量。行距 10～15cm；蒙啤麦 3 号播量，水浇地 16～18kg/亩，旱地 18～20kg/亩，每亩保苗 35 万～39 万株；蒙啤麦 4 号播量，水地 17～19kg/亩，旱地 19～21kg/亩，每亩保苗 36 万～40 万株。

（4）适期收割。灌浆中期（乳熟期）全株收割。

（5）及时青贮或干贮。直接全株机割粉碎或收割后粉碎，进行青贮处理，或者割后晾晒，制成干草贮藏。

生产示范应用情况

2015—2016 年，蒙啤麦 3 号全株青贮生产在山东省商河县沙河镇现代牧业饲草种植基地，蒙啤麦 4 号麦后复种燕麦全株干饲草生产在乌兰察布市瑞田现代牧业有限公司，分别示范获得成功。近 3 年来，该技术在内蒙古中、西部农牧交错区及山东省得到大面积生产推广应用。其中，蒙啤麦 3 号青干贮饲草生产配套栽培技术推广 3.5 万亩，总经济效益 995.98 万元；蒙啤麦 4 号青干贮饲草生产配套栽培技术推广 1.0 万亩，总经济效益 152.12 万元。

技术名称：大麦青饲（贮）种养结合生产技术

研发集成团队：合肥综合试验站

技术要点

以草食畜禽养殖冬、春季青饲料短缺和南方稻作区存在大量冬闲田等问题

为导向，在传统利用大麦籽粒的基础上，构建了大麦"冬放牧、春青刈、夏收粮"新型耕作栽培模式，创新了大麦全株饲用途径。

（1）选择优良品种。选择种植粮草双高优质饲料（草）大麦品种，如皖饲麦1号、皖饲麦2号等。

（2）适期、适量放牧。一般在大麦分蘖期后，苗高25cm左右开始放牧。不同田块之间采用轮牧模式。越冬期间，可放牧5次左右，每亩可满足10头羊的冬季青饲料需求量。

（3）适期刈割、青贮。春季大麦拔节10～15天前，可放牧或刈割青饲喂牛、羊。之后停止放牧或刈割，使大麦继续生长。在抽穗30天左右刈割青贮，或成熟期收获籽粒，一般籽粒亩产可达300～350kg。

生产示范应用情况

该技术特别适合江苏、浙江、湖北、安徽等南方冬闲田较多省份利用。2017年和2018年，连续2年被农业农村部遴选为农业主推技术，向全国发布推广。目前已在全国10个省份推广应用，在安徽省已累计推广应用15万多亩。

技术名称：大麦复种育苗向日葵双季高效栽培技术

研发集成团队：巴彦淖尔综合试验站

技术要点

本项技术结合内蒙古自治区河套地区一季有余两季不足的气候特点，结合向日葵晚播技术的推广，利用在向日葵播种前的空闲时间，充分发挥大麦的早熟特性，增加一季大麦生产。选用适应当地生长的早熟大麦品种，如蒙啤麦2号和蒙啤麦3号等，3月上旬播种，7月上旬成熟。大麦成熟收获前20天左右，进行向日葵育苗。大麦收获后，移栽复种苗龄15天以内的育苗早熟向日葵，保证向日葵在10月上旬正常收获。

生产示范应用情况

大麦-向日葵填闲移栽复种模式，既增加了大麦生产，提高了单位土地面积产值，增加了农牧民收入，也不耽误向日葵种植，保证了产量和品质。目前，已在内蒙古自治区巴彦淖尔市累计生产示范2 963亩，建立核心示范区500亩，增加纯收益460.78万元。

技术名称：甘孜州青稞高产优质高效综合配套技术

研发集成团队：甘孜综合试验站

技术要点

（1）良种选择。针对不同生态区域、不同地块选用青稞优良品种。

（2）种子处理。播种前，进行种子筛选、晒种、包衣处理。

（3）机械化整地、播种。采用机耕、机耙、机播，节本降耗、提高播种质量。

（4）科学施肥。施足底肥，看苗适期施追肥和叶面肥。

（5）化学除草。根据不同地块、杂草种类，选用高效、低毒、低残留除草剂。

（6）病虫综防。优先应用生物防治和物理防治，在必须采用化学防治时，科学合理使用农药。

（7）防止倒伏。针对不同地块长势，施用矮壮素防倒伏。

（8）及时收获。机械化收获，降低成本，保证质量。

生产示范应用情况

2008—2018 年已累计推广应用 120 多万亩，新增粮食 0.6 万 t，节本 1 500 多万元。

技术名称：啤酒大麦水肥一体化滴灌技术

研发集成团队：石河子综合试验站

技术要点

（1）配方施肥技术。根据啤酒大麦不同生育期的需肥特点，按照平衡施肥的原则，在 2 叶 1 心期、拔节至抽穗、抽穗至扬花、扬花至灌浆和灌浆期进行合理施肥。

（2）合理灌溉技术。确定啤酒大麦的需水量、日耗水强度、土壤湿润比、每次灌水时间、灌水次数和灌水总量。

（3）水肥耦合技术。按照每次的灌水量将肥料同滴灌的灌水时间和次数进行合理分配，主要原则是肥随水走、分阶段拟合。肥液浓度一般为 0.1%，要先滴灌 15min 左右，再将肥料倒入施肥罐，施肥结束后要用不含肥料的水清洗滴灌带 15～30min，防止肥料堵塞出水口。

生产示范应用情况

啤酒大麦水肥一体化滴灌技术主要是在新疆生产建设兵团红山农场生产示范推广，现已累计推广面积 7 500 亩。

技术名称：大麦—玉米一年三熟高产高效青贮种植模式

研发集成团队：驻马店综合试验站

技术要点

（1）播种和收割期要点。11 月初播种青贮大麦，至次年 4 月底籽粒灌浆蜡熟中期收割；大麦收割后，于 4 月底 5 月初，播种第一茬青贮玉米，7 月底至 8 月初收割；8 月上旬种植第二茬青贮玉米，11 月初收割。

（2）青贮大麦栽培要点。①精细整地，达到上虚下实无坷垃，种子播前用多菌灵和氧化乐果拌种，以防黑穗病。②适期播种，10 月 20 日至 11 月 15 日，可推迟播种，但要严格控制早播，防止冻害。播种深度 4～5cm。③适量密植，每亩播量 8～10kg，基本苗 16 万～20 万株。④配方施肥，冬前与拔节末期肥水重点管理，在施足底肥（每亩施土杂肥 2～3m³、三元复合肥 40～50kg）基础上，返青拔节期根据苗情追施尿素 5～10kg。⑤干旱年份 12 月中下旬，灌一次越冬水，确保苗期安全越冬。孕穗至抽穗期喷一遍氧化乐果加粉锈宁，有效防治病虫害。⑥适期收获。大麦蜡熟中期进行收获，可获得较高生物学产量。

生产示范应用情况

2016—2017 年，在河南省开封和南阳生产示范 700 亩。2017—2018 年在开封兰考和南阳桐柏、邓州等县，生产示范推广 2.3 万亩，新增社会经济效益 770.5 万元。

技术名称：云南早大麦抗旱生产技术

研发集成团队：育种岗位科学家曾亚文团队

技术要点

本技术首次将云南大麦按季节分 5 个种植类型，依次为冬大麦（80%）

＞早大麦（16％）＞春大麦（3.5％）＞秋大麦（0.49％）＞夏大麦（0.01％）。提出发展早大麦生产是抵御云南冬春旱灾有效的生产技术。早大麦是指介于秋大麦（7～8月播种）和冬大麦（10～11月播种）之间，利用秋雨和湿润土壤、温暖和充足日照，避开秋大麦生育期（8～10月）高温、多雨和烈日天气引起的热害、湿害和病虫草害；减少冬大麦的冬春旱灾、冻害和3～4月的高温逼熟。要求9月中下旬播种，翌年2月成熟，全生育期120天。

生产示范应用情况

2011—2018年在云南省示范推广631.5万亩。在2010—2013年云南省连续3年旱灾中，发挥了示范带动作用，使早大麦种植从2008年占云南大麦生产总面积的10％提升至2018年占25％。

技术名称：大麦苗粉晒制加工技术

研发集成团队：育种岗位科学家曾亚文团队

技术要点

（1）以海拔1 950～2 400m、空气质量好的滇中盘龙区松花坝水源保护区，为生产种植基地。

（2）大麦10月10～15日播种，1月20～25日分蘖盛期第1茬割苗，3月15～20日第2茬割苗。

（3）收割的大麦苗清洗干净，利用滇中冬春干旱、夜间霜冻和白天干燥的自然条件，太阳底下晒干。第1茬苗晒20～30天，第2茬苗晒15天左右。

（4）将晾干的大麦苗进行粗粉碎和超细粉碎。第1茬亩产控制在120kg以内，第2茬亩产70～80kg，后者比前者的苗粉更绿。

生产示范应用情况

以云啤2号为主栽品种，已累计生产加工大麦苗粉15t，每吨霜冻晒制的大麦苗粉比冻干工艺节约成本6.5万元。以加工生产的大麦苗粉为原料，研制推广云功牌大麦苗粉6个系列新型功能食品。以大麦苗粉为实验材料，研究揭示大麦苗粉防治20多种人类慢性病功效显著，并揭示了其分子机制。

技术名称：甘南藏族自治州青稞生产栽培技术

研发集成团队：甘南综合试验站

技术要点

（1）选用良种。选用甘南州农科所选育出的甘青系列青稞品种。

（2）轮作倒茬。选择油菜、马铃薯、豆类及轮歇地等为前茬。

（3）施足基肥。亩施农家肥 1 000～2 000kg、磷酸二铵 7.5～10kg、尿素 2.5～5kg 作基肥。无农家肥，亩施磷酸二铵 15～20kg、尿素 5～10kg 作基肥。

（4）种子处理。播前选用敌委丹、立克秀等拌种防治青稞种传病害。

（5）适期、正确播种。一般在 3 月中旬至 4 月中旬播种。条播，播种深度 3～5cm。

（6）播种量。不抽穗或半抽穗品种，发芽率正常，每亩播量 28 万～32 万粒。全抽穗品种亩播量 32 万～36 万粒。

（7）田间管理。在青稞 3～4 叶期，用爱秀及苯磺隆可湿性粉剂混合使用，茎叶喷雾防除野燕麦及阔叶杂草。

（8）适时收获。人工收获在蜡熟末期，机械收获在完熟期。

生产示范应用情况

已在甘肃省甘南州青稞种植区域大面积生产应用。

技术名称：啤酒大麦 3 - 5 - X 肥密法

研发集成团队：栽培岗位科学家王化俊团队

技术要点

3 - 5，即为每亩基施尿素 15kg、磷酸二铵 25kg，在播种之前，结合整地一次性施入土壤，施肥深度 10cm 以下。X 为播种量，张掖以东地区每亩播种 17.5～20kg，张掖以西地区每亩播种 22～22.5kg；永昌县每亩播种25～30kg。

生产示范应用情况

该技术主要在甘肃省推广应用，已生产示范推广应用 41 万亩。

技术名称：河南省啤酒大麦亩产450kg高产创建技术规范

研发集成团队：驻马店综合试验站

技术要点

（1）还田深耕。秸秆还田后深耕25～30cm，豫南雨养区秸秆还田后深耕，不仅可以培肥地力，而且可以降低土壤黏重性，改善土壤通透性，还可以增加耕层土壤含水量，为大麦生长发育提供良好的土壤环境。

（2）适期稀播。最佳播期应在10月25～30日，合理播量为5～6kg/亩；稻茬地最佳播期应在10月28至11月5日，合理播量为7～8kg。播种方式中低产田以20cm等行距播种，高产田应以宽窄行95式或10-5-5种植。

（3）施足底肥、稳磷增钾。在豫中南地区中等肥力条件下，要适当控制氮肥用量，稳定磷肥、增施钾肥是高产优质的关键措施，要获得高产优质啤酒大麦籽粒，每亩施用纯氮8kg、五氧化二磷6kg、纯钾6kg，氮磷比1：0.75：0.75为最佳组合。

（4）药剂拌种。播前选用10%立可秀可湿性粉剂10～15克拌种10kg，以防大麦黑穗病和条纹病的发生。

（5）化学除草。12月上中旬，每亩用爱秀50mL＋麦喜10mL，一次性防除大田中禾本科杂草和阔叶杂草。

（6）生长剂调节。返青后拔节前每亩施用15%多效唑可湿性粉剂60g，调控株高，减少倒伏。

（7）一喷三防。孕穗期至抽穗期，每亩用磷酸二氢钾150g、25%粉锈宁可湿性粉剂50g、40%氧化乐果70mL，混合稀释后兑水30kg喷雾，做到防病治虫增粒重。

（8）适时收获、充分晾晒。收获时间以蜡熟后期为宜，抢晴收获，及时脱粒晾晒，防止雨淋受潮，确保酿造品质优良。

技术名称：江苏稻麦两熟啤酒大麦亩产450kg高产创建技术规范

研发集成团队：栽培岗位科学家许如根团队

技术要点

（1）种子包衣精量播。进行种子精选后用大麦种衣剂机械包衣或人工（药剂）拌种，预防坚、散黑穗病和条纹等种传病害及地下害虫；进行发芽试验，并按每亩基本苗 18 万左右的要求，计算播种量，大约在 10kg；如播期推迟，应适当增加播种量。

（2）精细整地、施足基肥。水稻收获后，根据田间的墒情整地，不可以滥耕，每亩施磷酸二铵 20kg、尿素 10kg 作基肥，用中大型拖拉机深翻（≥25cm）灭茬，再用旋耕机将表层土粉碎、耙平待播。

（3）精细播种、开沟。大麦的适宜播种深度 3cm 左右，调节好机械的播种深度，在不露籽的前提下，尽量浅播，确保播种深度均匀一致，播后及时开沟，注意沟沟相通，出苗后及时查苗，发现缺苗断垄及时补种。

（4）冬前苗期管理。江苏大麦苗期一般不需要灌溉，如遇到特别干旱年份需灌溉，沿海地区特别要注意用淡水灌溉。出苗后，抓住冬前的温暖天气进行化除，3 叶 1 心期，亩追施尿素 10kg，清沟理墒。

（5）返青拔节期管理。早施拔节孕穗肥，在大麦倒 3.5～4 叶期亩施复合肥（N、P、K 各 15%）10kg、尿素 7.5kg；检查化除效果，及时补救；清沟理墒；注意大麦纹枯病防治。

（6）抽穗开花结实期管理。注意黏虫、蚜虫和白粉病、赤霉病的防治；结合病虫防治，每亩用 50kg 0.2%磷酸二氢钾水溶液，进行根外喷肥，可适当加少量尿素；去杂保纯。

（7）成熟收获期管理。适期收获，及时干燥。收获标准为：上部叶片呈黄色，下部叶片枯黄发脆。穗呈黄色、开始弯曲。籽粒完全呈黄色。用牙齿咬籽粒，发出清脆的声音，籽粒含水量降到 20%以下。晴天收获，雨天、雾天不收获。收获后及时晒干或烘干，保证色泽和发芽率。

技术名称：江苏淮北多棱饲料大麦亩产 500kg 高产创建技术规范

研发集成团队：栽培岗位科学家许如根团队

技术要点

（1）种子包衣精量播。进行种子精选后用大麦种衣剂机械包衣或人工（药剂）拌种，预防坚、散黑穗病和条纹等种传病害及地下害虫；进行发芽试验并按每亩基本苗 22 万左右的要求计算播种量，大约为 12.5kg；如播期推迟，应适当增加播种量。

（2）精细整地、施足基肥。水稻收获后，根据田间的墒情整地，不可以滥耕，每亩施磷酸二铵 20kg、尿素 10kg 作基肥，用中大型拖拉机深翻（≥25cm）灭茬，再用旋耕机将表层土粉碎、耙平待播。

（3）精细播种、开沟。大麦的适宜播种深度 3cm 左右，调节好机械的播种深度，在不露籽的前提下，尽量浅播，确保播种深度均匀一致，播后及时开沟，注意沟沟相通，出苗后及时查苗，发现缺苗断垄及时补种。

（4）冬前苗期管理。江苏大麦苗期一般不需要灌溉，如遇到特别干旱年份需灌溉，沿海地区特别要注意用淡水灌溉。出苗后，抓住冬前的温暖天气进行化除，3 叶 1 心期，亩追施尿素 10kg，清沟理墒。

（5）返青拔节期管理。早施拔节孕穗肥，在大麦倒 4～4.5 叶期亩施复合肥（N、P、K 各 15%）10kg、尿素 7.5kg；检查化除效果，及时补救；清沟理墒；注意大麦纹枯病防治。

（6）抽穗开花结实期管理。注意黏虫、蚜虫和白粉病、赤霉病的防治；结合病虫防治，每亩用 50kg 0.2%磷酸二氢钾水溶液，进行根外喷肥；在剑叶露尖时，每亩人工撒施 4～5kg 尿素；去杂保纯。

（7）成熟收获期管理。适期收获，及时干燥。收获标准为：上部叶片呈黄色，下部叶片枯黄发脆。穗呈黄色、开始弯曲。籽粒完全呈黄色。用牙齿咬籽粒，发出清脆的声音，籽粒含水量降到 20%以下。收获后及时晒干或烘干，注意防霉。

技术名称：湖北中稻冬闲田大麦亩产 400kg 高产创建技术规范

研发集成团队：武汉综合试验站

技术要点

（1）"三沟"配套巧整地。中稻冬闲田：9 月底 10 月初中稻收获后，在适耕期进行中深耕（≥20cm），整平耙细，不漏耙，地表平整，高低差不大于 3cm。除土壤含水量过大的地块外，耙平后压墒。整地作业后，要达到上虚下实，地块平整，地表无大土块，耕层无暗坷垃，每平方米 2～3cm 直径的土块不得超过 1～2 块。提倡秸秆还田，基肥深施重施，中沟、背沟、厢沟"三沟"

配套，待播。

（2）种子处理防病害。进行种子精选，精选后用萎锈灵系列种衣剂机械包衣或人工（药剂）拌种，预防坚、散黑穗病和条纹、叶枯等种、土传病害及地下害虫。

（3）适播精播求全苗。①确定播种量：进行发芽试验，并按每亩基本苗16万～18万苗要求计算播种量，即亩播量（kg）＝[（0.16～0.18）÷发芽率÷出苗率（0.7）]×千粒重（g），无法测发芽率时亩播量取11～13kg。②适期播种：江汉平原为10月下旬至11月初，鄂东地区10月底至立冬，北部麦区和山区10月中旬到10月底。③播种方式：采用机械条播，播种量易控制，便于机械化管理，有利于通风透光，减轻个体与群体的矛盾。可选择窄行条播，15～20cm行距；宽窄行条播，宽行30cm左右，窄行10～20cm。播种后若墒情不足，应及时灌溉。

（4）施足基肥促早发。依据土壤测定结果，配方施肥（氮、磷），减少污染，提高效益，基肥（氮肥）一般占70％～80％，磷、钾肥一般为全部或95％以上。基肥以有机肥为主，配合使用氮、磷、钾化肥。

（5）增蘖控旺除杂草。冬前分蘖期，即出苗到真正入冬的这一段时间，适量速效氮、磷、钾供应，可满足第一个吸肥高峰对养分的需要，促进分蘖和发根。

越冬至返青期间，需肥较少时期，应适当控制肥料供应以减少无效分蘖的发生，培育高光效群体。为防倒伏，冬前打一次多效唑，增加其抗倒伏能力。

防除阔叶杂草：在分蘖末期到拔节初期，每亩用90％ 2,4-D-异辛酯乳油30～40mL，或72％ 2,4-D-丁酯乳油60mL，或72％ 2,4-D-丁酯乳油30mL混48％百草敌水剂25mL，选晴天、无风、无露水时均匀喷施。

防除单子叶杂草：野燕麦、稗草可用6.9％精噁唑（骠马）浓乳剂每亩40～50mL，或64％野燕枯可溶性粉剂120～150mL，兑水喷施。手动喷雾器每亩用水量15kg，机械喷雾机每亩用水量20kg。

（6）拔节孕穗巧施肥。拔节至开花为吸肥最高峰，是施肥的最大效率期，必须适当增加肥料供应量；抽穗开花以后维持适量的氮、钾营养，延长叶片功能期。根据苗情长势确定施肥量。拔节期、孕穗期如遇干旱，适时灌水。

（7）防病防蚜防渍害。在抽穗扬花期进行一次赤霉病和蚜虫防治。每亩用40％多菌灵胶悬剂 100mL 或 80％多菌灵颗粒剂 67mL 或 25％咪鲜胺乳油 55～67mL，于抽穗扬花期兑水喷施。防治蚜虫，每平方米有黏虫 30 头时，在幼虫 3 龄前，喷施 4.5％菊酯乳油每亩 30mL 兑水喷施。防治蚜虫可在每百穗有 800 头蚜虫时，用 10％吡虫啉可湿性粉剂，每亩 20g，兑水 2～4kg 喷雾处理。大雨后要巡视"三沟"（中沟、背沟、厢沟）是否畅通，保证厢沟无积水。

（8）机械收获得实惠。成熟后及时收获、脱粒、晒干，确保丰产丰收。建议采用联合收割机收割，以减少综合损失率和破碎粒率，提高清洁率，提升其价值。

技术名称：大麦青稞病虫草拌防一体化

研发集成团队：栽培岗位科学家王化俊团队

技术要点

（1）大麦青稞播种前，每 50kg 种子用 3％敌委丹悬浮种衣剂 50mL 或用25％粉锈宁 150g 拌种，防治条纹病。

（2）地下害虫严重的地区，每 50kg 种子在用 3％敌委丹悬浮种衣剂 50mL或用 25％粉锈宁 150g 的基础上，再添 150％辛硫磷 100mL 拌种。

（3）拌种后堆闷 2～3h，阴干后立即播种。

生产示范应用情况

主要在甘肃省生产示范应用，已经生产推广应用 82 万亩。

技术名称：大麦追肥一步到位法

研发集成团队：栽培岗位科学家王化俊团队

技术要点

根据土壤质地、肥力水平或测土配方施肥结果，大麦开始拔节随头水浇灌，每亩追施尿素 5～10kg，一步到位，之后整个生育期不再追肥。

生产示范应用情况

主要在西北啤酒大麦产区示范应用，已在甘肃省生产推广 49 万亩。

技术名称：甘南州青稞宽幅匀播高产栽培技术

研发集成团队：甘南综合试验站

技术要点

（1）选地整地。选择土层深厚、坡度 15°以下的平整土地，轮作倒茬，秋深耕春耙糖。

（2）品种选择。选择中矮秆青稞品种。

（3）种子处理。选用敌委丹、粉锈宁等拌种，防治青稞种传病害。

（4）播种机具。采用青稞宽幅匀播机械作业。

（5）播种密度。一般每亩播量较当地条播增加 2～3kg。

（6）合理施肥。亩施农家肥 3 000～5 000kg、磷酸二铵 10～15kg、尿素 5～10kg作基肥；无农家肥亩施磷酸二铵 15～20kg、尿素 6～12kg 作基肥。

（7）田间管理。在青稞 3～4 叶期，用爱秀及苯磺隆可湿性粉剂混合使用，茎叶喷雾防除野燕麦及阔叶杂草。

（8）适期收获。人工收获在蜡熟末期，机械收获在完熟期。收获后及时摊晒、精选、入仓。

生产示范应用情况

主要在甘肃省甘南藏族自治州青稞种植区，坡度 15°以下的平整土地生产应用。

技术名称：大麦轻简栽培集成技术

研发集成团对：保山综合试验站

技术要点

（1）大麦播种前晒种 1～2 天，药剂处理种子。

（2）盖种时要求土细，种肥尽量入土，减少露种、露肥，保证苗齐、苗壮、草少。

（3）科学施肥，有机、无机肥结合，配方施肥，"前促、中补、后控"。底肥每亩施腐熟农家肥 1 500～2 000kg。种肥每亩施尿素 15～25kg、普钙

30~40kg、硫酸钾 6~10kg。追肥三叶期亩施尿素 15~25kg，打洞深施或灌水撒施，促进分蘖。长势不匀田块，拔节前后每亩追施尿素 5kg 作平衡肥。

（4）有条件的地方灌出苗水、分蘖水、拔节水、抽穗扬花水、灌浆水 3~5 次。

（5）防治病虫草害及鼠害，及时进行田间管理和收获。

注意整地、整墒时，要求沟深、土层厚、土细。播种后必须进行芽前除草，尽量减少杂草滋生，配合使用化学农药达到防治病虫和除草效果，每亩用爱秀 50g/L 60~80mL，加 10%苯磺隆 20g 对水混合喷雾化学除草。

生产示范应用情况

该技术具有省工、节本、高效的特点，比翻耕麦壮苗早发，成穗率高，有效穗多，从而提高产量。亩产 400kg 左右，每亩节省工时 3 个，节约生产成本 180 元左右。适宜两季矛盾突出的高肥力水田，前作水稻。目前，每年在云南省保山市生产应用 15 万亩左右。

技术名称：大麦—烤烟轮作丰产栽培技术

研发集成团队：育种岗位科学家曾亚文团队、保山综合试验站、大理综合试验站、迪庆综合试验站

技术要点

（1）选择当地适宜种植的大麦品种，播种前清除田间烟秆和地膜，晾晒种子 1~2 天，每亩播种 8~10kg。

（2）适时播种，水田 10 月中旬至 11 月上旬播种，旱地 8 月下旬至 9 月上旬抢雨水播种。

（3）合理施肥，每亩施农家肥 1 000~2 000kg，种肥每亩施尿素 15~20kg、普钙 15~25kg、硫酸钾 3kg。追肥每亩施尿素 15~20kg，作为分蘖肥灌水撒，未能灌水的田地要打洞深施或抢雨前撒施。

（4）有条件的地块灌出苗水、分蘖水、拔节水、抽穗扬花水和灌浆水 3~5 次。

（5）防治病虫草害及鼠害，做好田间管理和及时收获。

生产示范应用情况

大麦—烤烟轮作种植模式，一是能使烤烟早栽，光合物质积累多，提高烘烤质量，增加经济效益；二是能充分利用烟后余留的土壤肥力，每亩可减少普钙5～10kg、硫酸钾3～5kg，每亩节约生产成本19～30元；三是能减轻后作烟草黑胫病发生，减少农药施用。每亩增产30～40kg，增加产值60～80元，后作烤烟每亩增加产值60元左右。2011—2018年，与云饲麦3号、V43、保大麦8号、云饲麦7号、云啤2号、S-4、凤大麦6号、S500和云啤15号等大麦品种配套，在云南省已累计生产示范应用1200万亩，增产大麦3.6亿kg，烟草增值12.0亿元，节支化肥、农药4.8亿元。

技术名称：云南保山大麦抗旱减灾集成技术

研发集成团队：保山综合试验站

技术要点

（1）选用分蘖力强、抗旱、抗寒、抗病、耐瘠的多棱大穗型早熟春大麦品种，如保大麦8号、保大麦12号、保大麦13号、保大麦14号。

（2）播种前晒种1～2天，药剂处理种子防控条纹病等。

（3）提早播种，海拔1500m以下次热区，前作收获较早，8月下旬至9月中旬提前播种。海拔1500m以上温凉区及冷凉区，可适当推迟至9月下旬播种。

（4）精量播种，亩播种量8～9kg为宜，如分蘖盛期长势过头，欲发生倒伏或已倒伏，可用镰刀割尖处理，避免倒伏造成减产。

（5）科学配方施肥，按照"前促、中补、后控"施氮原则，重施基肥和分蘖肥，拔节期补施少量氮肥作平衡肥，后期抽穗后控制不施穗肥。播种前，有条件尽量多施农家肥，基肥每亩施尿素20～25kg、普钙25～30kg、硫酸钾5～8kg，播种前混合撒施。分蘖期抢雨每亩追施尿素15～20kg，拔节期选择苗弱处打洞补施尿素3～5kg。

（6）根据旱情和麦苗长势选择苗期、抽穗扬花期、灌浆期，叶面单独喷施或混合喷施0.3%磷酸二氢钾、1%尿素2～3次。

（7）拔节前，选用戊唑醇或己唑醇粉剂和亮蚜乳油（二甲基二硫醚）等杀虫剂混合防治病虫害一次。齐穗后，视蚜虫发生情况防虫1～2次。在抽穗期、灌浆期、成熟期投放毒饵诱杀 1～3 次，防止鼠害。

（8）适时收获，采用机械收获，适期收获的大麦产量高、品质好。

生产示范应用情况

该技术适宜于云南省保山、临沧、大理、德宏、曲靖、楚雄等州市的山区、半山区。目前，每年在保山生产应用 8 万亩左右。在冬春持续干旱的情况下，在云南省保山市大麦早播有利于抗旱减灾。在海拔 1 500m 以下次热区，前作收获较早，田地空闲，选用早熟春性品种，于 8 月下旬至 9 月中旬提前播种，比传统播种提早 30～40 天，此时还是雨季，降雨充沛，土壤水分足，播种后 5 天左右就出苗，达到苗早、苗足、苗齐、苗匀，为后期高产打下坚实基础。同时利用前期雨水重施底肥、早施追肥，有利发挥肥效，前期早生快发，促进后期高产，缩短生育期 20～30 天，到 2 月底 3 月初，气温开始回升，蒸发量增大时，大麦已经成熟待收获。海拔 1 500m 以上的温凉区及冷凉区，前作收获迟，可适当推迟至 9 月下旬播种，比传统播种提早 20 天左右，也可获取高产。每亩增加大麦产量 40～60kg，增加产值 80～120 元。

技术名称：核桃林下套种大麦集成技术

研发集成团队：保山综合试验站

技术要点

（1）选择良种。选择高产优质、多抗广适的饲料大麦品种，如保大麦 8 号、保大麦 14 号、保大麦 13 号等。

（2）播种前晒种 1～2 天，药剂处理种子防控条纹病等。

（3）提早播种。一般在 9 月中下旬土壤水分充足的情况下抢墒播种。

（4）轻简栽培。播种前，用小型旋耕机深耕，保持土壤疏松、平整，整地后人工撒播种子、肥料，然后采用小型旋耕机浅旋盖种，尽量减少深子、露子、丛子，确保苗全、苗齐、苗匀、苗壮，增加抗旱、抗寒力。

（5）科学配方施肥。按照"前促、中补、后控"施氮原则，重施基肥和分蘖肥，拔节期补施少量氮肥作平衡肥，后期抽穗后控制不施穗肥。播种前，有条件尽量多施农家肥，每亩施尿素 20～25kg、普钙 25～30kg、硫酸钾 5～8kg作种肥，播种前混合撒施。分蘖期抢雨追施尿素 10～15kg。

（6）酌情进行叶面喷肥。视旱情和麦苗长势，选择抽穗扬花期、灌浆期，结合病虫害防治，叶面喷施 0.3％磷酸二氢钾、1％尿素 1～2 次。

（7）及时防治病虫草鼠害。大麦生长期间危害较重的是白粉病和蚜虫，抽穗前白粉病和蚜虫发生时，可选用戊唑醇或已唑醇粉剂和亮蚜乳油（二甲基二硫醚）等杀虫剂，混合防治病虫害一次；齐穗后，再视蚜虫发生情况防虫 1～2 次。由于播种早、成熟早，容易发生鼠害，因此要在孕穗期、灌浆期、成熟期投放毒饵诱杀 1～3 次。

（8）适时收获，粒秆同饲。大麦至蜡熟末期麦粒有机物质不再增加，干物质积累已达最大值，即可收获。大麦秸秆是很好的饲草饲料，一是把大麦秸秆和籽粒同时粉碎后饲喂畜禽；二是大麦籽粒粉碎后饲喂畜禽，秸秆饲喂牲畜或用于牲畜垫圈取暖，腐烂后作农家肥。

生产应用情况

核桃产业是云南省近年来的重点产业，每亩移栽核桃苗 12 株，株行距较大，种植密度稀，冬季落叶，园地实为冬闲，合理选择海拔 1 400～2 100m 台地和缓坡地的核桃园，在冬季适时套种大麦，开春后核桃树生长旺盛时，大麦已成熟收获，既不影响核桃树的生长，又增收了一季大麦产量，有效缓解了农业和林业争地矛盾，增产增收，实为高产高效套种模式。通过种植大麦，一是增加土地鲜活植物覆盖，有效抑制草害，涵养水肥；二是在大麦种植管理过程中，改良土壤；三是增加复种指数，提高土地利用率。增加一季大麦产量，一般亩产 250～400kg，亩增加产值 500～800 元。该技术适宜云南省保山、临沧、大理、德宏等州市的核桃主产区的缓坡地或台地。目前，每年在保山生产应用5 万亩左右。

技术名称：稻茬免耕大麦优质高产栽培技术

研发集成团队：大理综合试验站

云南省大理州 2017 年种植大麦 73.41 万亩，总产约 19.71 万 t，面积和总产均居云南省首位。大理州中高海拔（1 600～2 200m）高原粳稻区常年种植水稻面积约 80 万亩，稻茬大麦播种面积在 25 万～28 万亩，稻茬大麦是大理州大麦生产的高产稳产区，是提高单产、增加总产、稳定实现全年粮食产量的关键。本项技术是根据稻茬免耕大麦多年来试验和生产示范实践研发集成。

技术要点

（1）选用良种，适期播种。

（2）种子处理，开沟作墒、提高播种质量。

（3）科学灌溉，适度控制群体结构。

（4）适量施用化学农药，防治杂草、严防草荒，防治病虫害。

（5）平衡施肥，节本、增产增效。

（6）适期收获、充分晾晒。

生产示范应用情况

本技术入选 2015 年和 2016 年云南省主推技术。免耕大麦比翻耕大麦每亩增产 8.3%，土地利用率达 90%，比翻耕大麦提高 6.2%；节约生产用工 4 个左右，节约用工生产成本在 300 元以上。免耕大麦具有壮苗早发、成穗率高、有效穗多、产量高等特点，较传统翻耕大麦种植方式平均亩增产 30.6kg。已在云南省大理白族自治州累积生产应用 72.2 万亩，增加产值 2 209.32 万元，节约用工生产成本达 2.3 亿元。

技术名称：北方春播大麦复种蔬菜技术

研发集成团队：哈尔滨综合试验站

黑龙江省及内蒙古东部属于温带、寒温带大陆性季风气候，四季分明、雨热同季。年降水量 400～600mm，无霜期短，有效活动积温少，自然条件决定只能种植一季农作物，但日照长，适宜麦类作物种植。黑龙江目前农业生产问题凸显，种植结构单一，过度依赖玉米，盲目扩展水稻，土壤环境恶化、地下水体堪危。

在黑龙江第二积温带以上利用雨热同季、日照充分的自然条件，春季种植早熟耐寒抗旱的大麦青稞，夏季复种秋菜，可以充分利用东北地区春季 3～4 月低温回暖空闲期开始播种大麦，在 7 月 15 日左右麦收后至 10 月 20 日～11 月 15 日寒冬来临之前，复种一季大田秋菜、饲用青贮等，充分利用光热和水汽资源，增加农田复种指数，调整种植结构，增加附加效益，回复传统的轮作制度，改善土壤环境。哈尔滨周边秋菜种植面积 30 万亩左右，近年来北菜南运，酸菜加工产业发展较快，秋菜生产需求不断扩大。

技术要点

1. 选地与整地

（1）选地。不仅要考虑适宜大麦青稞种植，也要考虑复种秋菜。选土质较肥沃、土层深厚的坡地和地势平坦的平川地，排水良好、土壤 pH 中性或微碱性的大豆、马铃薯和玉米前茬地块。

（2）整地。土地要深松、耙细、耙平。前茬大豆田：在适宜水分条件下，适时深松，深松深度以打破犁底层为原则，起到蓄水保墒的作用。标准为深度要求 30cm 以上，各铲尖入土深度一致，误差不超 ±1cm。深松行距 35cm，行距误差 ±1cm，达到松后不留空格，地表平整，土壤疏松，无堑沟。做到随松随耙，春秋翻地不要松耙脱节，以免影响蓄水保墒。耙深应符合要求，深浅一致，耙后达到上下两平、土壤细碎，杂草全部切断。耢地与平地连续作业，增强土壤的蓄水保墒能力，在春旱严重年份更要抢早在冻融交替时期，进行耢地作业弥缝平地保墒，达到播种状态。前茬玉米田：玉米收获后及时灭茬，深度在 8～10cm，调平一致。灭茬之后，在适宜水分条件下适时进行秋翻，利于防治病虫草药害与蓄水保墒。翻耕深度 27～29cm，做到整齐深浅一致，不漏根，不空垡。翻垡晾垡后，在适宜水分条件下，使用重耙切垡耙碎一遍，然后利用轻耙耙平耙细，斜耙顺耙两边，达到平整状态。

2. 种子与处理

（1）品种选择。选择早熟、中早熟优质的大麦青稞品种，哈尔滨周边等第一季温带晚熟品种亦可。

（2）种子处理。为防治大麦条纹病、网斑病、根腐病和黑穗病等主要发生病害，对种子进行药剂拌种。一般每亩用吡虫啉 20g 和黑穗停（麦迪安）30g 或敌委丹 40g 处理。拌种要均匀一致，使药剂均匀黏着在种子表面。拌种后灌袋闷种 1～2 天，达到防治效果，严禁随拌随播。

3. 播种

（1）播期。抢墒抢时播种，一般在 3 月下旬到 4 月上旬必须完成，以保证麦收后复种秋菜。

（2）播深。播深 3～4cm（镇压后），行距 15cm。

（3）播种密度。二棱大麦每亩保苗 30 万～33 万株，多棱大麦 27 万～30 万株。播种量依据实际发芽率计算，设计保苗按以下公式计算：

$$亩播量(kg) = \frac{千粒重(g) \times 公顷保苗数}{种子净度(\%) \times 种子发芽率(\%) \times 田间出苗率(\%) \times 10^6}$$

（4）播种方式。采用机械播种，一般采用 48 行播种机 10～15cm 行距，一次性播种、播量准确、不重不漏，深浅一致、复土严密，观察土壤水分状况及时镇压。

4. 施肥

根据前茬作物，采用测土配方施肥技术与经验施肥相结合。一般每亩施二铵 10～12kg＋尿素 5～6kg，为促早熟可增施 2.5kg 硫酸钾。肥料与种子一次性机械施入。如需追肥，可结合化学除草喷施叶面肥，青稞种植后期可以根据熟期追施氮肥。

5. 田间管理

（1）防倒伏。根据土壤墒情及大麦长势，在 3～4 叶期压青苗 1～2 次，以利保墒和促进分蘖，并增加茎秆强度。用 V 形镇压器压青苗一次，以抗旱，促下控上防倒伏。根据长势，在 3～4 叶期结合化学灭草亩喷施茎壮灵 35～40mL，以防倒伏。

（2）化学除草。在大麦 3 叶期，根据不同杂草群落采用不同除草剂，亩用苯磺隆 6～8g＋植物营养液 50mL＋增效剂 10mL 灭除杂草，野燕麦、稗草等禾本科杂草可用大麦骠马 80mL＋增效剂 5mL/亩灭除。

6. 收获

完熟初期至末期，雨前及早收获，利于品质和晾晒。收获时茎秆切碎抛撒均匀，便于下茬整地。籽粒及时摊晾，避免发热影响品质。

生产示范应用情况

春播大麦青稞，夏季复种秋菜（白菜、萝卜）栽培技术，大麦每亩产量330～400kg，秋菜亩产 2 700～3 400kg。与种植一季玉米相比，不但减肥减药，平均每亩增加效益 1 000 元。与已有的春天同季种植洋葱—秋菜生产模式相比，节约了劳动力、降低了成本，平均每亩增加效益 400 元。本项技术正在黑龙江哈尔滨市示范应用。

技术名称：大麦稻茬少（免）耕直播技术

研发集成团队：栽培岗位科学家许如根团队

2012 年遴选为农业部全国农业主推技术之一。

农业轻简化实用技术挂图

大麦稻茬少（免）耕直播技术

技术要点

1. 品种的选择与种子的准备

选用早熟大麦品种，成熟期比亚油小麦早熟 7～10 天可，在水稻收获之前选播种好的天气晶种，并对种子进行清选和包衣，就高种子的发芽率度，确保种子质量应符合 GB 4404.1-2008 规定指标，种子纯度≥99.0%，净度≥98.0%，发芽率≥85%，水分≤12.5%。

2. 水稻的收获与清茬

在水稻成熟后应及时收获，同采用少（免）耕机械碎播，需匀太高瓦盖种太多均匀影响播种质量，应注意留茬高度，并通合清除部分茎秆。

3. 施肥

一段亩施尿素 10 千克，复合肥 15 千克作为基肥，撒肥一定要均匀。

4. 播种

播亩一般 8～10 千克/亩，播种过程中注意密察排种管是否畅通，机械压的压土轮不能上土太多。

5. 开排水沟

选择适当的开沟器，要求达到 30 厘米的深度，开沟距离加土能力限，沟开要直，沙土可以宽些，黏土适当窄些。注意要求沟沟相通。

6. 化除技术

6.1 少免耕机碎播与板茬播种麦田杂草发生的特点是杂草出苗周期长，冬前出苗高峰期，春播则宣选择药剂，点播施田不同杂草苗进行有针对性地防治。

6.2 化除的最佳使用时间为杂草的 1～2 叶期，最迟不超过 3 叶期，否则效差下降。同时掌握用水安，从而喷施药安，用药一定要保证均匀，千万不能多喷、重喷。

7. 苗肥使用技术

一般亩施尿素 5～8 千克作为苗肥，撒肥一定要均匀。

8. 病害防治技术

大麦拔节期重点防治纹枯病，大麦孕穗期至抽穗期重点防治白粉病，大麦扬花初期重点防治赤霉病。

9. 适时收获

人工收割的适宜收获期为蜡熟末期，大型联合收割机收割的适宜收获期为蜡熟末期至完熟初期。收获后应及时干燥。

适宜区域

该技术适宜种植区域为长江中下游稻麦两熟地区，该地区稻茬一段较晚，季节比较紧张，收稻播种期间雨水较多，土壤水分含量偏高，不适宜耕翻。

农业部科技教育司
中国农业出版社　编绘

技术来源：国家大麦青稞产业技术体系
传书号：46109-5396

审定技术标准、规程

（一）部颁行业标准

大麦条纹病、白粉病、赤霉病、黄花叶病、黄矮病、根腐病、条锈病和网斑病抗性鉴定的技术规程。中华人民共和国农业行业标准，农业部颁布，2017年4月1日起实施。

1. NY/T3060.1—2016　大麦品种抗病性鉴定技术规程第1部分：抗条纹病。 标准主要起草人：朱靖环、蔺瑞明、邱军、杨建明、郭青云、冯晶、汪军妹、王凤涛、贾巧君、姚强、王树杰、尚毅、华为、陈万权、徐世昌。

2. NY/T3060.2—2016　大麦品种抗病性鉴定技术规程第2部分：抗白粉病。 标准主要起草人：周益林、蔺瑞明、邱军、范洁茹、冯晶、王凤涛、毕云青、尹开庆、刘猛道、陈万权、徐世昌。

3. NY/T3060.3—2016　大麦品种抗病性鉴定技术规程第3部分：抗赤霉病。 标准主要起草人：朱靖环、蔺瑞明、邱军、杨建明、冯晶、王瑞、贾巧君、王凤涛、汪军妹、华为、尚毅、陈万权、徐世昌。

4. NY/T3060.4—2016　大麦品种抗病性鉴定技术规程第4部分：抗黄花叶病。 标准主要起草人：许如根、蔺瑞明、邱军、吕超、冯晶、王凤涛、张新忠、郭宝健、陈万权、徐世昌。

5. NY/T3060.5—2016　大麦品种抗病性鉴定技术规程第5部分：抗根腐病。 标准主要起草人：蔺瑞明、邱军、冯晶、王凤涛、刁艳玲、孙丹、陈万权、徐世昌。

6. NY/T3060.6—2016　大麦品种抗病性鉴定技术规程第6部分：抗黄矮病。 标准主要起草人：冯晶、蔺瑞明、邱军、王凤涛、强小林、王文峰、王翠玲、彭岳林、陈万权、徐世昌。

7. NY/T3060.7—2016　大麦品种抗病性鉴定技术规程第7部分：抗网斑病。 标准主要起草人：蔺瑞明、邱军、冯晶、王凤涛、曹世勤、刘梅金、陈万权、徐世昌。

8. NY/T3060. 8—2016　大麦品种抗病性鉴定技术规程第 8 部分：抗条锈病。 标准主要起草人：王凤涛、蔺瑞明、邱军、冯晶、强小林、王文峰、王翠玲、彭岳林、陈万权、徐世昌。

（二）行业协会标准

提高麦芽过滤性能的麦芽生产技术规范

中国啤酒工业协会行业标准，中国啤酒工业协会 2014 年 12 月 1 日备案实施。

完成团队：北京麦芽试验站

技术规定

本标准规定了提高国产麦芽过滤性能的主要技术要求，具体涉及设施、设备和工器具、物料控制和管理、生产过程控制等。生产麦芽的厂区环境、质量管理、卫生管理、人员管理和培训、文件和记录、成品贮存和运输要求可参照啤酒企业良好操作规范。

本标准适用于麦芽厂的生产管理和技术管理。

（三）地方标准

1. 啤酒大麦生产技术规程

河南省地方标准，标准编号 DB41/T1560—2018。

完成团队：驻马店综合试验站

技术内容

（1）品种选择。豫北和豫中地区可选择弱春性啤酒大麦品种，如：驻大麦 3 号、驻大麦 5 号、苏啤 3 号等；豫南可选择春性品种，如：驻大麦 7 号、鄂大麦 072、扬农啤 12 号等。

（2）合理施肥。每亩产量水平在 450～550kg 的田块，施纯氮 10～12kg，五氧化二磷 5～6kg，氧化钾 4～6kg；每亩产量水平在 350～450kg 的田块，施纯氮 8～10kg，五氧化二磷 4～6kg，氧化钾 3～5kg。

（3）适期稀播。每亩产量水平在 450～550kg 的田块，播种量为 6～7kg；每亩产量水平在 350～450kg 的田块，播种量 7～8kg；播期推迟可适当增加播量，每推迟 5 天，下种量增加 1kg。

（4）化控防倒。返青期每亩用多效唑可湿性粉剂 30～50g 加水 30kg 均匀喷雾。

（5）病虫草害综合防控。

（6）适时收获。

2. 驻大麦 4 号生产技术规程

河南省地方标准，标准编号 DB41/T1561—2018。

完成团队：驻马店综合试验站

技术内容

（1）种子处理。播种前应用 6％咯菌腈或 15％三唑酮或 50％多菌灵可湿性粉剂以种子重量的 0.1％～0.3％拌种，堆闷 3～4h，晾干即可播种。

（2）适期播种。豫南适宜播期为 10 月 25 日至 11 月 5 日；豫中南和豫北适宜播期为 11 月 1 日至 11 月 7 日。

（3）适量精播。高产田每亩播种量 7～8kg；中低产田每亩播种量 8～10kg。

（4）合理施肥。每亩施纯氮 10～12kg、五氧化二磷 5～6kg、氧化钾 4～6kg。

（5）控旺防倒。

（6）病虫草害综合防控。

（7）适时收获。

3. 甘孜州青稞生产技术规程

四川省甘孜藏族自治州地方标准，标准编号 DB513300/T17—2018。2018 年 2 月 9 日起实施。

完成团队：甘孜综合试验站

技术内容

标准规定了甘孜州青稞生产的品种选择、生产条件、主要栽培技术、籽粒品质和收获等生产技术要求。在气候正常年份，按本技术规程实施，在甘孜州每亩青稞产量可达 200kg 以上和优质的目的。

4. 甘孜州青稞原、良种繁殖技术规程

四川省甘孜藏族自治州地方标准，标准编号 DB513300/T18—2018。

完成团队：甘孜综合试验站

技术内容

标准规定了青稞原种、良种生产的产地环境、隔离条件、种植栽培技术、产量结构、群体与个体生育指标等技术要求。本技术规程规范了甘孜州青稞的原、良种生产。

5. 饲料大麦栽培技术规程

安徽省地方标准，2014 年 10 月颁布实施。适用于安徽省沿淮、江淮及沿江地区大麦生产。

完成团队：合肥综合试验站

技术内容

本标准规定了饲料大麦标准化栽培，350～450kg/亩产量指标，品种选用、播种（整地、播期、播量、播种方法）、施肥（基肥、返青期、拔节期）、三沟配套、群体调控、化学除草、收获等田间管理技术；规范了饲料大麦主要病虫害防治的关键时期、防治指标、药剂选用防治等关键技术。

按此规程进行饲料大麦生产，比农民传统栽培增产 5％以上，已累计生产应用 40 万亩左右。

6. 无公害啤酒大麦优质高产栽培技术规程

甘肃省地方标准

完成团队：栽培岗位科学家王化俊团队

技术内容

本标准针对西北啤酒大麦产区干旱缺水、过量施肥、超量播种等问题，以目前生产品种和新育成品种的种性，提高啤酒大麦的生产质量和产量为目标，在开展啤酒大麦抗旱节水、种子包衣、精量播种、配方平衡施肥、病虫草害防治等单项栽培技术研究的基础上优化集成。采用本标准开展超高产创建和生产示范，在甘肃河西地区累计建立优质高产啤酒大麦百亩示范方 15 个、千亩示范片 5 个、万亩示范区 2 个。已累计生产示范推广应用 22.6 万亩。其中，垄作沟灌技术示范面积约 10 万亩。辐射带动啤酒大麦生产应用 124.6 万亩，每亩增加产值 60～80 元，共计增收大麦 2 939.5 万 t，农民增加经济效益 5 879万元。

7. 青稞粮草双高栽培技术

甘肃省地方标准

完成团队：栽培岗位科学家王化俊团队

技术内容

本标准针对甘南青稞产区耕作管理粗放、生产模式落后等问题，以提高该产区青稞的粮、草产量和营养品质为目标，通过选择生产主推品种和新育成品种为研究对象，开展种子包衣、机械精量播种、化学除草和机械收获等栽培技术研究和生产示范而集成。采用本标准建立青稞 270kg 百亩示范方 5 个，240kg 千亩示范片 4 个亩，比传统种植方式每亩增产10％以上。累计示范面积

5.3 万亩，辐射带动周边 18.2 万亩。示范区平均亩产在 240kg，辐射地区亩产 220kg。

8. 内蒙古啤酒专用大麦生产技术规程

内蒙古自治区地方标准，标准编号 DB15/T505—2012。

完成团队：栽培岗位专家张凤英团队、巴彦淖尔综合试验站

技术内容

本标准针对新育成的啤酒大麦品种，在内蒙古自治区东、中、西部不同生态区域（旱区、灌区），采用 4 因素 4 水平正交回归设计、两因素裂区设计与随机区组设计等试验方法，开展播期、密度、肥料、药剂拌种、病虫害防治、原良种繁殖、复种套种栽培技术等多项试验研究的基础上集成。

9. 内蒙古盐碱地大麦栽培技术规程

内蒙古自治区地方标准，标准编号 DB15/T861—2015。

完成团队：栽培岗位专家张凤英团队、巴彦淖尔综合试验站

技术内容

从 2009 年开始，在巴彦淖尔市各旗县区，利用甘啤 4 号、蒙啤麦 1 号、蒙啤麦 2 号、蒙啤麦 3 号和蒙啤麦 4 号等啤酒大麦品种，开展河套地区盐碱地大麦引种鉴定、盐碱地及中低产田啤酒大麦群体质量调优和盐碱地大麦与向日葵轮作倒茬改良土壤和磷石膏改良盐碱地等试验为基础，根据内蒙古自治区不同地区的盐碱地的特点及大麦耐盐的研究结果，集成制定出内蒙古盐碱地种植大麦栽培技术规程。本规程规范了内蒙古自治区盐碱地啤酒大麦生产关键技术。在提高盐碱地啤酒大麦产量、改良盐碱地土壤、增强可持续生产力等方面发挥了重要作用。

10. 早熟啤酒大麦复种向日葵及蔬菜栽培技术规程

内蒙古自治区地方标准，标准编号 DB15/T1003—2016。

完成团队：巴彦淖尔综合试验站、栽培岗位科学家张凤英团队

技术内容

本标准规定了早熟啤酒大麦复种向日葵及蔬菜的品种选择、关键栽培技术、收获等技术要求。利用大麦的早熟性，在 7 月上旬收获，选用生育期 70～90 天的早熟向日葵品种，西葫芦、甘蓝、花椰菜等选用生育期 80～90 天的常规品种。进行复种育苗移栽。向日葵于 10 月上旬收获；菜用西葫芦从开始收获至结束，共采摘 6～8 次；甘蓝成熟后一次性采摘；花椰菜共采摘 2～3 次。

本标准的颁布实施，为内蒙古河套地区提供了切实可行的双季种植模式。已累计生产示范推广达 8 万亩。

11. 啤酒大麦原种生产技术规程

新疆维吾尔自治区地方标准，标准编号 DB65/T2919—2008。

完成团队：奇台综合试验站

技术内容

本标准规定了大麦原种生产技术要求，适应于新疆区域内大麦原种生产。原种生产方法：采用单株（穗）选择，分系比较和混系繁殖，即株（穗）行圃、株（穗）系圃、原种圃的三圃制和株（穗）行圃、原种圃的两圃制，或利用育种家种子直接生产原种。

12. 优质、高产啤酒大麦栽培技术规程

新疆维吾尔自治区地方标准，标准编号 DB65/T2918—2008。

完成团队：奇台综合试验站

技术内容

本标准规定了新疆大麦产量指标、质量指标及栽培技术要求，适用于新疆区域内春大麦种植区。核心技术为：选择适宜的前茬，避免重茬；精选种子，进行种子处理；适期、精量播种；合理施肥、灌水；防治病虫草害；适时收获等。

13. 青稞生产技术规程

新疆维吾尔自治区地方标准，标准编号 DBN652325/T026—2013。

完成团队：奇台综合试验站

技术内容

本标准规定了青稞生产的环境产地条件、生产技术及产品质量等要求，适用于海拔 1 000～1 800m 冷凉地区青稞栽培。核心技术为：品种选择；种子精选；种子处理；茬口选择；适期播种；合理施肥、灌水；防治病虫草害；适时收获等。

14. 啤酒大麦 450～500kg/亩栽培技术规程

新疆维吾尔自治区塔城地区地方标准，标准编号 DBN6542/T028—2013。

完成团队：奇台综合试验站

技术内容

本规程规定了塔城地区啤酒大麦产量 450～500kg/亩的基础条件和主要栽

培技术要点。适用于塔城地区水浇地啤酒大麦生产种植区。核心技术包括：精选良种、播前种子处理、实时整地、提高播种质量、合理施肥、病虫害防治、适时收获等具体措施。使用甘啤系列品种，在基本苗 25 万～35 万株/亩，最高总茎数 99 万～115 万株/亩，收获穗数 116 万～137 万穗/亩时，即可达到预期产量，其品质达到国标优级大麦原料标准。本规程在塔城地区（尤其是在兵团系统）推广，农民反映良好。近年来，该地生产的啤酒大麦全部由奇台春蕾麦芽公司独家收购。

15. 河西灌区啤酒大麦标准化生产技术规程

甘肃省地方标准，甘肃省质量技术监督局 2010 年 3 月颁布实施。

完成团队：育种岗位科学家潘永东团队

技术内容

本标准根据甘肃省河西地区，多年啤酒大麦生产试验、示范和大面积生产经验总结集成。标准规定了啤酒大麦亩产 400～500kg、品质达到国家优级标准（GB/T7416—2000）的生产目标，应当采用的综合技术操作方法与程序，包括茬口选择、土地准备、合理施肥、选用良种、区域化种植、精选种子、种子处理、适期播种、合理密植、播种方式、合理灌水、防杂除草、防治害虫、适时收获、充分晾晒、加工精选等。本标准的颁布实施为促进甘肃省河西地区啤酒大麦优质、高产、高效生产，起到了巨大的推动作用，目前仍在广泛应用。

16. 高寒阴湿旱作区栽培技术

甘肃省地方标准，甘肃省质量技术监督局 2010 年 3 月颁布实施。

完成团队：育种岗位科学家潘永东团队

技术内容

本标准根据甘肃省高寒干旱地区，多年来啤酒大麦生产试验、示范和大面积生产经验总结集成。提出产量达到 400kg/亩以上，品质达到国家优级标准（GB/T7416—2000）的生产目标，甘肃省高寒阴湿区啤酒大麦标准化生产技术规程。该标准从产地环境、籽粒品质、产量指标及产量结构要求，详细规范了啤酒大麦生产中，在茬口选择、土地准备、合理施肥、选用良种、区域化种植、精选种子、种子处理、适期播种、合理密植、播种方式、防杂除草、防治害虫、适时收获、充分晾晒、加工精选等各个环节的技术操作。2010 年颁布实施以来，在甘肃省啤酒大麦产业发展中起到了巨大的推动作用，目前仍在生产中应用。

17. 啤酒大麦种子繁殖技术规程

甘肃省地方标准，2010 年 3 月甘肃省质量技术监督局颁布实施。

完成团队：育种岗位科学家潘永东团队

技术内容

本标准通过多年啤酒大麦良种繁育技术试验研究结果总结而成。适用于甘肃省啤酒大麦种子的繁殖生产。规定了繁种产量 375kg/亩以上，啤酒大麦种子繁殖中的原种、良种的产地环境、栽培管理、质量管理等技术措施和要求。本标准的颁布应用对甘肃省啤酒大麦种子生产和种子生产基地建设，起到了巨大的推动作用。目前，仍在各个啤酒大麦种子生产企业应用。

18. 啤酒大麦种子加工技术规程

甘肃省地方标准，2010 年 3 月甘肃省质量技术监督局颁布实施。

完成团队：育种岗位科学家潘永东团队

技术内容

为充分发挥新品种在啤酒大麦生产中的作用，推动种子企业的标准化生产，保证啤酒大麦种子质量。本规程是在啤酒大麦种子加工技术多年试验研究与生产实践的基础上总结凝练而成。从种子质量、晾晒、加工机械选择、清除杂质、包衣、包装、种子贮藏、种子出库等技术环节，制定了操作标准。多年生产应用结果证明，本技术规程可使啤酒大麦种子加工过程实现规范化管理，保证了种子质量。目前，仍在甘肃省啤酒大麦种子加工企业中应用。

19. 啤酒大麦品种甘啤 4 号技术标准

甘肃省地方标准，2010 年 3 月甘肃省质量技术监督局颁布实施。

完成团队：育种岗位科学家潘永东团队

技术内容

甘啤 4 号是由甘肃省农科院啤酒原料研究所选育的优质啤酒大麦品种，酿造品质指标均达到或超过国家啤酒大麦优级标准，可与国外进口优级啤麦原料相媲美，高产、稳产，抗逆性能突出，适应性广，是西北及内蒙古地区啤酒大麦生产的主栽品种。本标准规定了甘啤 4 号的品种来源、植物学特征、生物学特性、产量水平、品质性状。标准适用于啤酒大麦甘啤 4 号品种鉴别。颁布实施后，得到了各级农业推广和种子管理部门及种子生产企业的广泛采用，确保了甘啤 4 号种子生产的真实性和纯度，促进了甘啤 4 号的生产应用推广，发挥了该品种在甘肃省乃至我国北方地区啤酒大麦生产中的作用。

20. 甘啤 4 号栽培技术标准

甘肃省地方标准，2010 年 3 月甘肃省质量技术监督局颁布实施。

完成团队：育种岗位科学家潘永东团队

技术内容

为规范甘啤 4 号啤酒大麦的配套栽培技术，保证其优良品质和高产特性充分显现，提高啤酒大麦生产的商品率及经济效益，特制定本标准。标准规定了甘啤 4 号用于啤酒大麦生产的产地环境、籽粒品质、产量和产量结构、群个体生育指标及品质调优栽培技术要点。产量达到 500kg/亩左右。适用于甘肃省啤酒大麦优质原料生产。生产应用实践证明，在甘肃省采用本标准生产，甘啤 4 号品种啤酒大麦原料的籽粒品质达到或超过国家优级标准，与国外进口的优级啤酒大麦原料相媲美，产量水平在 500kg/亩左右，部分田块在 700kg/亩以上。

21. 啤酒大麦品种甘啤 5 号技术标准

甘肃省地方标准，2010 年 3 月甘肃省质量技术监督局颁布实施。

完成团队：育种岗位科学家潘永东团队

技术内容

本标准规定了甘啤 5 号用于啤酒大麦生产的产地环境、籽粒品质、产量和产量结构、群个体生育指标及品质调优栽培技术要点。适用于甘肃省高寒阴湿啤酒大麦种植区，甘啤 5 号啤酒大麦优质原料生产。采用本标准生产甘啤 5 号品种啤酒大麦，原料籽粒品质达到或超过国家优级标准，与进口优级啤酒大麦原料相媲美，可以实现优质优价；产量水平在水地 400～500kg/亩，部分田块在 600kg/亩以上；在旱地 300～400kg/亩，部分田块在 600kg/亩以上。本标准于 2010 年 3 月由甘肃省质量技术监督局颁布实施，为促进甘肃省啤酒大麦优质、高产、高效益生产，推动我国麦芽与啤酒工业健康稳定发展起到了积极的作用。

22. 啤酒大麦品种甘啤 6 号技术标准

甘肃省地方标准，2015 年甘肃省质量技术监督局颁布实施。

完成团队：育种岗位科学家潘永东团队

技术内容

甘啤 6 号是甘肃省农科院啤酒原料研究所选育的优质啤酒大麦品种，酿造品质指标均达到或超过国家优级标准，可与进口优级啤麦原料相媲美，高产、稳产,抗逆性能突出,适应性广。为了便于该品种种子的真实性和纯度鉴定,充分发挥其在优质啤酒大麦生产中的作用,本标准规定了甘啤 6 号的品种来源、植物学特征、生物学特性、产量水平、品质性状,适用于甘啤 6 号的品种鉴别。标准颁布后,得到各级农业推广部门、种子管理部门、麦芽啤酒及种子生产企业的广泛采用,促进了甘啤 6 号的生产推广。

23. 啤酒大麦品种甘啤 7 号技术标准

甘肃省地方标准,2015 年甘肃省质量技术监督局颁布实施。

完成团队:育种岗位科学家潘永东团队

技术内容

甘啤 7 号是甘肃省农科院啤酒原料研究所 2010 年育成的优质啤酒大麦品种。酿造品质指标均达到或超过国家优级标准,可与进口优级啤麦原料相媲美,节水、高产、稳产,抗逆性能突出,适应性广,已成为西北地区及内蒙古自治区啤酒大麦生产主栽品种。本标准规定了甘啤 7 号的品种来源、植物学特征、生物学特性、产量水平、品质性状。适用于甘啤 7 号的品种鉴别。标准颁布后,得到各级农业推广部门、种子管理部门、麦芽啤酒及其种子生产企业的广泛采用,为充分发挥甘啤 7 号在优质啤酒大麦生产中的作用起到了积极推动作用。

24. 凤大麦 7 号技术规程

云南省地方标准,标准编号 DG5329/T48.1~3—2016。

完成团队:大理综合试验站

技术内容

本规程共包括三大部分。第一部分,品种描述:明确了凤大麦 7 号品种来源、特征特性、产量水平、品质性状。第二部分,栽培技术规程:规定了凤大麦 7 号啤酒大麦生产的产地环境、籽粒品质、产量和产量结构、群个体生育指标、优质高产高效栽培技术要点。第三部分,原种及良种繁殖技术规程:规定了凤大麦 7 号生产的产地环境、隔离条件、种植栽培技术、产量和产量结构、群体与个体生育指标。

生产应用情况

凤大麦 7 号技术规程已累计生产应用 26.2 万亩,较非示范应用区每亩增产 30.7kg,增产 9.3%。本规程有利于凤大麦 7 号的品种性状及种子真实性和纯度的鉴定,促进了云南省啤酒大麦优质良种繁育和商品基地建设,推动了大理州及云南省大麦产业提质增效。

25. 大理州啤酒大麦技术规程

云南省地方标准，标准编号 DG5329/T47.1～3—2016。

完成团队：大理综合试验站

技术内容

本规程共包括三大部分。第一部分，啤酒大麦主要种植品种：制定了大理州啤酒大麦生产的产地环境、籽粒品质、产量和产量结构、群体个体生育指标。第二部分，啤酒原种及良种繁育：规定了大理州啤酒大麦原种及良种繁育的技术方法、技术要求及产地环境。第三部分，啤酒大麦栽培技术：规定了大理州啤酒大麦栽培技术的品种选择、播种、施肥、灌溉、收获等栽培技术要求。

生产应用情况

大理州啤酒大麦技术规程规定的主要种植品种为：S500、S－4 和凤大麦6 号。规程累计生产应用达 27.3 万亩，较非示范应用区每亩增产 25.4kg，增产 8.5％，规程生产应用覆盖率达 65％。规程的颁布实施促进了云南大理州啤酒的大麦优质高效规范种植和麦芽与啤酒企业的转化利用，推动了云南大理州大麦生产提质增效。

26. 洱海流域大麦生态种植技术规程

云南省地方标准，标准编号 DG5329/T73—2017。

完成团队：大理综合试验站

技术内容

本规程规定了云南洱海流域大麦栽培技术的产地环境条件、栽培技术、秸秆处理、建立生产档案等栽培技术要求。洱海流域大麦生态种植技术规程的制定，是在多年大麦产量试验研究及高效轻简栽培技术生产示范的基础上，结合洱海流域农业种植环境提出来的。

生产应用情况

本技术规程的颁布和实施，不仅指导大麦种植户通过合理的栽培措施，实现增产增收，而且推动洱海流域大麦种植方式的改善。大麦种植过程中化肥和农药使用量，分别较前三年常规用量减少 57.1％和 62.2％，有效降低了洱海流域农业面源污染，促进了农业生态环境保护和改善，实现生态效益和经济效益双赢。

27. 啤酒大麦云啤 2 号技术规程

云南省地方标准，2013 年颁布实施。

完成团队：育种岗位科学家曾亚文团队

技术内容

本规程由品种描述、栽培技术、收获和贮藏三部分组成。其中，第一部分品种描述（DB53/T524.1—2013）：规定了云啤 2 号的特征特性和品质性状，适用于啤酒大麦云啤 2 号的定性鉴别。第二部分栽培技术（DB53/T524.2—2013）：规定了云啤 2 号啤酒大麦生产的产地环境、种子质量、栽培技术等内容，适用于云啤 2 号大麦生产。第三部分收获和贮藏（DB53/T524.3—2013）：规定了啤酒大麦云啤 2 号的收获时期、收获方式、干燥与清选、贮藏，适用于云啤 2 号的收获和贮藏。

生产应用情况

本规程的生产应用促进了云啤 2 号的推广和云南及四川和贵州等省的大麦生产。累计生产示范推广 195 万亩，增产籽粒 9 万多 t，新产秸秆 10.8 万 t。

28. 啤酒大麦澳选 3 号技术规程

云南省地方标准，2013 年颁布实施。

完成团队：育种岗位科学家曾亚文团队

技术内容

本规程品种描述、栽培技术、收获和贮藏三部分组成。其中，第一部分品种描述（DB53/T525.1—2013）：规定了澳选 3 号的特征特性和品质性状，适用于啤酒大麦澳选 3 号的定性鉴别。第二部分栽培技术（DB53/T525.2—2013）：规定了澳选 3 号啤酒大麦生产的产地环境、种子质量、栽培技术等内容，适用于澳选 3 号大麦生产。第三部分收获和贮藏（DB53/T524.3—2013）：规定了啤酒大麦澳选 3 号的收获时期、收获方式、干燥与清选、贮藏条件和方式，适用于澳选 3 号的收获和贮藏。

生产应用情况

在啤酒大麦澳选 3 号的品种描述、栽培技术、收获和贮藏技术规程指导下，澳选 3 号已在云南省 10 个州市生产推广种植 198 万亩，增加经济效益 3.4 亿元。

29. 保山市早秋大麦丰产栽培技术规程

云南省地方标准，标准编号 DB5305/T29—2018。

完成团队：保山综合试验站

核心技术

（1）选用中秆、抗旱抗寒、耐瘠、适宜保山市早秋种植的大穗型多棱品种。

（2）海拔 1 100～1 500m 的种植区域，8 月下旬至 9 月中旬播种，海拔 1 500m以上的种植区域 9 月中旬播种。

（3）播种前，有条件尽量多施农家肥，每亩施尿素 20～25kg、普钙 25～30kg、硫酸钾 5～8kg，做基肥播种前混合撒施。大麦分蘖期，抢雨水每亩追施尿素 15～20kg 作分蘖肥，拔节期选择苗弱处打洞补施尿素 3～5kg。

生产应用情况

本技术每年在云南省保山市大麦生产应用 8 万亩左右。

（四）企业标准

1. 啤酒大麦机械化栽培技术规程

内蒙古自治区海拉尔农垦（集团）有限责任公司企业标准，标准编号：Q/HNKDMZP 2014。

完成团队：海拉尔综合试验站、栽培岗位科学家张凤英团队

技术规定

本标准规定了海拉尔垦区啤酒大麦品种、优质高产、选地与整地、种子与处理、播种、施肥、田间管理、收获等技术要求。

本标准的实施规范了海拉尔农垦（集团）有限责任公司，啤酒专用大麦的原料生产程序，提高了啤酒大麦的质量、商品率及生产效益。

授权专利

1. 大麦半矮秆基因 *sdw1/denso* 的基因标记及其应用

专利号：ZL201410053080.7

发明人：贾巧君、杨建明、李承道、汪军妹、华为、朱靖环、尚毅、徐延浩

技术内容

本发明涉及检测大麦半矮秆基因 *sdw1/denso* 的基因标记方法和相应的引物。所述方法利用自主克隆的大麦 *sdw1/denso* 半矮秆基因与正常基因相比，*denso* 基因在第 1 外显子存在 7 个碱基对（bp）的缺失，*sdw1* 基因是整个基因序列的缺失，设计合成了用于检测 Indel 标记 Indel‐denso 的引物，利用所述引物进行 PCR 扩增能够检测和区分大麦品种中的是否含 *sdw1/denso* 基因以及所含基因的具体形式。本发明所述的方法可以用于含 *sdw1/denso* 突变基因的大麦半矮秆品种鉴定和选育，能够极其显著地提高 *sdw1/denso* 基因的选择效率和鉴定效率，加速大麦半矮秆的育种进程。

2. 抑制发芽/生根的大麦成熟胚组织培养法及所用培养基

专利号：ZL201210044472.8

发明人：华为、杨建明、汪军妹、朱靖环、贾巧君、尚毅、林峰、顾玉坤

技术内容

本发明公开了一种大麦成熟胚离体培养基，包括诱导愈伤培养基、分化培养基和生根壮苗培养基。本发明还同时公开了利用上述大麦成熟胚离体培养基所进行的有效抑制发芽/生根的大麦成熟胚组织培养方法。包括以下步骤：①种子经消毒灭菌后，刮取胚作为离体胚接种到诱导愈伤培养基上；②将接种在诱导愈伤培养基上的离体胚放入 22～26℃ 的培养箱中黑暗培养；③将所得的愈伤组织转到分化培养基上，22～26℃ 光照培养直至愈伤组织上长出 2～3 片的叶子；④将绿苗转到生根壮苗培养基上，22～26℃ 光照培养，直至绿苗长出≥2cm 的根；⑤将绿苗在室内放置 1～2 天，洗去根上的培养

基，得可移栽的苗。

3. 大麦幼胚直接成苗组织培养法及所用培养基

专利号：ZL201410161360.x

发明人：尚毅、杨建明、华为、朱靖环、汪军妹、贾巧君

技术内容

大麦从开花到成熟需 40～50 天，并且刚收获的种子一般都具有休眠期，但是授粉 10 天左右的大麦幼胚就具有直接成苗的能力。本专利在国内率先建立了大麦幼胚快速成苗的技术方法，通过幼胚培养直接成苗，不仅可以省去种子后熟所用的时间，还可以减少以后的休眠破除处理的时间，显著减少了大麦一个世代周期的时间，为实现大麦一年 4～5 代奠定基础。

4. 一种大麦茶烘烤机

专利号：ZL201720845123.4

发明人：巫小建、汪军妹、杨建明、华为、朱靖环、尚毅

技术内容

本实用新型公开了一种大麦茶烘烤机，包括烘烤箱体、搅拌轴、出气孔、搅拌叶、轴承座、机架、底板、旋转接头、输气管、温度计、电加热器、鼓风机、进料筒、辅助加料口等零部件。辅助加料口包括料斗、进料口、封盖、把手。底板下端四角均安装有滚轮，底板的四角开设有螺纹孔，螺纹孔内配合设有螺纹杆，螺纹杆的下端安装有地脚，螺纹杆的上端安装有调节柄。本实用新型结构简单合理，使用快捷方便，整体还方便移动和定位，适合多方位使用，在气流的作用下利于大麦茶向烘箱主体的两端流动，提升烘干效果。封盖通过弹簧连接在料斗上，不需要将封盖拿起另行放置。

5. 农杆菌介导的大麦成熟胚愈伤组织转化方法

专利号：ZL201110278559

发明人：韩勇、王静、巫小建、金晓丽、张国平

技术内容

本发明涉及植物基因工程领域，公开了一种农杆菌介导的大麦成熟胚愈伤组织遗传转化方法和相应的组织培养体系。首次以大麦成熟胚诱导而来的愈伤组织为外植体，成功实现了农杆菌介导的遗传转化。熟胚转化体系不仅适用于大麦模式品种 Golden Promise，也可以推广到商用大麦品种。本发明为加快抗性和品质育种进程、基因功能研究和 RNA 干涉技术奠定了基础。本发明较基

因枪等转化方法具有操作简单、效益高、目的基因拷贝数低等优点，成熟胚与幼胚外植体相比，具有污染率低、成本小和简便易行等优势。

6. 大麦成熟胚愈伤组织诱导法及所用的诱导培养基

专利号：ZL200910101067.3

发明人：韩勇、金晓丽、张国平、邬飞波

技术内容

本发明属于植物组织培养领域，公开了一种大麦成熟胚愈伤组织诱导方法及培养基配方，可简便、大量、低污染获得优质初代愈伤组织。采用本发明的诱导培养基和诱导方法，能有助于抑制离体胚发芽，促进初代愈伤组织的形成。本发明可用于构建大麦成熟胚高效再生体系，适用于比较不同基因型的组培特性差异，进而筛选性状优异的基因型用于构建大麦成熟胚转化体系，并利用转基因技术创造新的优质抗逆大麦基因型，从而推动大麦遗传育种进展。

7. 啤酒大麦专用肥

专利号：ZL200710080228.6

发明人：潘永东、火克仓、王效宗、陈富、包奇军等

生产应用情况

本专利在多年啤酒大麦栽培技术研究的基础上研制而成。啤酒大麦专用肥在啤酒大麦生产中应用：

（1）改善酿造品质效果明显。在甘肃省啤酒大麦主产区设 7 点次进行生产对比试验，蛋白质平均降低 1.5 个百分点，筛选率平均提高 6.7 个百分点，千粒重平均增加 2.5g，对提高啤酒大麦品质效果显著。

（2）肥料利用率高，增产效果好。研制的啤酒大麦专用肥在甘肃省优质啤酒大麦种植地区的不同生态条件 7 点次试验中，亩施用啤酒大麦专用肥 600kg/hm²，折合纯养分 240kg/hm²，平均折合产量 7 784.1kg/hm²，较对照增产 3.6%。说明啤酒大麦专用肥营养元素配比合理，能够充分满足啤酒大麦整个生育期的养分需求，在甘肃省啤酒大麦主产区不同生态类型地区均可获得高产。

啤酒大麦专用肥已在甘肃省内外生产推广应用 52 万亩，每亩节本增效 39 元，累计获得直接经济效益 2 028 万元。

8. 一种高抗性淀粉大麦苗粉米线及其制作方法

专利号：ZL201310174964.3

发明人：曾亚文、吕宏斌、杜娟、普晓英、杨涛、杨树明、杨加珍、李政芳

技术内容

原料采用高抗性淀粉稻米和大麦苗粉。大麦苗粉的用量为高抗性淀粉稻米用量的 16%～24%。高抗性淀粉稻米淘洗干净晒干粉碎过 80 目筛得米粉。刈割拔节期的大麦苗洗净晒干后粉碎得到大麦苗粉。米粉加水搅拌均匀蒸 1h，加入 16%～24%大麦苗粉混合均匀后，放入米线机制作成高抗性淀粉大麦苗粉米线。该高抗性淀粉大麦苗粉米线，既提高了米线的 γ-氨基丁酸、总黄酮、生物碱、抗性淀粉的含量，起到对人体健康的保健功能，又解决了大麦苗粉单独食用口感差和难以直接食用的问题。

9. 正压循环流化床紫外灭菌设备

专利号：ZL201310745699. X，IPC

发明人：曾亚文、贾平、完晋涛

技术内容

该正压循环流化床紫外灭菌设备，通过加料三通、灭菌管、除尘器Ⅰ、除尘器Ⅱ、集料斗和加料机，连通成循环通道。灭菌管内安装有紫外灭菌灯管，通过鼓风机将气流送入循环通道。物料在高速气流的作用下，形成流化态，高度分散在气流中。经过紫外灭菌灯管发出的紫外线照射，物料中的微生物基本全部被杀灭。气流经除尘器排气口排出，物料经除尘器排灰管落入集料斗，通过调节阀进入加料机循环灭菌。

10. 一种开沟划行器

专利号：ZL201620824668. 2

研发团队：奇台综合试验站

技术内容

本实用新型可以快速地在地上划出深度一致且行距也一致的线以及沟，方便后续的播种或者施肥作业，可以防止较尖锐的齿体划伤人体。

11. 一种重力施药装置

专利号：ZL201620824670. X

研发团队：奇台综合试验站

技术内容

本实用新型可以依靠重力自动地对田间的植物进行滴灌，可以分别移动滴灌管以及其他部件，比较方便，可以方便地读取记录储液瓶的高度。

12. 作物种子萌发培育装置

专利号：ZL201720577513.8

研发团队：奇台综合试验站

技术内容

本实用新型提供了一种结构合理，可有效控制种子过多接触水分，洒水方便、减少人工注水工作量，操作简便、经济实用的作物种子萌发培育装置。

13. 作物种子量取装置

专利号：ZL201721155383.8

研发团队：奇台综合试验站

技术内容

本实用新型结构简单、操作便利，可有效控制需要种子的数量，多份取种时分装的量准确，大大减少人工取种工作量，经济实用。

14. 一种青稞速溶粉的制备方法

专利号：ZL201310299770.6

研发团队：青稞加工试验站

技术内容

本专利公开了青稞速溶粉制备过程中的关键技术步骤。磨粉和液化步骤之间的调浆步骤：所述调浆是指在青稞面粉中添加10％的大豆分离蛋白，再加入水，水与青稞面粉的质量比为1：8，过胶体磨混合均匀，得到混合料液。液化和喷雾干燥步骤之间的物料调配和浓缩步骤：所述调配是指在液化后的混合料液中加入溶解好的白砂糖、柠檬酸、稳定剂等混合均匀制得浆液；所述浓缩是指将浓缩好的浆液浓缩至固形物含量占重量百分比为40％～50％，制得的青稞速溶粉速溶性好。

15. 一种青稞露饮品加工工艺

专利号：ZL201310299914.8

研发团队：青稞加工试验站

技术内容

青稞露饮品是经萃取、酶解、调配、均质、灌装和灭菌工艺加工而成的饮品。本发明通过对青稞的除杂清洗，确保了青稞原料无杂质，磨粉处理除去了大量淀粉，再通过萃取、酶解等步骤最终制得青稞露饮品，不仅没有沉淀而且口感较佳。磨粉是指青稞按 $50\%\sim55\%$ 的出粉率进行磨粉；所述酶解是将萃取后得到的上清液用高温 α-淀粉酶酶解，再用中性淀粉酶酶解。

16. 一种从青稞中提取母育酚的方法

专利号：ZL201110374850.4

发明人：朱睦元、张玉红、尼玛扎西、蒋博文、陈建澍、扎西罗布、谭海运

17. 一种红曲发酵青稞咀嚼片及其制备方法

专利号：ZL201110374848.7

发明人：朱睦元、张玉红、尼玛扎西、蒋博文、张京、陈建澍、扎西罗布、谭海运

18. 大麦原生质体制备及 PEG 介导转化方法

专利号：ZL 201310285210.5

发明人：边红武、韩凝、朱睦元、白玉

19. 一种改良禾谷类作物耐盐性状的方法

专利号：ZL200910200610.5

研发团队：育种技术岗位科学家黄剑华团队

20. 一种改良麦类作物耐低氮性状的方法

专利号：ZL200910200607.3

研发团队：育种技术岗位科学家黄剑华团队

21. 一种筛选麦类作物耐赤霉病菌毒素的方法

专利号：ZL200910200606.9

研发团队：育种技术岗位科学家黄剑华团队

22. 一种用于大麦小孢子培养愈伤组织诱导的培养基

专利号：ZL201310596632.4

研发团队：育种技术岗位科学家黄剑华团队

23. 一种高叶绿素多蘖的大麦复合选育方法

专利号：ZL201310713460.4

研发团队：育种技术岗位科学家黄剑华团队

24. 禾谷类作物单株来源小孢子连续培养高频再生植株方法

专利号：ZL201510890842.3

研发团队：育种技术岗位科学家黄剑华团队

25. 一种大麦脂肪氧化酶（Lox-1）合成缺陷基因的多态性分子标记方法

专利号：ZL201210441696.2

发明人：郭刚刚、张京、张云霞、周芝辉、袁兴淼

技术内容

本专利在大量进行大麦脂肪氧化酶（Lox-1）活性缺失突变体表型鉴定筛选和 *Lox-1* 基因等位变异测序分析，确定了导致 Lox-1 活性缺失的 *Lox-1* 基因突变的基础上研制而成。专利公开了进行大麦脂肪氧化酶合成缺陷基因多态性分析的 PCR 特异引物、反应体系、实验步骤和实验条件。本专利方法可用于无脂肪氧化酶活性的大麦种质资源鉴定筛选、大麦脂肪氧化酶等位基因多态性研究，也可在开展无脂肪氧化酶活性的大麦新品种选育中，用于分子标记辅助选择。

26. 一种麦蚜室内生物测定的方法

专利号：ZL201510435143.X

研发团队：虫害防控岗位科学家高希武团队

技术内容

本专利为一种麦蚜室内生物测定的方法，涉及植物保护领域。用塑料滴管作为生物测定工具，棉花封口，操作简便、节省空间，且减少生物测定过程中操作对供试蚜虫产生的损伤及误差。在塑料滴管中放置麦苗，能够较理想地保持麦苗的湿度，有效保证生物测定结果的准确性。

选用室内水培法培育 10 天左右的新鲜麦苗，麦苗用干净剪刀从基部剪下，长度约为 10cm，每个吸管准备 8 个麦苗。将麦苗浸入各药剂稀释浓度 15s，取出后置阴凉通风处晾干后，置于底部用尖头镊子扎过 4 个小孔的塑料滴管中，以此方法进行生物测定。该技术既保持了麦苗正常状态，又保证了麦苗新鲜度，同时又在封闭的环境中保持了透气性，且免除了开放外界环境不确定因素对实验结果的影响，符合生物实验保持单一变量的原则，能够更准确了解麦蚜田间种群对不同作用机理药剂的抗性水平及其分布，进而更科学地指导田间用药。

出版著作和代表性论文

（一）出版著作

1. 张京、李先德、张国平主编。中国现代农业产业可持续发展战略——大麦青稞分册。中国农业出版社，2017。

2. 朱睦元、张京主编。大麦（青稞）营养分析及其食品加工。浙江大学出版社，2015。

3. 张国平、李承道主编。Exploration，Identification and Utilization of Barley Germplasm。浙江大学出版社、爱思唯尔出版社，2018。

4. 曹连莆、齐军仓等著。大麦生理生化生态及遗传育种栽培研究与应用。经济管理出版社，2012。

5. 李先德等著。中国大麦产业经济问题研究。中国农业出版社，2012。

6. 李先德等著。中国大麦青稞产业经济 2015。中国农业出版社，2016。

7. 张京、郭刚刚、曾亚文、杨建明主编。中国大麦品种志（1986—2015）。中国农业科学技术出版社，2018。

8. 徐寿军编著。大麦栽培生理及其生长模拟。中国农业科学技术出版社，2017。

9. 张国平、李承道主编。Genetics and Improvement of Barley Malt Quality. 浙江大学出版社、斯普林格出版社，2009。

10. 杨开俊、冯继林、刘廷辉等著。青稞栽培技术。四川教育出版社，2008 年。

11. 蔺瑞明，冯晶，陈万权等译。大麦病害概略．北京：中国农业科学技术出版社，2014.

（二）代表性论文

1. Dai F, Chen Z H, Wang X L, Li Z F, Jin G L, Cai S G, Wu D Z, Wang N, Wu F B, Nevo E, Zhang G P. Transcriptome profiling reveals mosaic genomic origins of modern cultivated barley. Proc Natl Acad Sci USA,

2014，111（37）：13403－13408.

2. Dai F，Nevo E，Wu D Z，Comadran J，Zhou M X，Qiu L.，Cheng Z H，Belles A，Chen G X，Zhang G P. Tibet is one of the centers of domestication of cultivated barley. Proc Natl Acad Sci USA，2012，109（42）：16969－16973.

3. Ganggang Guo，Dawa Dondup，Xingmiao Yuan，Fanghong Gu，Deliang Wang，Fengchao Jia，Zhiping Lin，Michael Baum，Jing Zhang. Rare allele of *HvLox－1* associated with lipoxygenase activity in barley（*Hordeum vulgare* L.）。Theor Appl Genet，2014，127：2095－2103.

4. Dawa Dondup，Guoqing Dong，Dongdong Xu，Lisha Zhang，Sang Zha，Xingmiao Yuan，Nyima Tashi，Jing Zhang，Ganggang Guo. Allelic variation and geographic distribution of vernalization genes *HvVRN1* and *HvVRN2* in Chinese barley germplasm. Mol Breeding，2016，36：11.

5. Chen J，Liu C，Shi B，Chai Y，Han N，Zhu M，Bian H. Overexpression of HvHGGT enhances tocotrienol levels and antioxidant activity in barley. J Agric Food Chem，2017，65（25）：5181－5187.

6. Bai Y，Han N，Wu J，Yang Y，Wang J，Zhu M，Bian H. A transient gene expression system using barley protoplasts to evaluate microRNAs for post-transcriptional regulation of their target genes. Plant Cell Tiss Organ Cult，2014，119：211－219.

7. Zeng X，Zeng Z，Liu C，Yuan W，Hou N，Bian H，Zhu M，Han N. A barley homolog of yeast ATG6 is involved in multiple abiotic stress responses and stress resistance regulation. Plant Physiol Biochem，2017，115：97－106.

8. Bai B，Bian H，Zeng Z，Hou N，Shi B，Wang J，Zhu M，Han N. miR393－mediated auxin signaling regulation is involved in root elongation inhibition in response to toxic aluminum stress in barley. Plant Cell Physiol，2017，58（3）：426－439.

9. Han N，Na C，Chai Y，Chen J，Zhang Z，Bai B，Bian H，Zhang Y，Zhu M. Over-expression of（1，3；1，4）－β－D－glucanase isoenzyme EII gene results in decreased（1，3；1，4）－β－D－glucan content and increased starch level in barley grains. J Sci Food Agric，2017，97（1）：122－127.

10. Bai B，Bian H，Zeng Z，Hou N，Shi B，Wang J，Zhu M，Han N. miR393 – mediated auxin signaling regulation is involved in root elongation inhibition in response to toxic aluminum stress in barley. Plant Cell Physiol，2017，58（3）：426 – 439.

11. Bai B，Shi B，Hou N，Cao Y，Meng Y，Bian H，Zhu M，Han N. MicroRNAs participate in gene expression regulation and phytohormone cross – talk in barley embryo during seed development and germination. BMC Plant Biol，2017，17（1）：150. doi：10.118 6/s12870 – 017 – 1095 – 2.

12. Zeng Y W，Pu X Y，Yang J Z，Du J，Yang X，Li X，Li L，Zhou Y，Yang T. Preventive and therapeutic role of functional ingredients of barley grass for chronic diseases in human beings. Oxidative Medicine and Cellular Longevity，2018，doi：10. 1155/2018/3232080.

13. Wang X J，Qi J C，Wang X，CAO L P. Extraction of polyphenols from barley（*Hordeum vulgare* L.）grain using ultrasound-assisted extraction technology. Asian Journal of Chemistry，2013，25（3）：1324 – 1330.

14. Xiaodong Chen，Bin Zhao，Liang Chen，Rui Wang & Changhao Ji. Defoliation enhances green forage performance but inhibits grain yield in barley（*Hordeum vulgare* L.）. Experimental Agriculture，2016，52（3）：391 – 404.

15. 朱彩梅，张京. 大麦糯性相关基因 Wx 单核苷酸多态性分析. 中国农业科学，2010，43（5）：889 – 898.

16. 姜晓冬，郭刚刚，张京. Amy6 – 4 基因遗传多样性及其与 α – 淀粉酶活性的关联分析，作物学报，2014，40（2）：205 – 213.

17. 陈晓东等. 不同刈割茬次与刈割时期对大麦饲草产量与品质的影响. 中国农学通报，2015，31（12）：36 – 39.

18. 陈晓东等. 刈割期对多棱饲料大麦饲草及籽粒产量与品质的影响. 麦类作物学报，2017，37（3）：409 – 413.

19. 刘廷辉，杨开俊等. 甘孜州青稞产业发展现状及对策. 现代农业科技，2016（9）：329 – 330.

20. 丁捷，杨开俊等. 青稞微波蛋糕预拌粉研制. 食品工业科技，2015，（10）：36 – 38.

21. 刘志萍，张凤英，史有国，杨文跃，包海柱. 内蒙古自治区黄灌区啤酒大麦"蒙啤麦1号"氮、磷、钾肥料及密度效应研究. 内蒙古农业科技，2009，3.

22. 张凤英，刘建军，包海柱，刘志萍. 内蒙古东部井灌区不同密度与施肥水平对大麦蒙啤麦1号产量及蛋白质含量效应研究. 大麦与谷类科学，2011，2.

23. 徐寿军，刘志萍，张凤英，杨恒山，许如根，庄恒扬. 播期对啤酒大麦开花期形态指标、产量及品质的影响. 麦类作物学报，2012，3.

24. 李琲琲，刘志萍，张凤英，包海柱，孟繁昊，王聪，杨恒山，徐寿军. 耐盐和非耐盐大麦幼苗叶片抗氧化及抗坏血酸-谷胱甘肽循环系统对 NaCl 胁迫的反应差异. 植物营养与肥料学报，2017，5.

25. 陈志伟，何婷，陆瑞菊，王亦菲，邹磊，杜志钊，单丽丽，何烨，黄剑华. 不同基因型大麦苗期对低氮胁迫的生物学响应. 上海农业学报 2010，26（1）：28-32.

26. 陆瑞菊，陈志伟，何婷，王亦菲，杜志钊，高润红，邹磊，黄剑华，陈佩度. 大麦单倍体细胞水平与植株水平耐低氮性的关系. 麦类作物学报，2011，31（2）：292-296.

27. 周珠扬，白婷，魏新红，等. 青稞β-葡聚糖产品的毒副作用研究. 中国卫生检验杂志，2015（22）：3828-3833.

28. 刘梅金，郭建炜，桑安平，等. 青稞品种区域试验甘南合作试点结果. 大麦与谷类科学，2015（2）：42-44.

29. 侯亚红，强小林. 水分胁迫对西藏不同类型青稞品种光合特性及产量的影响. 灌溉排水学报，2015，34（9）：83-87.

30. 白婷，强小林，周珠扬，等. 青藏高原地区青稞品种基本品质现状分析. 粮食加工，2016（6）：60-63.

31. 刘廷辉，强小林，杨开俊，等. 青藏高原16个青稞品种区域试验甘孜试点结果初报. 大麦与谷类科学，2016，33（3）：38-41.

32. 聂战声，马其彪，强小林. 甘肃天祝青稞新品种区域适应性研究. 大麦与谷类科学，2016，33（1）：13-18.

33. 蒋博文，张玉红，丁予章，陈建树，韩凝，边红武，朱睦元. 青稞γ-氨基丁酸发酵的初步研究. 浙江农业科学，2011（1）：93-95.

34. 柴玉琼，张玉红，韩凝，朱睦元．植物维生素 E 基因工程研究进展．中国生物工程杂志，2014，34（11）：100－106.

35. 张玉红，柴玉琼，陈建澍，韩凝，朱睦元．大麦多酚的提取工艺及功能研究进展．大麦与谷类科学，2015（1）：6－7.

36. 那成龙，陈建澍，张玉红，曾章慧，蒋博文，张仲博，王明强，边红武，韩凝，朱睦元．大麦 β-葡聚糖的提取及功能研究进展．麦类作物学报，2012，32（3）：579－584.

37. 查玉龙，胡献明，韩凝，边红武，张玉红，朱睦元．麦类等主要作物的 miRNA 研究进展，麦类作物学报，2011，31（3）：560－568.

38. 魏新虹．专用优质高产保健青稞品种"藏青 25"选育与产业化开发．中国科技成果，2017，18（13）：62－64.

39. 方伏荣，金平，王峰，聂石辉．大麦类钙调磷酸酶 B 互作蛋白激酶基因克隆及表达分析．西北植物学报，2013（6）.

40. 方伏荣，张金汕，张建平，等．密度和施氮量对大麦氮素吸收利用及籽粒蛋白质含量的影响．麦类作物学报，2016，36（3）：371－378.

41. 侯亚红．西藏河谷农区灌水和中后期降雨对高产青稞耗水量与产量的影响（英文）．Agricultural Science & Technology，2016，31（3）：170－175.

42. 方伏荣，张金汕，张建平，等．种植密度和施肥量对啤用大麦生长、产量及品质的影响．中国农业大学学报，2016，21（9）：23－32.

43. 李广阔，王仙，杨安沛，白微微，向莉．新疆奇台大麦种植区主要杂草防除药效初报．新疆农业科学，2017，54（10）：1887－1892.

44. 孔建平，李先德，李培玲，等．大麦青稞育种与推广的经济效益分析——以新疆奇台综合试验站为例．中国食物与营养，2017，23（8）：13－15.

45. 张琳，李先德，孙东升．中国大麦供给影响因素分析．中国农村经济，2014（5）：29－35.

46. 程燕，李先德．我国啤酒大麦产业链成本收益分析——基于豫鄂蒙新四省区的调研数据．农业技术经济，2014（8）：84－92.

47. 贾小玲，孙致陆，李先德．我国农户大麦生产技术效率及其影响因素分析——基于 12 个省份大麦种植户的调查数据．农业现代化研究，2017（4）：713－719.

下 编
体系认识与工作感悟

第六篇

体系认识与工作感悟

小作物 大作为

——服务大麦青稞技术体系，提升大麦研究国际地位

我进入国家大麦青稞产业技术体系，担任栽培与土肥研究室主任及作为栽培岗位科学家已有 10 个年头了。回顾本人和团队的科研工作历程，计点业绩成果，真正从心底里感谢体系，正是由于体系的多方面支持与支撑，使本人及团队在过去十载中取得了一系列的科研成果，培养了一批优秀的博士研究生和博士后，壮大了学术研发队伍，并获得了包括浙江省特级专家、浙江省有突出贡献的中青年专家、国家优秀科技工作者等诸多荣誉（称号）。同时，也为国家大麦青稞产业技术体系和大麦青稞产业的发展做出了应有的贡献。

首先，体系工作坚定了我的研究对象。本人是 1998 年开始从研究小麦转向大麦的，尽管至 2008 年的 10 年间，获得过包括国家自然科学基金重点在内的多项科研项目，但由于大麦作为"大作物中的小作物、小作物中的大作物"而未能得到国家的持续支持，因此在工作中经常担忧随时会"断粮"，步履艰难，缺乏长期规划，难以取得实质性成果。国家大麦青稞产业技术体系的建立，稳定与巩固了我长期从事大麦研究的决心，通过交流、考察与学习，日益认识到从事大麦研究大有可为，大麦生产与产业发展上存在着不少问题需要我们去解决。青稞仍然是藏民的主粮，发展青稞生产对于促进藏民经济与保障边疆稳定具有独特的作用；另一方面，青藏高原生态条件复杂、气候极端，经过长期适应演化，青稞（大麦）形成了独特的生态型，遗传多样性丰富，是现代栽培品种育种改良的宝贵资源。青藏高原一年生野生大麦是我国独有的珍贵遗传资源，20 世纪 30 年代，瑞典人 Aberg 从我国四川道孚发现了这一种质并将少量材料带至欧洲，随即引起了大麦遗传学界的广泛关注，进而引起有关栽培大麦起源的争论。长期以来，国际大麦遗传学界认为中东"肥沃月湾"（Fertile Crescent）地区是大麦的起源和进化中心。为此，我们在华中农业大学孙东发教授的支持下，对我国科学家在 20 世纪 60 年代在青藏高原考察征集到的 200 份野生大麦种质进行了系统研究与鉴定：通过大量分子标记比较，证明青

藏高原野生大麦是现代栽培大麦的主要祖先之一，并利用 RNA‒Seq 技术分析了青藏高原野生大麦、中东野生大麦与现代栽培大麦基因组的差异，表明现代栽培大麦的基因组至少一半来自青藏高原野生大麦；研究亦表明青藏高原野生大麦具有丰富的遗传多样性，特别是蕴藏着非生物胁迫耐性的优异种质及基因，从中筛选与鉴定到多份具有高抗盐、酸铝、低温与干旱的特异材料，相继在 PNAS（3 篇）、*Plant Biotechnology Journal* 和 *Journal of Experimental Botany* 等刊物发表了 40 余篇学术论文，作为阶段性成果之一，"大麦遗传多样性与特异种质研究" 2017 年获教育部高等学校自然科学奖一等奖。同时，我们利用鉴定的优异野生大麦材料与综合农艺性状优良的栽培品种杂交，通过小孢子培养技术和回交方式，构建了多个 DH 群体和异源染色体片段渗入系，作为育种和遗传研究应用，其中一些发送给部分体系同行，在大麦新品种选育上发挥了积极作用。以上研究显著提高了我国大麦（青稞）研究在国际上的学术地位，本人作为国际大麦遗传学大会（International Barley Genetics Symposium）的秘书长，2012 年 4 月在杭州组织召开了第 11 届国际大麦遗传学大会，并当选为第 12 届大会（2012—2016）主席；近 10 年，应澳大利亚大麦工艺学大会（每两年召开一次）和北美大麦学术讨论会（两年一次）组委会的邀请，4 次参加会议并作大会主旨报告。大麦特异种质研究促进了本人及团队更好地为振兴大麦（青稞）产业服务，鉴定到的一些优异种质材料应用于育种与生产，如 β‒葡聚糖含量高达 8.42% 的青稞品种藏青 25 已用于功能食品的开发，青稞在营养保健上的独特作用引起了一些食品加工企业对开发青稞产品的浓厚兴趣；同时，本人多次赴西藏、青海等地，为青稞遗传资源的开发与利用以及青稞生产咨询、谋划。

第二，产业需求指明了我的研究方向。大麦是全球普遍栽培的第四大禾谷类作物，在我国种植面积曾逾 1 亿亩，是重要的饲用、啤用和食用作物。近 20 年来，虽然种植面积锐减，但在农业生产中仍然具有独特的重要作用。进入体系前，由于对大麦（青稞）的需求和生产特点缺乏足够的了解，也因为缺乏持续的经费支持，在研究方向上不够集中；近 10 年来，我及团队围绕啤用大麦品质与非生物胁迫两个方向开展工作。我国的啤酒生产与消费量 2002 年超过美国而成为第一大国，此后又持续增长，目前已达美国的两倍半，但啤用大麦主要依赖进口。究其原因，固然涉及多种因素，但是啤用大麦品质不佳也是主要原因。为此，我们开展了啤用大麦主要品质的基因型与环境效应研究，首先建立了基于美国 AACC 法的近红外分析仪蛋白质、β-葡聚糖测定方法，为大麦种质评估与筛选提供了一种简易、快速、廉价的分析技术；阐明了我国主要啤用大麦栽培品种的麦芽品质特点及其环境效应，鉴定与筛选到一批籽粒化学组分和麦芽品质性状特异的遗传资源，为啤用大麦生产基地建设和种质资源合理利用提供了重要的理论依据；明确麦芽 β-葡聚糖酶活性低是造成国产啤用大麦加工性能差的重要因素，β-淀粉酶活性普遍较低是糖化力弱和麦芽浸出率低的根本原因；鉴定到可以解决蛋白质含量和 β-淀粉酶活性对麦芽品质有不良互作效应的醇溶蛋白组分，为啤用大麦品质检测与改良提供了可靠的评估指标与技术途径；阐明了主要气象和栽培因子对麦芽品质性状的影响，为啤用大麦优质栽培提供了理论与技术指导；啤酒混浊严重影响啤酒的品质和货架时间，减少啤用大麦籽粒的混浊蛋白含量，是解决啤酒混浊问题的有效途径。在明确大麦籽粒混浊敏感蛋白的基因型变异基础上，利用蛋白免疫印迹方法分析了 243 份大麦种质的混浊蛋白（BTI-CMe，大麦 α-淀粉酶/胰蛋白酶抑制剂）及其编码基因的多态性，发现该基因存在 6 种单倍型，开发了可用于鉴别混浊蛋白类型的特异分子标记；以上结果首次阐明了啤酒混浊形成的分子机理，并为低混浊敏感蛋白大麦育种提供了可靠的分子标记。该研究获得了浙江省科技进步（自然科学）奖一等奖，并由 Springer 出版社和浙江大学出版社联合出版了 *Genetics and Improvement of Malt Barley Quality*，为提升我国啤用大麦品质育种和生产水平及其在国际上的学术地位作出了重要贡献。在我国，随着大麦种植面积的减少，其种植区域极端环境的比例相对增大，提高大麦非生物胁迫的耐性在稳定其生产上的作用日益突出。为此，我们近年来开展了非生物胁迫耐性的种质资源鉴定与利用研究，获得了一批耐盐、酸铝和旱的种质材料及功能基因，利用转基因和基因编辑技术，阐明了相关基因的生物学功能，并应用于育种实践。撰写的由 Elsevier 出版社和浙江大学出版社联合出版的专著 *Exploration，Identification and Utilization of Barley Germplasm* 被国家自然科学基金会列为"中国基础前沿研究"系列丛书之一。

第三，体系与产业发展促进了人才培养。与其他大宗粮食与经济作物相比，全国从事大麦青稞研发与推广的人员少、高学历比例低，体系与产业的发展促进了人才、特别是高层次人才的需求。自 2008 年以来，本人及团队人员已培养毕业博士生 32 名，博士后 11 人，她们中绝大部分在高等院校、科研院所工作，不少人已成为所在单位以及大麦青稞体系相关岗位的学术骨干，是我国大麦科研和技术推广的中坚力量。同时，多年来，在全国各地开展技术咨询、专题讲座和学术交流等活动，其中包括中国作物学会、中国作物学会栽培委员会及作物栽培生理学术讨论会和中国作物学会大麦专业委员会学术讨论会等全国性会议报告近 10 次。

　　大麦青稞体系中十年的工作实践表明，这一用途多样、适应性广的禾谷类作物在我国具有很好的发展前景，但仍存在不少基础性及技术问题需要探明或解决；同时，"小作物"研究同样大有可为，只要明确目标，找准方向，并努力实践、持之以恒，一定可以取得丰硕的成果。

　　　　　　　　栽培与土肥研究室主任、栽培生理岗位科学家　张国平

　　　　　　　　　　　　　　　　　　　　　　　　　　（浙江大学）

以梦为马，构筑稳定高效的国家现代农业体系

农业作为满足人们基本生活需要的基础性核心产业，是围绕农作物从育种、生产、加工到终端消费的有机整体。自我国现代农业产业技术体系专项实施以来，逐步构建起了适合我国国情的国家现代农业体系，在稳定产业发展、改善民生、乡村振兴以及扶贫攻坚等方面都发挥了重要作用。

国家大麦青稞体系自建立以来，紧紧围绕产业问题，协调和整合产业链各环节，积极探索新品种研发、新技术集成、新产品和新市场开发，并通过政策建议，对于充分利用国际和国内两个市场、两类资源，有效稳定了市场原料供应，实现了大麦青稞作为主要粮食作物重要补充的定位和功能。

一、大麦青稞产业挑战与机遇并存

从宏观来看，我国农业目前出现的阶段性新情况、面临的新课题以及农业供给侧结构性改革战略实施等都对构建我国特色的现代农业体系提出了新要求。实现我国特色现代农业，需要以统筹兼顾农业产业链各环节的协调、有序和可持续发展为基本出发点，以加快农业基础性科技供给为重要抓手，为进一步提升农业科技创新贡献率提供根本保障。

对大麦青稞而言，因具有良好的抗逆性和适应性，历史上我国大麦青稞的种植面积曾经达到1亿多亩，广泛分布于我国从沿海滩涂到高纬度、高海拔地区。现在我国大麦青稞生产主要集中在江苏等东部沿海地区，甘肃、新疆等西北干旱区，以及青、藏、川、滇等高原青稞产区。

目前，大麦青稞产业中存在的主要问题在于，由于国家的口粮安全战略以及啤酒工业发展需要，进口大麦原料低价量大、农业补贴政策倾斜，使得国产大麦生产的比较效益低，传统优势主产区均受到严重影响。然而，值得思考的是，在我国雨养农业区、长江中下游地区以及西南山区，由于冬春季节饲料缺乏、干旱少雨以及轮作倒茬需要，大麦因其早熟性和耐寒耐旱性良好而被重新

重视起来，在冬闲田利用和解决优质饲料短缺方面起到了良好作用，不仅提高了复种指数，更促进了农民增产增收。在青稞生产方面，仍存在育种技术水平落后，优良品种缺乏；青藏高原和四省藏区绿色、优质青稞生产的产业优势没有得到重视和发挥；青稞产品的价值认识不足等问题。

改革开放以来，随着经济社会发展和农业产业结构的不断升级，我国农业由弱到强逐步发展壮大。2003—2015 年，我国粮食生产实现历史性"十二连增"，2015 年粮食亩产比 2003 年提高 76.7kg，粮食供给保障能力大幅提高。我国农业科技进步贡献率已达 56%，基本实现主要农作物良种全覆盖，在保障国家粮食安全和农民增产增收方面做出了重要贡献。然而，在当前农产品数量需求得以保障的同时，如何进一步满足市场差异化需求成为农业产业发展面临的重要挑战。"祸兮福之所倚，福兮祸之所伏。"与所有农业行业的发展类似，当前我国农业生产力和生产关系的变革，以及物联网、信息化、全球化等带来的不仅仅是转型的阵痛，还有通过实施创新驱动发展，促进大麦青稞产业升级和提质增效的战略机遇。

二、体系是促进产业链上下游融合发展的桥梁

虽然当前国际国内农产品市场融合加深，国际竞争压力日益凸显，但影响我国构建高效现代农业体系的根本问题还是生产力与生产关系之间的矛盾，产业链上游创新性种质资源研究、高效育种，下游不断变革的市场供需关系、农业生产各要素、最终农产品消费升级和流向变化以及产业链各环节未能有效协调的问题。

未来主粮基本自给，其他经济作物、饲料及加工农产品原料的消费需求依靠进口补充的产业局面将成为新常态。市场对农产品的需求正从单一地满足数量，发展到口味、品质、保健等多元化消费需求，目前实行大麦青稞优质优价政策时机成熟。

对于构建高效的现代大麦青稞体系而言，仍需以面临的产业问题为导向，立足农业全局视角，分析关联、影响和制约大麦青稞产业发展的环节，促进产业链上下游协同发展。

目前我国人口增速基本稳定，但食品消费需求出现结构性变化，消费升级势头明显，因此决策层立足当前我国农产品消费变化趋势和生态建设需求，适时提出了农业供给侧结构性改革的国家战略。大麦青稞体系根据主产区和优势

产区的资源禀赋，明确提出通过优异种质筛选，结合育种目标性状优异基因发掘，逐步建立和重点支持以满足消费需求为导向的大麦青稞个性化育种，明确区域性特用型个性化新品种选育目标，减少育种的盲目性。

其次，大麦青稞体系在减少国际市场农产品波动对国内产业发展的不利影响方面做出了积极努力，在保障原料总体安全的情况下，努力实现产业链上下游各相关方的利益最大化和共赢发展，成为促进产业链上下游融合发展的桥梁和纽带。

三、体系是大麦青稞科研队伍的稳定器

体系的稳定支撑，对大麦青稞科研后备人才培养来说，具有特别重要的意义。全国大麦青稞研发力量从 2000 年初的 20～30 人，发展壮大到 43 个团队，近 300 人的专业化人才队伍，吸引和稳定了一批高水平、高素质的新生力量加入到科研队伍中来。

未来我国特色现代化农业的理想模式应具有既能够满足人们对于农产品日常化、种类多元化以及品质差异化的需求；又具有环境友好、绿色发展、可持续发展等特点。然而，目前我国农业生产资源环境约束日益趋紧，农业从业人员结构和比例正在发生重大变革。因此，要实现这一目标，必须有能够适应和服务未来新型农业生产模式的创新型人才作为支撑，大麦青稞体系发挥了稳定器的作用。

总体而言，大麦青稞体系在构筑稳定高效的国家现代农业体系方面起到了不可或缺的作用，是产业良性发展的压舱石。

种质资源岗位科学家　郭刚刚
（中国农业科学院作物科学研究所）

体系 10 年话成长

国家大麦青稞产业技术体系是农业部（现农业农村部）为提升国家和区域创新能力，加强农业科技自主创新能力，保障国家粮食安全、食品安全，实现农民增收和农业可持续发展，在 2008 年开展水稻等 10 个农产品第一批现代农业产业技术体系建设试点的基础上，于 2008 年 12 月启动建设的 40 个农产品现代农业产业技术体系之一。本人 2009 年博士毕业于浙江大学国家大麦青稞产业技术体系岗位科学家张国平教授实验室。过去 10 年，我国大麦产业在首席科学家张京研究员以及各岗位科学家为代表的我国大麦产业中坚力量的带领下，经历了我国大麦行业从衰退走向再次繁荣的拐点，也是我从一名博士研究生成长为教授的 10 年，也很荣幸能参与到我国大麦行业的发展中，以下谈几点个人的体会：

一、国家大麦青稞产业技术体系是大麦产业稳定的基石

我所在课题组自 20 世纪 70 年代初以来一直从事大麦育种暨栽培研究工作，80 年代后一直承担国家和浙江省大麦育种研究项目，先后育成大麦新品种 9 个，获省部级科研进步奖（自然奖）8 项。"八五"期间，承担完成了国家攻关课题"大麦新品种选育技术及亲本材料评价与创新"专题中的子专题"基础材料的创新"，征集、创造和评价了数百份种质材料。并在近 20 项国家自然科学基金资助下开展了大麦产业相关研究，但是随着国民经济结构调整的深化，浙江省的大麦种植面积锐减，从高峰时期的近千万亩到如今的不足百万亩，造成大麦产业趋于衰退。与此同时，国内其他省份的同行也经历着同样的境遇。国家大麦青稞产业技术体系的建立，为稳定这样一支具有优良传统的科研队伍具有不可替代的作用，尤其是对像我这样的产业体系内的年轻科研人员来说尤为重要。

二、国家大麦青稞产业技术体系是一个交流的平台

国家大麦青稞产业技术体系作为我国大麦科研工作者的共同家园，为我们大家，尤其是年轻的科研工作者提供了一个良性互动的交流平台，促进了我国大麦产

业相关的学术交流和科技发展。举例来说，国家大麦青稞产业技术体系年度工作总结暨人员考评大会为体系成员提供了一个广泛交流的平台，会议兼容并蓄、团结奋进的氛围也非常有利于年轻科技工作者的成长；并且，各教研室不定期的会议或者各地岗位科学家或试验站的考察工作，进一步促进了大麦科技工作者了解国内外大麦产业的需求和发展，尤其为我国不同地方大麦产业需求提供了一个展示的舞台。与此同时，不定期的青年科技工作者论坛（最近一次于 2018 年 7 月中旬在青海西宁由大麦专业委员会青年工作委员会举办）有效地推动了大麦产业青年科技工作者的交流，为加强合作提供了一个非常有益的交流平台。

三、在国家大麦青稞产业技术体系支持下成长

过去的 10 年是国家大麦青稞产业技术体系从建立到完善的 10 年，也是我个人成长的 10 年，从一个青涩的博士研究生，到留校任教再到如今晋升为教授并独立开展研究生的指导工作。我的一个主要工作是大麦的种质资源发掘和遗传进化研究，期间获得了国家大麦青稞产业技术体系内外诸多前辈同仁的帮助，不管是种质材料收集还是技术体系构建都受益匪浅。国际大麦遗传学界一直认为，中东"肥沃月湾"（Fertile Crescent）地区是大麦的起源和进化中心，对存在于我国青藏高原的大麦种质鲜有研究。西藏大麦是我国独有的珍贵遗传资源，自 20 世纪 60 年代以来，我国研究者在青藏高原及其周边地区陆续采集到大量野生大麦种质，并从形态和细胞学水平上证明它们与生长在中东"肥沃月湾"地区的野生大麦存在着较大的差异，亦有学者提出该地区是栽培大麦的一个驯化中心的观点，但由于缺乏足够的科学证据而未被国际同行所认可。

我们联合以色列、英国和澳大利亚等国的研究人员，利用全基因组覆盖尺度的分子标记对 75 份中东和 95 份西藏野生大麦种质以及 120 多份世界各地的栽培大麦代表性品种进行系统的比较分析，并以球茎大麦为外标对进化体系进行聚类分析，结果表明中东和西藏野生大麦分别归类于两个主要类群，其分化时间以"百万年"尺度计；同时利用结构分析等方法，进一步比较了东亚和地中海周边地区栽培大麦与中东和西藏野生大麦的亲缘关系，揭示了青藏高原及其周边地区广泛种植的青稞（即裸大麦）与中东野生大麦及其他地区的栽培大麦品种遗传关系较远，进而通过翔实的分子证据证明我国的青藏高原及其周边地区是世界栽培大麦的一个重要多样性中心。主要研究结果以"Tibet is one of the Centers of Domestication of Cultivated Barley"为题在美国《国家科学

院院刊》（Dai et al.，2012）上发表后，受到包括作物学、农业考古和环境生态等多个领域的国内外学者广泛关注。鉴于该研究工作的科学意义，论文入选国家自然科学基金委 2012 年度成果巡礼（当年生命学部入选 3 篇）。

在此基础上，我们首次将转录组高通量测序技术（RNA - Seq）应用于大麦遗传进化研究，系统地比较了栽培大麦与中东和西藏这两个主要野生大麦群体间的染色体相似性，从全基因组水平上提出并证明了栽培大麦的多起源理论。研究表明，现代栽培大麦基因组源于中东"肥沃月湾"和我国青藏高原地区的大麦种质，且两地的野生大麦基因组对现代栽培大麦基因组的贡献大致相当，但存在明显的染色体及其片段上的差异，即中东野生大麦主要贡献 1H、2H 和 3H 染色体，而西藏大麦种质主要贡献 4H、5H、6H 和 7H 染色体。这一研究结果可靠地解释了长期困扰大麦遗传与育种界有关大麦具有显著二元遗传特性的起源问题，如落粒性（由两个紧密连锁的基因调控）、棱形（二棱和六棱）、皮大麦和裸大麦、冬性和春性以及同时具备较强的耐寒性和耐旱性等特点。主要结果于 2014 年 9 月再次发表在 PNAS 上（Dai et al.，2014），丰富和发展了农业起源及扩散理论，为发掘与利用优异大麦种质提供了理论依据。

高质量的参考基因组图谱是大麦遗传育种、基因定位和克隆及功能验证工作顺利开展的重要支撑。申请人带领的研究团队，利用二代测序平台（Illumina）结合三代测序技术（PacBio，以测序长度见长）的策略，实现了大麦这样复杂基因组中长片段重复序列的跨越，构建了一个 4.84 Gb 的藏青 320 参考基因组（藏青 320 是由西藏农牧科学院育成的高产青稞品种），有 4.59 Gb 锚定到了七条染色体上；N 的比例是 8.0%；注释得到了 46 787 个高置信基因。利用 PacBio 技术在测序读长上的优势，成功填补了国际大麦测序联盟发布的皮大麦品种 Morex 基因组的部分缺口。在此基础上，系统比较了 Morex 和藏青 320 基因组序列的相似性，鉴定到 4 个高度相似的染色体大片段，并结合近现代引种和大麦育种谱系分析，首次从基因组水平上明确了青稞种质对现代栽培大麦的重要贡献，相关工作已于 2017 年 9 月在线发表于 *Plant Biotechnology Journal*（Dai et al.，2018）。该工作为大麦基因组研究提供了重要的遗传信息，也为我国大麦种质资源发掘，尤其是青稞种质的发掘和利用提供了重要的参考。

栽培生理岗位科学家张国平团队　戴飞

（浙江大学）

春华秋实，我与体系共成长

岁月荏苒，时光流逝，转眼之间我从事大麦科研工作已近 20 个春秋，回顾这 20 年的历程，很庆幸自己在人生的关键节点，选择了正确的道路，跟随了恩师张凤英老师，一步步锤炼和成长。

内蒙古自治区大麦科研工作起步于 20 世纪 80 年代，期间经历了引种种植—停滞不前—重新起步—快速发展四个阶段。2000 年，内蒙古科技厅重新启动大麦科研项目"特色作物优质新品种选育及配套栽培技术研究——大麦新品种选育"，我们确立了以常规杂交为主，结合引种选育的技术路线。首先对库存的 150 多份材料进行整理种植、观察、鉴定、分类、筛选，同时利用外出调研、开会、信函的方式，向全国各地大麦育种单位征集各类大麦新品种、资源 350 份，开始了杂交育种和引种比较鉴定试验工作。2005—2006 年引种选育出啤酒大麦品种川农大 4 号、甘啤 4 号，并通过内蒙古自治区农作物品种审定委员会认定，其中甘啤 4 号很快在内蒙古大面积推广应用。2009 年"甘啤 4 号引种选育及推广"获得 2008 年度内蒙古自治区科学技术进步二等奖。

2006—2008 年，通过参加农业部"十一五""948"重大项目——"啤酒大麦生产技术引进与产业化"，引进、筛选、鉴定国外种质资源 900 份，极大地丰富了我们的育种资源库和选择群体，为后续大麦育种奠定了良好的物质基础。

2007—2010 年承担农业部公益性行业科技专项——饲用、食用和啤酒大麦品种筛选及生产技术研究，该项目的实施保证了我们科研工作的持续推进，进一步提高了科研水平。

2008 年随着国家大麦青稞产业技术体系建设的启动，张凤英老师被选聘为土肥与栽培研究室—东北区栽培岗位专家，从此有了稳定的经费保障，科研工作进入了快速发展期。在体系这个航标的指引下，我们围绕大麦育种、栽培技术和产业发展需求，以多元化育种和高产高效生产技术研发为目标，从种质资源筛选鉴定、专用型大麦新品种选育、抗旱耐盐遗传机理、栽培生理、栽培技术研发等多个角度开展试验研究和联合攻关，逐步建立了一套较为完整的工作体系。如，构建"种质资源精准鉴定与亲本定向选配＋多亲本复合杂交＋表型跟踪连续选优＋多点鉴定＋品质鉴定＋抗逆性抗病性鉴定"的高效育种技术体系；对育成品种和顶级品系，开展不同区域的播期、密度、肥料配比、田间管理、病虫草害防治、收获等系统研究，集成配套栽培技术。从 2011 年开始，在内蒙古民族大学开展高代品系抗旱、耐盐筛选鉴定，并进行了光合参数、叶绿素及保护性酶等生理指标的测定，开始了大麦抗旱耐盐栽培生理和品质遗传机理模型研究。《基于生化遗传过程的大麦籽粒蛋白质形成机理模型构建》（2014—2017 年）及《大麦籽粒淀粉形成的机理模型构建》（2018—2021 年）连续获得国家自然科学基金资助，其研究方向填补了该领域空白。与巴彦淖尔综合试验站合作，开展大麦麦后复种向日葵和蔬菜栽培技术及盐碱地大麦栽培技术研究；与呼伦贝尔市大麦协会合作研制抗腐威增氮施肥轻简栽培技术并大面积示范推广；与海拉尔农垦合作开展抗旱大麦品种选育鉴定、大麦根腐病防治技术研究、旱作区油菜茬免耕栽培大麦技术研究。形成多项栽培技术模式，并制定技术规程，为生产上推广应用发挥了积极的作用，取得显著的经济社会生态效益。特别是 2015 年我们与山东济南现代牧业和内蒙古乌兰察布市瑞田现代牧业合作，尝试在大型养殖场饲草种植基地开展"大麦青贮饲草"和"大麦干贮饲草"饲喂奶牛、肉牛试验，获得成功；并研制了大麦青贮、干贮种养一体化生产技术，开辟了大麦新型产业市场。2016—2018 年大麦青贮、干贮饲草技术得到蓬勃发展，在内蒙古、山东、山西、河北等地应用推广。这些工作的相继开展，丰富和完善了我们的研究领域，拓展了技术路线，提升了研究水平。

依托国家大麦青稞产业技术体系平台，我们与国内外大麦同行建立了密切的合作关系，进行资源、技术、设备等方面的交流合作。如与加拿大圭尔夫大学育种专家 Duane E. Falk 先生，澳大利亚国际著名大麦分子遗传育种专家李承道博士和塔斯马尼亚大学大麦病理遗传育种专家周美学教授，就大麦种质资源创新、现代育种方法及手段等内容进行了广泛的讨论与交流，引进矮秆材料 20 份、抗盐材料 18 份、抗旱材料 25 份、具有特殊品质性状材料 15 份、穿梭育种中间品系 150 份，为我们开展抗旱、抗盐生理及品质育种提供了基础材料。目前，这些材料已作为亲本进行了利用，建立起多个轮回选择群体，后代正在逐代选择中。

国内与中国农科院作科所、植保所、中国农业大学、上海市农科院、甘肃省农科院、杭州国家大麦改良中心、浙江大学、华中农业大学、甘肃省农科院、黑龙江红兴隆农科所、中国食品工业发酵研究院等多家科研单位建立密切的合作关系，开展异地鉴定、穿梭育种的工作，提高育种效率，加快育种进程。

区内联合各盟市科研院所、内蒙古民族大学、海拉尔农垦集团、呼伦贝尔市大麦协会、内蒙古正丰马铃薯种业有限公司等单位，建设多个稳定的科研、生产示范基地，构建了"科研＋示范＋推广"的工作模式；培养和锻炼了一支覆盖全区的大麦科研团队，目前团队成员20余人，其中核心成员14人，博士4人，硕士4人，有力地保证了我们各项研究任务的顺利完成，有效地推动了内蒙古大麦学科的发展。在多年的工作进程中，团队形成了一种高效有序的工作机制。第一，年初制定详细的工作计划和实施方案，责成承试点专人负责；大麦生长期不定期巡回检查调研，发现问题及时沟通解决；年底及时汇总提交工作总结。第二，采取灵活多样的技术措施，如召开现场会、田间地头答疑解惑、应急性技术服务、发放技术资料等保证试验示范顺利实施。第三，凝聚各方的资源、技术和人才优势，倡导一种踏实肯干、吃苦耐劳、求实创新的工作氛围，充分调动了大家的工作积极性、主动性和创造性。

经过多年的辛勤工作和潜心积淀，我们取得了一些成果。2008年自主创新选育出内蒙古第一个大麦新品种——蒙啤麦1号，填补了内蒙古大麦一直没有自育品种的空白，引领带动了内蒙古大麦新品种的第二次更新换代，品种占有率达到30％以上。2011年、2014年、2015年又相继选育出蒙啤麦2号、蒙啤麦3号、蒙啤麦4号、蒙啤麦5号。其中蒙啤麦3号、蒙啤麦4号，引领带动了内蒙古大麦新品种的第三次更新换代，成为目前生产上的主导品种。制定内蒙古地方标准9项，成果登记4项，发表论文46篇。

新品种及配套技术的大面积推广应用相继取得了社会的广泛认可。"啤酒大麦新品种甘啤4号引种选育及推广"获得2008年度内蒙古自治区科学技术进步二等奖；"优质、高产啤酒大麦新品种选育与生产技术集成、推广"获得2013年度内蒙古自治区科学技术进步一等奖；"大兴安岭沿麓啤酒大麦引种及栽培技术推广"和"优质、高产啤用大麦新品种'蒙啤麦1号'及高效生产技术集成、推广"分别于2008年、2013年获得内蒙古自治区农牧业丰收计划一等奖。

在取得成绩的同时，也清醒地认识到我们还存在许多不足和差距，如新品种灌区平均亩产低于 500kg，专用品质、抗旱性、耐盐性、抗病性难以同步提高的技术瓶颈，抗旱耐盐栽培技术没有突破性的进展等，给我们今后的工作提出任务和挑战。为此，近两年我们引进 2 名博士，拟在分子育种技术上有所突破和创新，提高育种效率，提升品种的产量、品质和抗性。2017 年冬季，有计划地引进各类种质资源 104 份；2018 年开展了"内蒙古大麦育种种质群体遗传多样性分析及育种性状的优异等位基因挖掘"的前期工作，分区域种植鉴定。从育种性状关联定位的角度出发，利用简化基因组测序获得 SNP 标记，分析种质群体结构、遗传多样性和亲缘关系，对育种性状进行全基因组关联定位并挖掘优异等位基因，为聚合育种的亲本选配提供依据。同时为了加快饲草大麦新品种选育，选择 2018 年高代品系中的成帽状的钩芒材料，到云南省元谋县进行南繁加代，加快品种选育进程。

10 年来，体系这个同心圆凝聚和培育了内蒙古大麦科研团队，使内蒙古大麦科研有了长足的进步，在自治区乃至全国占有一席之地；也培养和锻炼了我，我很庆幸自己融入体系这个大家庭中，我本人获得内蒙古自治区"草原人才"和"511 人才"等荣誉，成为自治区"草原英才"工程产业创新创业人才团队带头人。作为一名体系新任岗位科学家，我接过了前辈手中的接力棒，倍感责任重大，前面的路还很长，我将继续发扬团队的优良作风，在传承中创新发展，力争迈上新的台阶。

栽培岗位科学家　刘志萍

（内蒙古自治区农牧科学院）

我与体系共成长

本人是云南省保山市农业科学研究所一名普通的大麦育种科技人员，主要负责大麦新品种选育、栽培技术研究、试验示范和推广。最大的愿望是选育出高产优质、多抗广适的大麦新品种，研究出高产高效的栽培技术并大面积推广应用，使农户增产增收。2008年保山市农业科学研究所大麦科研团队有幸加入国家大麦青稞产业技术体系，成为当时15个综合试验站之一，我也有幸登上国家大麦青稞产业技术体系这个大平台。通过体系我认识了全国各个科研院所知名专家、教授、学者等。通过各位专家、教授的帮助、支持，保山综合试验站也逐渐成长起来，在体系建设、人才队伍建设、大麦新品种选育、栽培技术研究等方面较以前有了较大变化，并及时把育成的新品种、研究集成的新技术送到农户手中，大麦产业在保山小春作物生产中起到了重要作用。

一、试验示范科研条件建设

保山市农业科学研究所自加入国家大麦青稞产业技术体系后，科研经费有了保障，极大地提高了科研团队的工作积极性。保山综合试验站坚持岗位人员相对稳定，使研究工作有了较好的连续性，现有人员9人，其中：研究员2人，高级农艺师2人。依托单位尽最大力量支持试验站工作，为试验站提供80亩科研用田，配备成套种子加工设备、种子分析化验室、仓库、网室等。体系内分工布局科学合理，站长负责主持项目，设有品种试验、病虫防治、土肥栽培、综合四个岗位，并且专人负责，其余团队人员协助站长工作。试验站每年年初制定任务计划，年终对照任务书和完成情况撰写年终总结，日常管理制度按照依托单位保山市农业科学研究所单位规章制度执行，相关制度机制完善高效。团队人员精诚团结、分工协作、诚信守则，形成良好体系文化。试验站长带领团队人员任劳任怨，脚踏实地，勇于开拓，顾全大局，长期蹲守田间地头，从事大麦新品种选育及栽培技术研究；经常深入示范县培训科技人员及农户。经常与首席、岗位专家和各试验站间交流协作，体系内外合作协调顺畅高效。

二、试验站人才队伍建设

保山市农业科学研究所大麦科研团队入选国家综合试验站以来，吸纳、稳定本产业研发队伍 19 人，其中市级 9 人，县级 10 人。试验站人才梯队合理，团队人员郑家文晋升为二级研究员，站长刘猛道晋升为三级研究员。刘猛道作为"西部之光访问学者"到国家大麦改良中心学习 1 年，获云南省有突出贡献优秀专业技术人才并入选省级创新人才培养对象。郑家文和刘猛道同志被确定为云南省委联系专家。刘猛道被列入保山市产业领军人才。

三、大麦育种成效显著

保山市农业科学研究所于 1988 年开始立项研究啤饲大麦新品种选育和栽培技术，1991—2000 年，保山市农科所通过引种鉴定育成大麦品种 5 个：V24、V06、莫特 44、科利培、V013。但由于种质资源匮乏，难于在育种上有较大突破。2008 年成为国家大麦青稞产业技术体系保山综合试验站后，十分注重种质资源的引进、筛选和利用，在产业体系各位老师的帮助下，每年引入大麦种质资源 200 份左右，通过十年的努力，现在保存优异种质资源 450 份。2008 年以来，通过系统选育育成新品种 4 个：保大麦 6 号、8 号、12 号、13 号；杂交选育育成新品种 11 个：保大麦 14 号、15 号、16 号、17 号、18 号、19 号、20 号、21 号、22 号、23 号、24 号；穿梭育种育成新品种 1 个：云大麦 2 号。其中 12 个品种通过国家非主要农作物品种登记，8 个品种入选云南省大麦主推品种。特别是保大麦 8 号每年播种面积 80 万亩，这些品种的育成为保山市乃至云南省啤饲大麦生产的平稳发展奠定了基础。

四、种植面积和单产不断提高

据统计，1958—1994 年，保山市大麦种植面积仅从 1.68 万亩增加到 4.64 万亩，亩产从 34kg 增加至 168.2kg，36 年的时间，面积仅增加了 2.96 万亩，年均仅增加 0.08 万亩，亩产增加了 134.2kg。1994—1999 年种植面积逐年增加，到 1999 年种植面积突破 20 万亩，达 21 万亩，亩产仅增加 1.8kg。2000 年种植面积呈下降趋势，较 1999 年减少了 3.8 万亩，亩产增加了 5.34kg。2001—2005 年，种植面积逐年增加，到 2005 年种植面积达 30.76 万亩，亩产突破 200kg，达 201.8kg。2008 年加入体系后，在体系经费稳定支持下，面积单产逐年增产，年均增加 20 275 亩，2010 年达 41.67 万亩；到 2013 年种植面积达 48.88 万亩。2014 年以后，种植面积稳定在 50 万亩以上，单产逐年增加，2018 年亩产达到了 253kg。

五、大麦单产创全国四个第一

保山市农业科学研究所自加入体系以来，十分重视栽培技术研究，先后集成"大麦轻简栽培技术""大麦高产高效栽培集成技术""烟后大麦丰产栽培技术""大麦抗旱减灾集成技术""核桃林下套种大麦丰产栽培技术"等，其中 3 项入选了云南省大麦主推技术。近十年来，保山试验站通过示范推广集成的丰产栽培技术，创造了大麦单产"四个全国第一"。一是云南省农科院麦类常规课题组和保山市农科所麦类室共同选育的"云大麦 2 号"，2009 年 4 月 17 日，经云南省农业技术推广总站、云南省种子管理站等单位有关专家组成的省级专家组，对保山腾冲市固东镇罗坪村山寨三组、四组 93 户连片种植的 206 亩"云大麦 2 号"，进行了分类测产验收和实打验收，分类测产验收结果是，罗坪村种植的啤饲大麦新品种"云大麦 2 号"206 亩连片丰产样板平均单产达629.6kg，并对三组赵有钦户 1.2 亩进行了机械实收，亩产干重 720.8kg，科技查新结果显示，"云大麦 2 号"百亩连片丰产样板平均单产和最高单产均为全国第一。二是 2011 年，保山市农科所选择腾冲市固东镇实施啤饲大麦高产创建项目，采取市、县、镇、村联办的办法，充分发挥科研团队的作用，分别实施百亩方、千亩片、万亩区各一个，主要种植保大麦 6 号和云大麦 2 号，2011 年 5 月 4 日，通过省、市、县专家验收组实地测产验收，验收结果：万亩连片种植啤饲大麦平均每亩单产 504.2kg，创下我国连片种植啤饲大麦单产新高。

六、主要研究成果

保山试验站具有试验基地 2 个，每年在五县区建设完成示范基地 6 块累计面积 1.4 万亩左右，平均亩增产 50kg 以上，增加大麦产量 70 万 kg 以上。2012 年保山市农科所大麦科研团队被评为保山市科技创新团队；2014 年保山市农科所麦类室被云南省总工会授予"郑家文劳模创新工作室"。发表科技论文 47 篇，其中国内核心期刊 37 篇。获市、厅级以上科技成果奖 11 项，其中云南省科技进步三等奖 1 项；农业部农牧渔业丰收三等奖 1 项；云南省农业厅科技推广一等奖 1 项，二等奖 3 项、三等奖 1 项；保山市科技进步一等奖 3 项，二等奖 1 项。

七、对产业发展做出贡献

育成的大麦品种市场占有率相较以前有一定提升，占全市推广面积 90% 以上，辐射带动德宏、临沧、曲靖、楚雄、丽江等州市大麦发展，使云南省大麦发展至 380 万亩左右，居全国第一。大麦免（少）耕轻简栽培技术，烟后大麦栽培技术，早秋大麦抗旱减灾栽培技术，桑园、核桃树下套种大麦栽培技术，条纹病及蘮草防控技术具有重要进展，对产业规模调整、产业结构和发展方式转变、产业综合效益提升等有一定贡献。育成的保大麦系列新品种抗白粉病、锈病、条纹病，每亩可减少防治病害 1～2 次，减少农药施用 100g 左右，减轻农药污染，保护生态；大麦秸秆用作饲草利用率为 1%，促进畜牧业发展，同时增加了有机肥源，为无公害农业生产创造了条件，有较好的生态效益。

保山综合试验站站长　刘猛道

（云南省保山市农业科学研究所）

寒地黑土大麦青稞新记

　　青稞（裸大麦）对现在的黑龙江人是比较陌生的作物。谈起大麦，大家就想到是酿造啤酒的，因为黑龙江省在大麦生产历史上主要以种植啤酒大麦为主，饲用大麦过去则是以不合格的啤酒大麦进行零星饲料利用，专门用作饲料鲜有生产，早期个别渔业养殖者利用皮大麦进行扬撒养鱼饲喂。而一直以来除地方品种资源外，几乎没有青稞生产。近几年由于畜牧业的发展要求，雪花牛肉、和牛养殖等企业利用裸大麦（青稞）压片进行小规模的饲料利用。过去曾引种试种青稞新品种，但由于感病、倒伏、穗发芽、落粒等水土不服问题没有成功。故黑龙江省大麦育种及种质创新等方面研究一直以啤酒大麦为主要研究方向。将青稞新品种从高海拔的青藏高原引种到高纬度的黑土地一直是黑龙江大麦人的梦想。

　　黑龙江省农科院作物育种研究所自"六五"以来一直是国家大麦种质资源鉴定、评价及更新的研究团队。"十五"时期开始进行大麦种质创新及品种改良，但由于受当时生产形势及掌握的资源少等限制，仍是以啤酒大麦为主要研究方向。"十一五"期间进入国家大麦青稞产业技术体系，借助国家平台，分享全国资源，在技术手段、资源材料及信息交流方面登上了大的台阶。通过全国大麦青稞资源的交换，国内外专家的交流学习，特别是首席及岗位专家的指导引领，使哈尔滨综合试验站创新团队不仅开阔了视野、拓宽了思路，得到了更多学习、提升的机会，而且在基础材料掌握、技术水平提高及品种多元化创新等方面取得了较大进步，获得了突破性的成果。

　　种质创新及品种改良缺少资源等于无源之水、无米之炊，难以实现更好的创新和突破。只有通过不同类型、不同亲源、不同用途以及来源于不同生态条件资源的广泛交流穿梭育种才能进行多元化的种质创新和品种改良。哈尔滨综合试验站正是通过国家大麦青稞产业技术体系这一国家的平台，在 10 年间完成化蛹成蝶的飞跃发展。不仅克服了黑龙江省大麦利用途径单一，致使大麦产业一挫俱挫的难题。而且，在大麦青稞多元化创新和新品种选育以及加工利用方面取得突破，开辟了黑龙江大麦青稞利用新途径。

一、利用体系平台，汲取营养，快速进入啤酒大麦种质创新及新品种选育发展阶段

2008 年开始，通过国家大麦青稞产业技术体系的平台，广泛搜集不同生态类型的资源，与各个研究水平先进的兄弟团队交流学习，哈尔滨综合试验站迅速进入大麦青稞创新的快行道，不仅连续选育了抗病、高产优质的龙啤麦 1 号、龙啤麦 2 号、龙啤麦 3 号和龙啤麦 4 号。其中龙啤麦 3 号得到国家第一批啤酒大麦鉴定认定，高产、稳产、抗病、优质。浸出率高，达到 82.0%，低 β-葡聚糖 30～50mg/kg，千粒重 45g 以上，具有高端啤酒的酿造品质；龙啤麦 4 号是啤食兼用型品种，秆强抗倒、抗病、丰产，并且淀粉含量高达 75.11%，口感爽滑劲道。而且，创造出一大批啤酒大麦品质突出的中间材料。

二、借助体系平台，弥补短板，渐进扭转黑龙江大麦青稞研发生产单一的局面

从 2008 年开始，哈尔滨综合试验站通过国家大麦青稞产业技术体系平台，全面丰富种质资源，取经借宝提高水平，从甘肃、浙江的啤酒大麦到江苏、云南的饲用大麦以及青海、西藏的食用青稞，广征博引近千份全国各地的资源；与中国农科院作科所、植保所，上海市农科院，西藏农牧科学院合作，提高基础研究水平、精准资源鉴定手段，制定病害鉴定标准，利用小孢子细胞工程育种手段，加速育种进程；同时得到浙江大学、浙江农科院、北京食品发酵研究院、南京机械化研究所、内蒙古海拉尔牧管局等单位支持，辅助鉴定分析及试验示范。开创了大麦青稞多元化创新和新品种选育的新局面。克服了资源类型单一、研究方向单一、技术手段单一的短板，完成了多元化种质创新和品种改良，食用、饲用及绿植加工等多元化育种、植保、栽培及加工等研究齐头并进的成功转型。

三、参与体系平台，成长提升，成功探索出东北大麦青稞多元化创新利用的新途径

同样从 2008 年开始，随着对大麦青稞的认识，加强对加工利用方面的研究。在进行的多元化特用专用品种的种质创新和新品种选育及开发加工利用的

同时，密切与其他单位多方向（其他研究单位、企业、新型农民等）合作研发特用产品及加工工艺，为大麦青稞的利用探索新的途径。如地产大麦青稞泡面在品质上好于燕麦，甚至好于青海西藏的青稞；大麦杂粮面包粉实现 30％添加，完成其他谷物不能做到的比例；添加青稞的降糖粥正在进入效果试验阶段；特别是营养丰富独特的绿植加工产品如麦绿素、大麦若叶茶（炒制），不仅具有较高的特殊营养价值，而且较易市场化运营发展，经济价值高，有广阔的开发前景。其专用品种筛选及加工工艺研发开创了黑龙江省乃至我国大麦青稞研究利用的新途径。

四、分享体系平台，硕果累累，实现高海拔的青稞扎根高纬度寒地黑土青稞的梦想

从 2008 年开始将高原高海拔的青藏高原的大麦青稞通过抗逆性改良，进行三个阶段的阶梯改良，培育出能种在东北黑土上抗病、不倒、不落粒、不穗发芽的品质优良大麦青稞品种，在抗病性、落粒性、秆强度以及穗发芽等性状方面取得突破，实现了食用青稞高海拔迁徙高纬度的梦想。彻底克服青海、西藏等地大麦青稞品种在黑龙江省种植的缺陷，培育出适合黑龙江省黑土种植的系列食用青稞品种（龙稞 1～3 号、龙紫稞麦 1 号等）已经完成新品种测试，进入登记阶段，并进行大面积试验示范。2008 年大旱年平均亩产 345kg，较小麦增产 20％左右。而针对大麦青稞高品质饲用价值的特点，开展饲用大麦新品种选育及种植创新而获得的青饲、粮饲及粮草双高的龙青饲、龙饲麦系列品种（龙青饲麦 1～3 号）已进行试验示范。粮饲兼用专用型种质创新与选育填补黑龙江省大麦研究史上的空白，目前皆已进入绿色有机种养结合一体化循环农业体验店的核心技术和产品核心。

五、延伸体系平台，谱写新篇，将在黑龙江寒地黑土上描绘出大麦青稞的美丽画卷

根据黑龙江省北部镰刀湾边缘地区，生育期短，气候冷凉干旱，有效积温低，种植完熟的作物较少、保种不保收的生态特殊性；发挥黑龙江绿色生态优势、机械化水平优势、规模化生产优势；充分体现大麦青稞保健营养优势，饲用价值高的优势，精酿啤酒大麦的多元优势；进一步利用大麦早熟、耐寒、抗旱、适应性广的农艺特性，应用广泛而又独具利用价值的多元特点，进行多元

化专用特用新品种创新利用，完善种养结合、复种增效等栽培技术，在黑龙江寒地黑土上创建以优质高产专用大麦新品种选育为基础的研、产、供、销一体化的专用大麦多方向开发利用生产及加工基地，为全国人民供应既营养又保健、既优质又安全的大麦青稞产品。这一战略的实现，那将解决的不仅是西藏青稞替代的粮食安全的问题，而是健康安全的难题。大麦青稞将再次奏响黑龙江黑土绿色经济的华美乐章！

哈尔滨综合试验站站长　刁艳玲

（黑龙江省农业科学院）

国家大麦青稞产业技术体系
青年科技工作者成长的摇篮

  我于 2016 年毕业进入甘肃省农业工程研究院，有幸加入国家大麦青稞产业技术体系武威试验站团队，成为国家大麦青稞产业技术体系的一员。自参加体系工作以来，深刻感受到体系健全的管理机制和深厚的学术底蕴，体系在推动大麦青稞技术创新、试验示范和技术扶贫方面做出了重大贡献。体系采用"首席科学家—岗位科学家—试验站长"的组织结构，"顶层设计—任务分解—组织实施"的实施路线，形成了结构合理、运行高效的产业技术体系构架，有力推动了产业发展。但产业技术体系并不囿于形式，而是在完成体系既定任务的前提下，以豁达包容的态度接纳各类创新，鼓励个性发展，催生了大量原创性成果。各依托单位在完成体系任务的前提下，结合自身优势和多年沉淀，研发了一大批技术成果，部分具有独创性，部分在业界独树一帜，为产业体系的发展积蓄了强大力量。例如多酚氧化酶和脂肪氧化酶活性鉴定、多基因定位、小孢子培养、检测试剂盒、青稞红曲、特异种质、糯性品种、高蛋白品种、高浸出率品种、功能因子、彩色青稞、功能食品、粮豆混种、轻简化栽培等。有些品种已示范推广，有些产品已进入市场，取得了意想不到的结果，这些都依赖于体系经费保障，依赖于体系强大的智力后盾，依赖于体系内或体系间信息资源共享，彰显了体系制度的优越性。武威试验站正是在产业技术体系的支持下，率先在国内建立了糯大麦育种体系，育成了国内第一个糯大麦品种甘垦 5号，研发的产品已进入市场，提升了大麦青稞加工品质，为青稞品质育种探索了一条新途径。

  国家大麦青稞产业技术体系采用"岗位科学家/试验站-示范县"的组织形式，为各科研单位的试验成果提供了很好的试验示范基地，为科研产品及相关技术推广提供了很好的媒介，通过示范县进而辐射周边，新型、高质量的科研成果带动周边农业技术水平提升，提升经济效益。通过新品种、栽培方式、病虫害防治方法、机械收获方式、产品加工方式等在全国各岗位对应贫困县推广、示范，进行产业扶贫，促进农民增收。产业体系的相关扶贫措施很好地契合了习近平总书记倡导的产业扶贫政策，为我国贫困县脱贫摘帽出了一份力量。武威试验站在天祝县推广新品种、新栽培技术促进当地青稞产量提高，提高了贫困户的种植收入，使青稞成为天祝县贫困户增收的主导产业之一。

体系集聚了国内大麦青稞方面的相关专家，为体系内科研人员提供了学习交流的平台，尤其是为青年工作者知识交流、信息共享提供了快捷的通道。不同岗位科学家和试验站之间人才交流、互通有无、取长补短，共同促进了体系发展。每年的年中调研和年终考查，既监督了各个岗位和试验站的年度工作，又为科研工作者们提供相互学习的机会，各专家之间实现了种质资源互用、加工方式探讨、种植模式借鉴，为不同区域拓展适宜本地区的发展模式提供参考思路。在体系这个大团体中，种质资源的交流为我们试验站培育更加有利于河西地区推广的品种提供了资源，同时武威试验站选育的糯大麦品种甘垦5号为其他科研单位的科学实验贡献了一份力量。各试验站之间的协作为新品种在不同省份的推广提供了可能，武威试验站培育的新品种甘垦啤7号，与新疆奇台试验站协作，使其在新疆进行品种登记，并在本地推广，取得了很好的经济效益。体系构建了全国大麦种质资源库，资源丰富，本试验站通过引进国家大麦种质资源库的青稞资源，与本地糯大麦品种杂交，形成了糯大麦育种圃，为后期优质、高产的糯大麦品种选育提供了基础。

参与到产业技术体系工作中，让我认识了大麦青稞育种、病虫害、土肥与栽培、产品加工、机械及产业经济等不同岗位的专家，扩展了我的专业知识面，通过体系平台让我快速成长。刚进入体系时，一脸茫然，不知所措，竟不知道工作从何做起，甚至一度觉得自己拿不下工作，尤其是第一次参加体系举办的学术年会，觉得自己不懂得好多，面对专家，好不自在……但是直到参加完会议后，我才发现，体系的专家没有一点架子，一点也不吝啬，只要你有所问，他们都会不吝赐教。不仅如此，体系提供的是直接与专家面对面的交流机会，在体系组织的学术会议上，我们可以向专家请教学习，增长学术见识。体系不仅是领域专家相互合作的平台，更是青年科技工作者学习交流的课堂，尤其对刚刚离开校园走上工作岗位的人来说，学习工作技巧和方法显得尤为重要。正是体系提供的这种机会，我才能有幸于2017年3月同驻马店试验站团队成员共赴上海农科院学习大麦小孢子培养技术，学习了单倍体快速育种技术，可以在缩短传统大麦育种进程方面贡献自己的力量。作为体系的新人，我更应该感谢的就是体系每两年举办一次的青年学术论坛，为来自全国不同领域的大麦青稞青年科技工作者提供了一次很好的相互探讨机会。本试验站以传统育种为主，分子育种涉猎较少，在 2018 年 7 月于西宁举办的青年学术论坛上我学习了分子标记辅助选择、重要性状鉴定筛选技术及基因编辑等相关内容，拓宽了科研思路，而且有些报告主题与自身所研究的课题相关，通过相互交流解答了疑惑已久的难题。

在体系工作中，虽然自己有了一定的进步，但我深知自己有很多不足之处，尤其是在科研思维和农业发展方向上，还需要多向体系内前辈学习。作为体系上年轻的接班人，深知自己身上肩负的使命和责任很重，所以常常鼓励自己在以后的工作中，勤学多问，充实自己，为体系健康良好的发展贡献自己的力量。

武威综合试验站 王蕾
（甘肃省农业工程研究院）

沐浴体系阳光，服务三农争光，
实现人生成长

离离原上草，一岁一枯荣。转眼之间，我已进入国家大麦青稞产业技术体系工作 10 年了，回忆这 10 年的历程，我深深认识到，体系工作让我从一名单纯的育种科研人员变成了一个关心产业、懂产业、能够为产业链服务的科技人员，而自己是在体系老师的呵护、关心下迅速成长起来的。

2008 年我光荣地加入国家大麦青稞产业技术体系，成为体系的一分子。当时的我参加工作刚两年，对自己的期望是成为一名高效的育种科技工作者，偶像是杰出校友袁隆平。但为何育种，育种目标，都简单地来源于书本，或来自武汉综合试验站前站长李梅芳研究员的传授，每天的工作就是在亲本田、品比鉴定试验田并进行记载。2009 年开始承担体系安排的南方大麦区域试验，认识到不少的外省大麦品种，并陆续认识体系不少的专家。首席专家、产业经济岗位专家对全产业链的介绍，让我对大麦产业逐渐有了清晰的轮廓，外省专家让我了解更多成功的故事。当时湖北省缺少适宜的啤酒大麦品种及栽培技术，生产上将普通大麦当作啤酒大麦种植，生产的大麦品质难达到啤酒大麦标准，企业收购难用，在体系的支持下，武汉综合试验站选育出优质啤酒大麦鄂大麦 32122，并配套保优栽培技术，为种植户每亩增加了 200 元的收益，啤酒大麦发展到近 30 万亩，缓冲了湖北省和国内啤酒企业压力。

渐渐地我开始辅助站长李梅芳研究员，收集示范县信息、技术骨干信息、赴产区调研、指导生产，赴全国产区学习，更深刻地体会到服务"三农"不仅仅是个育种问题，只关心一亩三分地的育种，对产业意义不大。很快，2009 年后国际啤酒大麦价格逐步回落，国内啤酒大麦销路困难，武汉综合试验站根据体系交流和前期调研掌握的信息，根据省内养殖、水产饲粮需求量大的市场特点，迅速改变育种目标，引导农民改种饲料大麦，并迅速推广高产高蛋白饲料大麦品种鄂大麦 507、华大麦 9 号等，其产量与小麦相当，早熟，配合下茬作物，全年种植效益较高，受到农民欢迎，避免了湖北省大麦产业的大起大落。2015年以来受到国际大麦和玉米价格的双重冲击，大麦价格下降20%，这是湖北省大麦产业遭遇的最艰难的一次调整转型。虽然我们调研发现了问题，但如何解决农民种植意愿下降、面积萎缩的痛点，武汉综合试验站在体系支持下，以节本增效为目标，开展多元化育种和栽培技术研发，一是推出抗性、产量和品质更好的饲料（粮）大麦鄂大麦934等，替代原有品种，同时转型开始通用栽培技术研究，制定了轻简化栽培技术规程，基本可以弥补价格下滑给种植者带来的收益损失；二是调研发现我省牛羊产业发展迅速，冬春饲草短缺，大力筛选和研发饲草型大麦，多点示范结果亩产草1.8t，每亩收益比收籽粒高300元，该项技术适合在种养结合区域使用，给产业带来新的生机；三是瞄准大麦营养、保健、绿色的功能食品特性，正发力研发特色裸大麦，做好承接体系研发的加工技术准备，助力产业阵痛后再上新台阶。

无论是产业的快速发展期，还是遭遇转型阵痛期，体系都是技术的研发者、提供者和推广者，起到了为产业保驾护航的作用。可以讲，没有体系，我们这些小作物科技工作者，将面临生存而转行，湖北省大麦将处于自生自灭的尴尬状态。

而我个人在体系的大家庭里，也逐渐成长起来，从一名普通科技人员，晋升为副研究员，成为试验站站长。正如前面所说，体系的老师无私贡献出自己的品种、技术以及经验，推动年轻人茁壮成长，刚进入体系时，鄂大麦065、鄂大麦766等品种相继在区试中折戟，优异种质匮乏，在首席支持下，我们快速育种了鄂大麦507，在黄建华、陆瑞菊老师的支持下采用小孢子育种技术快速育成了鄂单303、鄂单259。在张国平教授等的指点下，我们的基础研究也逐渐有了起色。正是体系这种开放、协作的风气对我产生了深刻的影响，无论体系里、体系外，新疆的方伏荣老师在一起住宿时还给我提供了更多的人生经验。受各位老师的影响，我也很乐意与人交流材料，武汉综合试验站的育种资源越来越丰富，新品种水平也越来越高。也正是在此情况下，我们才能腾出手来，开展栽培模式、栽培技术研究，而这些也为下一步工作打下了良好基础。

我相信，体系建设越来越完善，更多的新鲜血液进入体系，体系2.0会让我们更加强大。我也还需更加努力，跟上先进的步伐。

服务"三农"，在乡村振兴中发挥大麦独特的优势，大麦也有自己的春天！

武汉综合试验站站长　董静

（湖北省农业科学院）

浅谈参加国家大麦青稞产业技术体系工作感想

　　本人自 2011 年 12 月参加工作以来，便荣幸地成为国家大麦青稞产业体系大家庭中的一员。加入体系以来，深切感受到国家大麦青稞产业技术体系在首席科学家张京研究员的带领下，不断发展壮大，并在大麦科研及生产应用上取得了累累硕果。在参加体系会议的过程中，通过和体系内的各位专家老师交流，我学到了很多知识，同时也感受到体系内各位专家老师的严谨的科研精神。我作为驻马店综合试验站的团队成员之一，在感到自豪的同时也感到责任重大。下面我将参加国家大麦青稞产业技术体系工作以来的感受及工作上的一些想法简述如下。

　　自加入国家大麦青稞产业技术体系以来，驻马店综合试验站依靠体系内各位专家老师的帮助，近年来科研条件取得明显的改善。从传统手工作业模式逐渐向标准化、机械化、规模化的方式转变。首先，在科研设备上，我们近年增设了国内科研单位通用的近红外谷物分析仪（Perton）、便携式土壤水分测定仪、便携式土壤养分分析仪、便携式光合作用测定分析仪、台式多功能数粒仪、全自动凯氏定氮仪、多功能电子显微镜、光学显微镜、谷物粉碎仪等常用的室内考种及田间土壤和植物生理参数测定等方面仪器。这些设备的配置无疑大大改善了科研工作环境，提高了科研工作效率，提升了科研工作的水平及精确度，为加速大麦传统育种及配套栽培模式研究提供了良好的基础。为提升基础研究领域的研究水平，我们还购置了普通的 PCR 仪（Eppengdorf）、梯度 PCR（Eppengdorf）、台式离心机（Thermo）、落地式高温灭菌锅（Thermo）、恒温水浴锅、不同规格型号的一整套普通移液器（Eppengdorf）和排式移液器（Eppengdorf）、凝胶显微成像系统（Thermo）、水平电泳仪（BioRad）、超低温冰箱（Thermo，－20℃）、超低温冰箱（Thermo，－80℃）等一些与分子生物学相关的试验设备，为大麦分子生物学基础科学研究工作的开展提供了良好的保障。为了加快大麦育种的速度，在加入体系工作后，我们逐渐开展了大麦南繁育种加代的工作，并在云南省农业科学院曾亚文大麦研究团队的帮助下，逐步完善大麦南繁育种加代的工作流程，形成了成熟稳定的工作模式。大麦南繁育种加代工作的开展，从一定程度上提高了大麦育种工作的效率，加快了大麦育种的进程，缩短了大麦育种的时间，缩小了我们在大麦传统育种工作方面同国内具备领先水平研究团队之间的差距，显著提升了驻马店综合试验站大麦育种的整体水平。为探索多元化多途径大麦育种新模式，近年来我们开展了大麦小孢子育种和花药育种工作。在上海农科院农业生物技术研究所黄剑华大麦研究团队的帮助下，我们分别于 2009 年和 2016 年各选派了 3 名团队成员（共计 6 人次）到上海农科院学习小孢子育种工作的试验方法。在学习期间，得到了上海农科院陆瑞菊研究员及团队成员的极大帮助，切身体会到体系的成立为国内大麦育种交流学习带来的巨大便利，同时感受到了体系内团队之间亲如家人的温暖，令人终生难忘。为配合小孢子育种工作的开展，我们专门购置了配套的试验设备，如超声波粉碎仪、超净工作台、灭菌过滤器、光照恒温培养箱、组织培养室、超纯水生成仪及一次性的试验耗材等一系列配套的仪器设备，为小孢子试验工作的开展提供了必要的基础保障。在开展小孢子试验工作以来，我们不断尝试改变试验过程的各种条件，优化试验程序，陆续培育成功了一批绿苗，并逐步完善了试验体系。

在大麦传统育种方面，为提高科研工作效率，我们陆续购置了一批先进的农用机械，同时完善了大麦试验田配套的水利灌溉等配套基建工程，极大地改善了科研条件，提高了科研效率。为实现田间育种工作中测产试验种植的标准化和统一化，我们购置了全自动机械式小区播种精播机，种植时间缩短为原来小型三行精播机的 1/4，极大地提高了工作效率，同时实现了小区种植的整齐度和精确度。为提高田间测产小区收获的效率及精确度，我们购置了全自动测产系统的小区收获机（奥地利进口），小区收获时间缩短为原来依靠人工收割脱粒时间的 1/5，把小区收获流程从原来的人工收割、脱粒机脱粒两步法精简为一步到位，同时小区收获机自带的测产系统能够智能化测定小区产量数据并通过自带的水分标准曲线实现测产数据的标准化和精准化，省去了原来人工收割脱粒后的产量称重环节，极大地提高了小区收获的工作效率。

加入体系以来，驻马店综合试验站在体系内各位同行专家的帮助下取得了很大的进步。在今后的工作中我将继续努力，争取为国家大麦青稞产业技术体系的发展贡献自己的绵薄之力，同时也希望得到体系内同行专家各位老师的帮助。路漫漫其修远兮，吾将上下而求索。最后希望驻马店综合试验站团队成员能够和体系内各位专家老师同心协力为国家大麦青稞产业的发展做出应有的贡献。

驻马店综合试验站　薛正刚

（河南省驻马店市农业科学研究所）

身在体系，耕研大麦，收获希望

国家大麦青稞产业技术体系是 2007 年中央为全面贯彻落实党的十七大精神，加快现代农业产业技术体系建设步伐，提升国家、区域创新能力和农业科技自主创新能力，为现代农业提供强大的科技支撑，在实施优势大麦青稞区域布局规划的基础上，由农业农村部、财政部依托现有中央和地方科研优势力量和资源，启动建设的以大麦青稞为单元、以产业链为主线，从产地到餐桌、从生产到消费、从研发到市场各个环节紧密衔接，服务国家目标的现代农业产业技术体系。

一、精心组织、合理规划

（一）体系组织架构

国家大麦青稞产业技术体系设立国家大麦青稞产业技术研发中心（6 个功能研究室组成），研发中心设 1 名首席科学家和 20 个岗位科学家；在大麦青稞主产区设立 23 个综合试验站，每个综合试验站设 1 名站长。在管理机制上，体系实行执行专家组集体负责制。体系组织比建立初期增设了若干个功能研究室、岗位科学家和试验站，专业细化程度更高，体系组织架构和管理制度更完善，人员工作协调更合理。此外，本体系的全体科研人员都认真贯彻执行《国家大麦青稞产业技术体系工作细则》，保障了体系各项工作的规范化、科学化、民主化，大大提高了工作绩效。

（二）秋播啤酒大麦育种岗位管理

秋播啤酒大麦育种岗位隶属遗传改良研究室，其研究创新团队由岗位科学家曾亚文及其 5 名成员组成。具体分工为：普晓英负责啤酒和饲料大麦育种；杜娟负责青稞育种及功能食品研制；杨晓梦负责功能成分检测及分子标记；李霞负责大麦分子标记；杨加珍负责成分检测及功能食品研发；另有中试企业技术骨干贾平负责大麦苗粉加工技术，以及 18 个州县主要科技人员协助大麦试验示范的大麦研发团队。

本体系实行目标责任制考核制度，该岗位由岗位科学家曾亚文总负责，各业务骨干责任到人，精心组织、合理安排、科学规划，把体系研究工作细化到每一个日常工作中去，年度考评时做到人尽其责。对于工作业绩特别突出的，由岗位科学家考核后予以奖励；工作拖沓、滞后的按相关制度予以处罚，切实做到奖勤罚懒。

（三）目标考核办法

本体系围绕大麦青稞产业发展需求，进行共性技术和关键技术研究、集成和示范；收集、分析大麦青稞产业及其技术发展动态与信息，为政府决策提供咨询，向社会提供信息服务，为用户开展技术示范和技术服务，为大麦青稞产业发展提供全面系统的技术支撑；推进产学研结合，提升农业区域创新能力，增强我国农业竞争力。

秋播啤酒大麦育种岗位具体工作依据每年签订的《大麦青稞产业技术体系年度任务书》安排本岗位年度目标任务，制定考核指标。按照分工责任到人，年终汇总重点考核体系重点任务和功能研究室重点任务指标完成情况。在体系研究工作中，建立、健全指标完成度纠偏机制，由岗位科学家高位统筹，及时调整工作思路和安排，确保目标任务按计划完成。

二、体系文化和取得的工作成效

本体系人员牢牢把握体系建设为产业发展和"三农"服务的大方向，树立了求真务实、诚信守则、科学民主、分工协作、精诚团结的文化理念，形成了良好的体系文化。秋播啤酒大麦育种岗位全体科研人员传承优良作风，艰苦奋斗，砥砺前行，取得以下工作成效：

（一）脚踏实地，厚积薄发

秋播啤酒大麦育种岗位科学家曾亚文自1989年本科毕业到云南省农业科学院参加工作，独立承担大麦研发工作，5年科研经费仅2.5万元，独自做试验和亲自考种，每天工作10h以上，从1 000余份大麦资源中筛选出7个品种，经省、地州认定推广6.7万hm²，直接推动了云南大麦生产的发展，为云南大麦综合利用及面积居中国第一位插上腾飞的翅膀。随后的3年主持完成的"云南省大麦品种资源的评价编目及遗传研究"于1996年获云南省科技进步三等奖。2008年至今，先后被农业农村部聘请为国家大麦青稞产业技术体系昆明综合试验站站长、西南区育种/秋播啤酒大麦育种岗位科学家，带领团队成员艰苦奋战、努力进取。

（二）攀登科学高峰，注重成果转化

（1）主持完成"云南啤酒大麦新品种选育及生产技术研究与产业化（2006—2011）"，在云南和四川等地累计推广 36.5 万 hm²，总产 142.2 万 t，增产 26.1 万 t，增值 4.83 亿元。

（2）选育登记了啤酒大麦新品种 13 个、饲料大麦新品种登记 7 个和登记青稞新品种 1 个，每年示范推广 6.7 万 hm²；选育出 4 个大麦新品种获植物新品种权；"一种高抗性淀粉大麦苗粉米线及其制作方法"获国家发明专利且规模化加工功能食品。

（3）云啤 15 号省区试 9 点折合每公顷 7 807.5kg，增产 13.5%，居第 1位；云饲麦 7 号和云饲麦 8 号省区试 7 点分别增产 15.0% 和 6.5%，居第 1 位和第 2 位，浸出物分别为 80.1% 和 81.6%。

（4）定位大麦籽粒/苗粉营养功能成分主效 QTLs 共 30 多个。

（5）在研制的技术标准和综合利用技术体系的指导下，2008—2015 年累计示范推广云啤 2 号、凤大麦 6 号和 S-4 共 30.2 万 hm²，分别占云南和全国二棱型啤酒大麦 64.6% 和 15.9%。其中烟后大麦高产节肥技术应用 19.6 万hm²，使烟草增值和大麦节肥实现社会效益 5.84 亿元。粮草双高型优质抗旱大麦新品种选育及综合利用，2017 年获云南省科技进步三等奖。

（三）研发科研成果，致力于人类健康，引领产业发展

云功牌大麦苗粉 4 年经中国 1 万名消费者食用评价 10t，防治 20 多种疾病功效显著；作为功能食品原料加工成的云功牌大麦苗片和乾鹏牌大麦苗片，市场售价每千克≥1 000 元。这些研究成果不仅为大麦功能食品产业化解决人类慢性病问题开辟了新途径，也为解决云南畜牧业饲料供不应求的矛盾和中国啤酒产业长期存在的技术难题做出了贡献。

三、技术传承、创新

大麦青稞产业技术体系经过无数前辈们辛勤工作、努力钻研，已经形成了相对成熟的体系研究理论。但随着时代的变迁和社会的发展，只有通过不断创新，才能突破大麦青稞产业发展的技术瓶颈，为现代农业提供更强大的科技支撑：

（1）秋播啤酒大麦育种岗位在世界上首次利用云南独特的生态条件，创新了同田 1 年 3 代高效育种方法，将大麦育种周期由 6 年以上缩短为 2 年。培育出既获云南省鉴定登记证书又获农业部植物新品种授权证书的 5 个啤酒大麦新品种。首次将云南大麦按季节分冬、早、春、秋和夏繁大麦 5 个种植类型，提出发展早大麦是抵御云南大麦冬春旱灾有效的生产技术。

（2）建立了粮草双高型优质抗旱抗病大麦高效育种、配套栽培技术标准、烟后大麦高产节肥、新型功能食品研制及秸秆饲料综合利用的技术体系。首次提出了早大麦割苗再生技术是实现高蛋白大麦苗粉/高蛋白大麦草—秸秆—籽粒三丰收的功能食品及其饲料饲草产业发展创新模式。对于大麦青稞粮草增收实现倍增效益和节粮替粮解决中国粮草安全意义重大。

（3）首次利用云南冬春干旱霜冻的特点，应用晒制工艺生产大麦苗粉，对辅助防治 20 多种人类慢性病功效显著。

（4）初步建成了中国秋播大麦区优良品种生物多样性利用、饲料大麦与畜牧业、药食兼用大麦与健康产业、大麦青稞与粮酒产业、观赏大麦与旅游文化业交叉发展的综合利用体系。

四、扎根云南、服务三农

秋播啤酒大麦育种岗位主要在迪庆藏区、滇桂黔石漠化区、乌蒙山区以及滇西边境山区等云南集中连片特殊贫困地区进行技术扶贫工作。通过向农户提供技术服务和本岗位育成的大麦优良新品种，对贫困地区基层农业科技骨干、农民以及学生等人员进行技术培训，实现增产、增收，进而提高农户收入。如香格里拉市上江乡云饲麦 3 号 13.3hm²，平均每公顷产 7 800kg，较保大麦及云大麦增产 20%。迪庆州农科所金江镇云稞 1 号 9.1hm²，平均每公顷产 6 300kg 和增产 13.5%，迪庆粮库收购 60t 作藏区战略储备粮；黑大麦茶、大麦苗粉及青稞 1.5t 供香格里拉青稞资源开发有限公司加工 9 个青稞功能食品，设立了云南省专家基层科研工作站。

在人才培养方面，本岗位团队成员已有 4 人顺利晋升职称；并有 2 人入选云南省技术创新人才培养和参加"以色列现代农业与农业科技培训班"，其中 1 人已顺利通过云南省创新人才出站考核；此外还培养硕士、博士、博士后若干名、西部之光访问学者 1 名。团队成员尤其是青年科研人员都有各自的定位和学习培养计划，在体系工作推进过程中，不断提升自身大麦研究水平和实验技能。

五、个人体会

作为一名青年科研人员，自 2014 年硕士毕业到云南省农业科学院工作，就跟随秋播啤酒大麦育种岗位科学家曾亚文参加国家大麦青稞产业技术体系工作。本人在该岗位中具体负责实验室工作，主要包括功能成分检测及分子标记。

（一）承担的主要专业技术工作及业绩

（1）大麦苗粉和籽粒特征营养功能成分测定分析。以紫光芒裸二棱/Schooner 构建的 193 个重组自交系为材料，检测了大麦 RIL 籽粒/苗粉蛋白质、花色苷、总黄酮、γ-氨基丁酸、生物碱及抗性淀粉等营养功能成分。揭示了大麦 RIL 籽粒/苗粉 30 多种营养功能成分含量的相关性、遗传变异特征及营养功能成分间的差异；初步揭示了生态环境（海拔、温度）、刈割等因素对大麦 RIL 群体籽粒功能成分含量的影响；参与培育出青稞籽粒/大麦苗粉高元素和高功能成分优异种质 18 份。

（2）大麦苗粉和籽粒特征营养功能成分 QTL 定位。用均匀分布在大麦 7 条染色体 604 个 SSR 标记筛选出两亲本间多态性标记 180 个，在 193 个 RIL 进行扩增，构建了大麦 7 个连锁群 180 个 SSR 位点的分子连锁图谱，遗传图谱总距离 2 671.03cm，间距 14.84cm。定位大麦籽粒/苗粉的蛋白质、花色苷、4 种功能成分和 8 种元素及籽粒 15 种氨基酸共 110 个 QTL 位点；其中籽粒/苗粉的蛋白质有 5 个主效位点、花色苷有 13 个主效位点、4 种功能成分有 13 个主效 QTL 位点、8 种元素有 10 个主效位点和籽粒 15 种氨基酸有 27 个主效位点。发现了大麦籽粒/苗粉营养功能成分 16 个 QTL 簇，其中第 7 染色体 7 个标记区间存在 2~9 种营养功能成分 QTL 簇；第 1 染色体 3 个标记区间存在 2~4 种营养功能成分 QTL 簇；第 2 染色体 2 个标记区间存在蛋白质及其氨基酸 QTL 簇；第 4、5、6 染色体上分别存在 8 种、2 种和 6 种营养功能成分 QTL 簇。

通过以上研究工作的开展，以第一作者发表相关论文：《大麦籽粒总花色苷含量的遗传变异及其与粒色的相关分析》（核农学报，2020）；大麦籽粒蛋白质及其相关功能成分含量的 QTL 分析（中国农业科学，2017）；大麦 RIL 群体籽粒功能成分含量的遗传分析（麦类作物学报，2017）；刈割对大麦重组自交系群体籽粒功能成分含量的影响（浙江农业科学，2017）；Identification of quantitative trait loci for mineral elements in grains and grass powder of barley (Genetics and Molecular Research，2016)；割苗期对不同生态类型大麦品种农艺性状影响的研究（西南农业学报，2015）；大麦籽粒功能成分含量的遗传效应分析（麦类作物学报，2013）。此外，2018年7月参加中国作物学会大麦专业委员会第二次青年学术论坛，并做会议报告"大麦RIL群体籽粒总花色苷含量的遗传及QTL分析"。

（二）提升和感悟

作为体系的一名新成员，有一定的收获，但不懂和欠缺的东西仍很多。在生活工作中，学习体系老师们的做人做事和吃苦耐劳的精神，学习如何团结团队成员，从而更加出色地完成工作。三年来，在课题负责人以及团队成员的指导、关心、支持和帮助下，自己的专业技术水平和实践动手能力都得到极大的锻炼和提高。从研究实习员到助理研究员的升级转变，自身专业素养也得到了很大提升。但由于本科专业为植物保护（林业方向），硕士研究生攻读期间才开始接触学习遗传育种专业，育种知识较欠缺，仍存在较多不足：①因体系任务分工主要集中在实验室，田间育种工作不熟悉，实验室与田间工作脱节。②因实验室硬件条件的限制，功能成分测定方法比较粗放。③理论学习深度不够，理论知识水平不高，分子实验基础薄弱。在今后的工作中，我应该立足本职，继续以饱满的热情做好实验室工作，能及时发现问题，解决问题：①积极主动参与田间育种工作，多向育种经验丰富的曾老师和团队其他成员请教学习，多做、多看、多想，使实验室和田间工作相结合，从两者碰撞中探寻技术创新的火花。②在单位对硬件条件设施逐步完善的基础上，结合国内外文献，改进实验思路和方法，使获得的表型数据更加精确。③多向高学历高职称人才请教学习，计划攻读博士学位、参加国内外会议和技术培训，进一步加深理论学习深度，提升理论知识水平。④积极参与体系内外的各项科研活动及学术交流，了解国内外先进科学技术和最新研究动态，扩充自己的专业知识和文化素养，为后续的项目申报做好铺垫。俗话说"民强则国强"，故自身强则体系强，通过自身的不断学习，明确定位，加深自身对大麦青稞产业技术体系的理解和全面认识，争取为体系研究做出更大贡献。

育种岗位科学家曾亚文团队　杨晓梦

（云南省农业科学院）

大麦育种工作中几点感受

　　大麦是一种主要的粮食和饲料作物，是中国古老粮种之一，已有几千年的种植历史。世界谷类作物中，大麦的种植总面积和总产量仅次于小麦、水稻、玉米，居第四位。能成为研究大麦的团队成员我感到非常幸运。东北啤酒大麦产区是我国重要的啤酒大麦产区之一，通过老一辈大麦科研人的辛勤努力和无私奉献，取得了许多宝贵的成果。自2008年团队参加国家大麦青稞产业技术体系以来，在这10年多的时间里，看到体系各位老师共同努力、相互配合，取得了丰硕的成果，作为团队成员我感到非常骄傲和自豪。

　　体系是一个大家庭，我们是家庭的一分子。在体系首席科学家张京老师的组织带领下，体系工作围绕任务指标，分工明确，组织管理科学合理。各个团队虽各司其职但又不缺乏沟通协作，每个团队的工作都能有声有色地开展，而且在考核过程中都有各自的亮点。比如，2015年红兴隆农科所与保山农科所的合作，不但给企业节省了大量的资金，而且提高了成果转化效率。通过这种组织构架和团队之间的协作可以大大地促进大麦事业的发展。

　　在体系工作开展的10多年里，通过团队每个成员的辛勤努力，我们获得了丰硕的成果，在基础研究、新品种选育、栽培技术、大麦产品加工等方面都有一定的突破，如选育的垦啤麦14、垦啤麦16在品质上取得了很好的突破，得到了青岛啤酒公司的好评。垦啤麦15在产量上取得了突破，在保持品质不下降的情况下大面积增产幅度能达到10%～15%。另外，在选育技术上，也总结出一套切实可行的方法，利用这些方法选育出许多好的中间材料。取得的成绩一方面得益于体系的资金支持，另一方面得益于整个体系的团队力量。

　　试验示范工作是体系的任务要求，也是检验品种的适应性及品种展示的重要工作。因此，李作安老师在黑龙江及呼伦贝尔市都设立了区试点和核心示范区。通过区域试验点的多年多点的数据汇总，可以清楚地掌握所有新品系在各个区域的表现，从而选择出适应当地环境条件的最优品种。核心示范区就是展示品种及栽培技术的窗口，通过这个窗口可以把体系的技术及成果展示出来，把成果切切实实地转化为生产力。

自体系成立以来，我国大麦行业进入一个波动较大时期，受国外低价进口的冲击，国内啤酒大麦生产种植面积迅速下降。这是给全体大麦人的一个严峻考验。在这个特殊的历史时期，我看到了体系的各位专家老师的那份坚韧。虽然遇到了困难，所有人没有因此而放弃，都在兢兢业业完成着自己的工作，都在努力为大麦产业的未来贡献着自己的力量，就像大麦一样无论是在海拔几千米高原，还是在干旱瘠薄的土地都能顽强生长。这份执着和顽强将会激励年轻一代大麦人沿着前辈的步伐坚定地走下去。2008年国家大麦青稞产业技术体系的成立将十指紧紧地收拢成了一个拳头，共同抵御寒冬。团结协作是体系的优良作风，体系中的许多专家老师为我们提供了很多的帮助，品质分析、单倍体育种、病害鉴定、原种繁殖、种质资源，等等，使得我们能够选育出高产、优质的好品种，因此，我们向体系中的各位老师表达真挚的感谢！

在体系工作的10多年里，年轻人都得到了很好的锻炼，体系的各位专家老师都非常重视人才培养，培养出了很多优秀的人才，我有幸在2013—2015年读了体系首席科学家张京老师的研究生，在这期间张老师给了我很大的帮助，使我在理论和工作能力上都有了一个显著的提高。体系的老师们培养了大批的硕士、博士投身到了祖国的科研战线，为国家科研人才的培养做出了巨大贡献。

一转眼我已经在大麦育种工作中干了15年，这15年里，在团队体系育种岗位科学家李作安老师的悉心教导和无私传授下，我的业务水平有了一定的提高。加入体系的这10多年里，与体系的专家老师的接触交流，使我增加了许多知识，但是我深知我仍然是一个青年科技工作者，无论从经验还是业务水平上差距很大。我相信通过努力，我能够更好地丰富自己、完善自己，为体系建设，为大麦事业贡献一点微薄之力。

通过这些年参与体系工作，我有一些体会和感悟，谈不上进步、提高，但是对我今后的工作学习会有很大的帮助。

1. 科研要有坚实的基础

说到科研基础首先是理论基础，科学的基础理论指科学的基本概念、范畴与原理。只有熟练地掌握了基础理论才能指导实际工作，反之就等于盲目地工作。研究的目的方法都不清楚，就不可能取得好的结果。其次是实践基础。只有理论也不行，也要在实践当中积累丰富的经验，只有实践经验丰富了才能少走弯路。要做到理论联系实际、理论和实际有机结合。最后是材料基础，也就是要研究的对象。要育成一个好品种没有种质资源是不可能实现的，就像没有建筑所用的材料就没办法盖一座高楼一样，所以我们要通过体系的平台引进资源，同时要用手中的资源创造好的资源。

2. 相互协作、取长补短

科研工作是一个比较系统烦琐的工作，团队是科研工作的核心力量，在体系的大家庭里，一定要充分利用体系这个大团队的优势相互协作，可以起到事半功倍的效果。另外，寸有所长、尺有所短。每个人都有自己的长处和短处，学到别人的长处弥补自己的短板一定能起到巨大的作用。通过吸取别人的经验教训，结合自己的实际情况，不断创新，才能有新的突破。

3. 保持良好心态

心态平和是一个科研工作者应该具备的基本素质，浮躁是科研工作的大忌，心浮气躁的人不会在科研工作中取得成绩。另外，既然是科研就会有各种各样的问题、差错，更应该静下心来考虑其原因，为下一步工作积累经验，不能因为失败而放弃，要坚持，只有坚持才能取得最终的胜利。

其实，做什么都需要一颗平常心，就是不以物喜，不以己悲。努力去适应，努力去改变。不仅科研，生活中也有很多考验，大家都渴望成功，但往往失败多。这就需要我们冷静对待，保持一颗平常心。

4. 多交流、多协作

科研需要多交流。交流的方式有很多种，参加讨论、看文献、请教等。思想只有碰撞才能产生火花。只有多交流，才能有好的思想，才能产生好的想法。看文献，听讲座，就是希望吸取别人的经验教训。科研工作不能闭门造车，很多好的想法、技术手段是在交流中得来的。另外交流还包括育种材料的交流，每个育种家手中的材料各有各的特点，通过一些育种材料的交流可以打破育种瓶颈，实现更大的突破。

5. 要能吃苦、耐得住寂寞

凡是有成就的科学家一定是那些能够耐得住寂寞的人。俗话说，十年磨一剑。一个人成功的道路上有很多障碍，急功近利、浮躁、懒惰、耐不住寂寞。古人云：心静乾坤大。缺乏吃苦耐劳的品质，没有安静的环境，没有平静的心态，一个人纵有超人的天赋，也不可能取得学术研究的成功和重大的突破。可见，耐住寂寞是人生的一种境界，是一种从容而自信的气质，也是科技人才必备的一种人生修养。

6. 工作认真严谨

认真、严谨是科研人的基本素质，做育种研究的更是如此。从某种程度上说，你的态度决定了你的成绩，认真严谨的人成绩也围绕在他身边，反之成绩会始终远离你。我在这方面是深有体会的，工作 15 年大大小小的错误犯了很多，不但造成了不必要的损失，而且还影响了工作进度。究其原因就是缺乏认真严谨的工作态度。很多实际案例让我时刻提醒自己在工作中一定要认真、严谨。

7. 感恩大麦感恩体系

最后我要说的就是感恩，首先，我要感恩大麦这个神奇的作物。它是大自然送给我们的珍贵礼物，因为有了它才有了研究大麦这份职业，才有了大麦青稞产业技术体系这个大家庭。其次，我要感谢国家，国家成立的产业技术体系是一项非常英明的举措，通过体系的建立保证了大麦学科的资金来源，为大麦科研提供了一个良好稳定的环境，为大麦学科的发展提供了强大的后勤保障。再次，我要感谢体系，体系给我们搭建了一个完美的平台，在体系的凝聚下让我们形成一股合力，让我们可以更好地为我国的大麦事业服务，为国家的大麦产业发展奉献力量。最后，我要感谢体系的张京老师、李作安老师等各位专家老师，在你们的帮助和培养下我学到了知识、技能，同时你们的精神也影响了我，使我不断成长，不断完善自己。

总之，参加大麦产业技术体系工作的经历使我感到十分的荣幸和自豪。我也为能为祖国的大麦事业献出自己一分力量而欣慰。因此，我要沿着前辈的足迹一如既往地走下去，牢记使命、不忘初心！

育种岗位科学家李作安团队　周军

（黑龙江省农垦总局红兴隆农业科学研究所）

情在滚滚的麦浪里

　　海阔凭鱼跃，天高任鸟飞。大海以其浩瀚与深邃，让鱼儿得以欢快畅游。天空以其广袤与无垠，让鸟儿得以振翅飞翔。朋友们，请问，哪里是我们遨游的大海？哪里是我们飞翔的天空？对于一个从事大麦青稞的科研工作者来说，答案显而易见，我们的大海和天空就是在那广袤的麦浪滚滚的大麦青稞田野里。

　　光阴荏苒，日月如梭，弹指一挥间，作为大麦青稞体系石河子综合试验站的团队成员已有10年。对我们每一个人来说，10年意味着我们有效工作时间过了将近1/3。我也从三十而立进入了四十不惑的年龄，一直还感觉很年轻的我，想不到随着时间的年轮一下迈进了四十的行列。回想十年来参加体系工作的点点滴滴，很多事看似久远，却又历历在目。

　　记得体系成立之初，虽然我们团队从20世纪80年代后期就开始从事大麦的引种和育种工作，但是我们对新疆广大地区大麦青稞的生产情况掌握得不是很充分。配合体系设立示范县的要求，我们团队把对示范县的调研任务交给我来完成。新疆地域辽阔，大麦种植区主要分布在海拔相对较高的边远地区，最近的奇台县离我们就有400km，最远的昭苏垦区，距离我们800多km。为了完成好这项任务，我事先制定了周密的调研计划。调研内容包括当地的气候和土壤条件、大麦种植历史和不同年份的面积、平均产量、最高产量、生产上品种更换情况、栽培管理措施以及大麦生产存在的主要问题等内容。为了拿到第一手资料，我驱车深入到各个大麦产区的农业局、种植户家里和田间地头开展面对面的座谈和调研。此项调研任务前后历时一个多月，那个时候我的孩子刚出生不久。每次离开家的时候，心里有很多的不舍与牵挂。加之，那时边远地区的路况不好，去昭苏一次来回需要四五天的时间，每次回到家里，由于一路的颠簸，感觉浑身就像散了架一样。但是，通过我的努力，基本摸清了新疆大麦种植区的基本情况。这些第一手资料的获得，为我们团队确定完成体系任务的内容以及为大麦生产服务奠定了坚实的基础。

　　"十二五"期间，我们团队把阿合奇县作为青稞生产示范县之一。阿合奇县隶属于新疆克孜勒苏自治州，是新疆32个边境县之一，也是国家级贫困县，2007年被国家确定为边境扶贫试点县。该县自然条件恶劣，是典型的种地没有土、放牧没有草，工业没有厂、财政没有源的国家级贫困县。贫困面大，贫困程度深。全县所有的乡镇场都处于边境线上，守边任务重，工作艰难，生产生活条件非常艰苦，扶贫开发任重道远。按照2 300元的新标准，在册贫困3 667户14 323人，占全县农牧民总数的75.8%。贫困农牧民人均纯收入与全疆相差很大，不足全疆的60%。该县耕地面积4万多亩，常年种植青稞面积在一万亩以上，平均产量不到200kg。青稞作为该县牧民养殖的主要精饲料，由于单产和总产较低，严重制约了当地畜牧业的发展，成为当地畜牧业发展的瓶颈问题。如果通过我们的努力，能够提高当地青稞的单产和总产，这也会为当地农民增加收入和脱贫致富贡献一份自己的绵薄之力。

　　经过调研发现，该县青稞生产存在诸多问题。一是生产上仍然以当地的地方品种为主，品种混杂退化极其严重；二是栽培管理的机械化程度很低，犁地整地等田间操作仍然以传统的"二牛抬杠"为主，青稞收割仍以人工收割为主；三是青稞栽培管理技术严重滞后，田间杂草丛生；四是当地青稞种植户大多以柯尔克孜族的牧民为主，对现代栽培管理技术的好处认识不足，严重制约了先进栽培管理技术的应用和推广。针对以上存在的问题，我们团队制定了对应的解决方案。由于青稞在新疆农业中所占的比重很低，新疆还没有自己选育的在生产上大规模推广的优良品种。鉴于此，石河子综合试验站和体系内青海农科院联系，引进青稞品种在该县示范推广，筛选适宜该县种植的优良青稞品种。为了使示范推广工作落到实处，在田间管理的关键环节，我多次去现场开展技术服务工作。当看到示范田里麦浪滚滚的场景，心中的那份幸福感和成就感是任何快乐都替代不了。

　　为了能解决栽培管理机械化程度低的问题，我通过网络查找适合山区和小面积栽培管理的相关机械，了解相关的技术参数和性能，致电厂家询价。通过多方比较，为该县推荐了小型的犁地和整地机械以及小型的联合收割机。这些机械的使用，大大减轻了劳动强度，提高了工作效率。看到当地农民脸上洋溢的笑容和用生硬的汉语对我说的谢谢，我感觉一切的付出都是值得的。为了能解决青稞田杂草丛生的问题，我和当地农业局的技术人员一起在田间地头给农民讲解除草剂的使用技术，并在田间开展除草剂除草效果的示范，取得了良好的除草效果。但是，这个问题到现在还没有很好地解决，究其原因是由于当地自然条件恶劣，缺乏牧草，当地农民认为青稞地里的草也是草，可以用来喂养牲畜，因此使用除草剂的积极性不是很高。鉴于此，在以后的工作中，通过加强培训让当地的农民进一步认识到杂草对产量的影响，同时进一步加强粮草双高青稞新品种的示范，以解决当地精饲料和饲草缺乏的矛盾。为了能让当地农民尽快掌握先进的栽培管理技术，我制作了有关青稞生长发育规律与栽培技术的课件在当地开展培训工作。阿合奇县主要由柯、汉、维和回 4 个民族组成，柯尔克孜族占全县总人口的 86％。由于语言不通，给培训工作带来很大的困难。为了能拉近我和柯尔克孜族兄弟姐妹的距离，我学习了一些简单的柯语，用柯语互相打招呼和问候。通过这样的努力，在当地翻译的帮助下，培训工作才能够很好地开展。通过培训，当地农民对新技术的认识得到了很大提升，为以后新品种和新技术的推广奠定了思想上的基础。

习总书记说广大科技工作者要把论文写在祖国的大地上，把科技成果应用在实现现代化的伟大事业中去。与把论文写在世界科学的高峰上相比，把论文写在祖国建设的大地上对现阶段的中国更为重要。通过这十年来参加大麦青稞体系的工作，我对这句话的理解更加深入和透彻。在今后的工作中，我们要从生产实际中找问题，努力克服制约大麦青稞增产增收的瓶颈问题，为大麦青稞产业的蓬勃发展提供技术上的支撑和保障。

另外，在解决阿合奇县青稞品种的问题时，我深深感受到了体系的力量，并认识到体系内合作的重要性。因此，在今后的工作中，要进一步加强体系内和体系间的合作，把大麦青稞事业进一步发扬光大。

石河子综合试验站　石培春

（石河子大学）

基层青年农科工作者的
体系工作体会与感悟

我从 2014 年刚参加工作，就到了国家大麦青稞产业技术体系巴彦淖尔试验站进行大麦试验示范。在此期间，主要参与啤用、饲用、食用大麦新品种的引选和大麦高效栽培技术研究工作，并负责试验示范的数据整理和总结撰写工作。在工作的几年时间，我从大麦的起源与发展、大麦生产现状和大麦青稞产业化的必要性多个方面，对大麦有了一个全新的认识。从大麦的生态区划分，熟知了大麦的种植区域；从啤用、食用、饲用多个方面，了解了大麦的多功能用途；并开始逐步了解到巴彦淖尔市大麦的研究历史。巴彦淖尔市的大麦研究起于 1988 年。巴彦淖尔农研所与临河啤酒厂合作，开展啤酒大麦新品种引选工作。先后引进国内外啤酒大麦新品种 100 多份，从中选出综合性状好、高产稳产、品质优的大麦新品种，在巴彦淖尔市推广种植。重点选育了"加春 37 号""二条""034""金川 3 号"等啤酒大麦新品种，其中，"金川 3 号"表现突出，亩产达 519.67kg，比对照"农牧 36 号"增产 12.5%，含粗蛋白 10.9%、淀粉含量 65.18%、浸出物 79.93%、发芽率 98.6%，在巴彦淖尔市 11 个试点区试中产量居首位。下面，我谈几点对加入体系后的工作体会和感受。

国家大麦青稞产业技术体系能够结合当地大麦青稞生产现状的特点，合理制定任务目标、体系重点任务、基础数据平台、技术扶贫、业情监测与灾害应急方案、技术培训、技术咨询服务多项指标。在每年的年终总结会上，通过听取各岗、站的述职报告，体系内专家学者进行学习交流，对提高青年工作者的科研素养和创新思维有十分重要的意义。通过参加一些体系内组织的现场观摩，对于青年工作者开阔视野、拓宽思路很有帮助。2018 年我参加了第二届大麦青稞青年学术论坛，感触很大，尤其是各位青年工作者的报告，内容丰富、实践指导意义强，具有创新性。建议体系能够加强青年工作者合作和交流的平台，进行一些项目申报、成果凝练方面的培训，提高青年工作者的科研水平。

在技术集成创新方面，体系能够根据不同的生态区域从品种选育、栽培技术、病虫害防治、产品开发、配套机具与市场监测全方位出发，进行遗传育种技术与新品种选育、土壤养分管理与耕作栽培技术、病虫草害防控技术、新产品研制与加工技术、农机具研发与机械化生产技术、产业生产与市场监测及基础数据平台建设等多个方面的研究，为实现大麦的全产业链的开发提供了充足的理论依据。随着进口啤酒大麦的冲击，国内农资价格上涨，生产成本提高，国产啤酒大麦逐步丧失价格优势，国内啤酒企业的生产原料依赖进口啤酒大麦的局面进一步加剧。啤酒大麦的全国面积在急剧减少，巴彦淖尔试验站也根据当地的农业实际，结合河套地区一季有余两季不足的气候特点，利用大麦的早熟特性，开展大麦复种角瓜、蔬菜类作物、饲草、育苗向日葵等多种双季种植模式的研究，以解决大麦种植效益低的问题，提高土地的利用率。同时，利用大麦耐盐、耐贫瘠的特性，充分利用河套灌区的盐碱地，进行大麦向日葵轮作倒茬，解决向日葵因连作障碍而造成的土传病害加剧的问题。除此之外，利用大麦优异的饲草营养指标，结合巴彦淖尔市肉羊大市的特点，开展大麦饲草化应用研究，对当地的农牧业供给侧结构性改革和优质饲草的供给有着重要意义。作为青年工作者，深入到基层、田间地头的时间较少，实践经验不够丰富，在结合当地农业实际的同时，还需多与农户沟通，了解他们生产中的热点、难点问题，不断完善关键技术的创新集成。

试验示范方面。主要开展了大麦青稞啤用、饲用、食用新品种筛选及示范、大麦高效种植技术研究与集成示范及啤酒大麦病虫草害防控技术三项主要任务。利用大麦的抗旱、耐瘠薄、耐盐特性，在内蒙古乌兰察布市、锡林郭勒盟、巴彦淖尔市推广示范大麦耐旱、耐盐碱新品种，成为当地旱地、盐碱地生产的主栽作物马铃薯、向日葵的轮作倒茬首选作物；利用大麦早熟特性，在光热资源较好的巴彦淖尔市河套地区开展双季种植示范，并积极探索利用春闲田、秋闲田填闲种植饲草用大麦，为当地畜牧业发展提供优质饲草，提高种植效益，促进了农业产业的健康发展和农民增收。除此之外，与肉羊产业体系巴彦淖尔试验站在饲草用大麦种植、饲草用大麦青贮及大麦饲草用研究方面展开合作交流，并通过肉羊试验站与种养殖企业加强合作。与向日葵体系巴彦淖尔综合试验站合作开展向日葵葵前种植饲草大麦双季种植试验，取得成功。与草业、营养等职能部门合作，针对河套地区发展饲用大麦加强联合攻关力度，为发展本地区饲用大麦提供技术支撑和理论依据。对核心示范应加大宣传力度，同时发挥跨体系合作宣传的力度,提高产业的知名度,争取地方政府的支持。

技术扶贫方面。试验站结合河套地区农业实际,充分发挥农业部门的优势,以推广示范大麦新品种和大麦关键技术为重点,扎实开展农业技术扶贫和技术帮扶工作。试验站主要以精准帮扶对象和示范县示范区内的贫困户为主。由巴彦淖尔综合试验站提供技术及农资用品的支持,并在乌梁素海盐碱地示范中轻度盐碱地种植饲用大麦技术。在各示范县示范区内,将蒙啤麦3号、4号两个新品种和大麦复种育苗向日葵技术及育苗移栽技术、大麦麦后复种关键技术、蒙啤麦3号栽培技术、大麦旱地生产关键栽培技术等进行培训指导。

人才培养方面。建议应多举办体系内的培训班。一是可以增长专业知识,二是可以增加青年工作者之间的感情和经验的交流。例如农业农村部植物新品种测试中心,每年举办DUS培训班,由各测试分中心派人参加学习,对于提高业务知识,了解国内本专业知识有很大的帮助。建议体系每年也能够组织1次培训班,提高科技工作者的科研水平。

感悟。在试验站工作的几年,在试验的设计、安排、田间管理、数据分析等方面有了长足的进步。关于发展大麦产业,我认为应做到以下几点:一是以改善品质、提高单产、增加总产为目标,选育多种用途的专用大麦青稞品种。二是结合当地的农业农村实际,因地制宜,与当地的特色产业发展相结合,例如:在巴彦淖尔市,加强大麦麦后复种育苗向日葵技术的推广和大麦饲草化应用方面的研究。加快农牧业供给侧结构性改革,向粮—经—饲三元结构及时转变,解决大麦的出路问题。三是加大农村劳动力培训,提高农业劳动者的科技素质,加快科技创新与推广,打造新品种、新技术核心示范田,改变农民传统的种植观念。四是建立健全科技服务体系,鼓励农牧业科技人员深入农牧业生产第一线,从事相关农牧业技术的示范推广工作;积极引导和发展专业合作社、技术中介机构等民间组织,使之成为基层农牧业科技推广体系的重要组成部分。大力发展农牧民和企业的技术推广服务组织,集中孵化有利大麦发展的高新技术项目,提升自主培育水平,以此形成符合新阶段农牧业发展要求的科技推广服务创新载体,带动周边农牧业经济结构调整,最终形成具有地方特色的农牧业支柱产业。

巴彦淖尔综合试验站　徐广祥

(内蒙古自治区巴彦淖尔市农业科学院)

产业技术体系平台助力我科研成长

作为上海市农业科学院植物细胞工程团队的一名青年科技人员，我非常荣幸加入这样一支优秀的团队。我们团队负责人黄剑华、陆瑞菊两位研究员自"十一五"时期以来，先后担任了国家大麦青稞产业技术体系育种岗位科学家，团队于 2008 年就承担起了国家大麦青稞育种技术研发的各项任务。作为团队成员，因为加入大麦青稞产业体系这样一个国家大平台，对我们团队和我个人的科研成长之路都产生了深远的影响，不仅内心深感自豪，自己也从中受益颇多。

一、体系为基层科研团队创新提供了坚实保障

现在回想起来，我们特别要感谢农业农村部和财政部建设国家大麦青稞产业技术体系，并为之提供了稳定的经费支持。这对于隶属地方科研团队，但又身处上海这个国际化大都市的我们，稳定的经费对于开展大麦青稞的育种与技术创新尤为重要。如果没有国家产业技术体系强有力的支持，我们就不可能取得一系列的技术突破与科研成果。对我们来说，国家大麦青稞产业体系的长期稳定支持，就像给在茫茫大海上漂泊的一条科研小船放上了一枚定海神针，使我们团队不再像从前那样，为了生存，要分散出大量精力去从事不同作物的研究，以便从不同口子去申请项目、获取经费。早期我们除了开展大麦组培工作，还曾同时开展了水稻、小麦、油菜、麻类作物和花卉等多种作物的组织细胞培养与育种工作。在有了国家大麦青稞产业技术体系的支持后，我们定下心来，专门围绕大麦青稞开展相关研究工作。利用团队早期建立的花药培养技术的良好基础，大力发展大麦小孢子培养技术。经过以陆瑞菊老师为首的实验团队长期不断地攻关，终于于 2010 年在大麦小孢子培养技术上取得了突破，建立了大麦高频再生小孢子培养体系，并成功将该技术用于优良啤酒大麦新品种的选育，育成了啤麦新品种"花 11"，一举获得了上海市科技进步一等奖。我也作为该成果的第九完成人分享了该荣誉，更重要的是我在国家大麦青稞产业

体系的支持和团队的带领下，个人也得到了很好的锻炼和成长。

正是因为我们团队在国家大麦青稞产业技术体系的支持下，建成了小孢子培养技术体系，所以我们也非常重视并积极承担大麦青稞产业技术体系的各项任务，并且多年来一直坚持为体系各育种团队提供小孢子育种技术服务，大大推动了我国大麦青稞育种事业。据估计，近 10 年来，我们已培养小孢子再生绿苗 10 万多株，大大加快了各育种团队新品系和品种选育的进程。虽然我们团队每年都承担了大量的小孢子培养任务，大家经常加班加点，非常辛苦，但是每每得到国家大麦青稞产业技术体系相关老师的认可和肯定，我们就深受鼓舞，内心觉得非常值得。在与其他同事、朋友交流时，我们也非常自豪地告诉他们，我们现在承担的是"国家级"的任务，承担的育种技术研发工作也非常有意义。我们在申请相关课题时，也感到有体系的支持和肯定，就非常有底气。

二、体系为一线青年科技人员提供了学习交流平台

作为一名青年科技人员，我大部分时间都是在实验室开展大麦等相关的基础课题研究工作，很多知识都是来自书本和文献，对大麦青稞整个产业发展的格局和形势还是缺乏真正了解。国家大麦青稞产业体系组织的年终总结会和各种青年学术会议，为我们提供了一个了解国家大麦青稞产业情况的平台。每次会议，主管农业的国家和地方领导在讲话中都会谈到当前国家和地方农业发展的宏观政策和形势，让基层科技人员可以更多地了解国家大麦产业发展的大背景，及时获知市场的导向与需求，这些对我们在科研目标设计和立项上都产生了深远的影响。同时，围绕大麦青稞产业，国家大麦青稞产业技术体系聚集了多个研究方向和领域的老师和团队，既有一批经验丰富的育种、栽培专家团队，还有产业经济研究方面的专家团队（如李先德研究员团队），以及加工与利用研究方面的专家团队（如朱睦元教授团队），等等。每次的年终总结会，不仅可以了解到各地大麦青稞优质抗逆新品种的选育情况和相关的科研成果，还可以了解到国内外大麦贸易和产业发展等情况，甚至能够现场品尝到一些大麦青稞加工新产品。这种大麦青稞研究上多领域的交融和汇总，开阔了青年科技人员的视野，让科学研究始终和生产、市场结合，大大提高了生产力。

国家大麦青稞产业技术体系还定期举办青年学术论坛，让年轻人有机会面对面地开展学术交流，了解其他兄弟单位的研究进展，取长补短，从而更好地

开展自己的科研工作，最终为做强大麦青稞事业凝聚人心和力量。通过体系青年论坛，我接触到了一批朝气蓬勃、富有活力的中青年老师，他们在老一辈大麦青稞人的工作基础上，结合当前的分子生物学技术等，对大麦青稞的遗传进化、耐逆抗病机制研究等方面开展了深入的研究，发表了高质量的研究论文，对体系的其他青年科技人员具有很大的鼓舞和启迪作用。像浙江大学张国平教授团队的戴飞教授、西藏农牧科学院尼玛扎西院长团队的曾兴权研究员、张京首席团队的郭刚刚研究员和杨平研究员等，在大麦青稞的分子遗传学研究方面都开展了非常系统和出色的工作，在国际一流期刊上发表了高质量的论文，给我们这些从事大麦青稞研究的青年科技人员做出了表率。同时，他们的工作，也必将激励其他青年科技人员更好地开展相关研究工作。

我在开展大麦黄花叶病毒检测和大麦抗黄花叶病毒鉴定工作时，得到了盐城综合试验站站长陈和研究员及其团队成员和东南区栽培岗位专家许如根教授及其团队成员的大力帮助，在大麦黄花叶病主要发生省份取样时得到了各所在地单位的大力协助。在他们的帮助下，我顺利完成了基于 LAMP 和 RPA 技术的大麦黄花叶病毒检测方法的建立和主要流行区域的调查，以及大麦抗黄叶病毒突变体相关的部分工作。给我印象最深刻的是，各位专家每次都深入田间地头，亲自给我做一些介绍和指导，工作开展既顺利又高效。同时，也了解了其他专家及其团队成员对大麦青稞事业的热爱，再看到他们汇报时漂亮的 PPT，不禁就会想到他们为此付出的心血和汗水。通过这些互动，更加坚定了我和其他专家团队合作的热情，相信通过大家彼此合作互助，一定可以把我国的大麦青稞事业推向更高的水平。

三、体系为科技人员提供了合作互助的科研平台

国家大麦青稞产业技术体系不仅为青年科技人员提供了很多交流学习机会，也为我们提供了一个寻求帮助和解答疑难问题的平台。我们在开展大麦小孢子培养相关工作中，很想做一些国际公认的研究材料，但又苦于难以寻找这些材料。在张京首席、郭刚刚和袁兴森研究员的帮助下，通过国家大麦种质库及时为我们提供了国外的 Igri 品种和一些野生大麦材料。我们在大麦种植过程中，观察到大麦发生一种奇怪的病害，手机拍照后直接把图片发给体系植保专家后，很快就收到了老师们专业的防治建议。这样的例子还有很多很多，但是，我们总能依靠体系的力量轻而易举地解决。

　　国家大麦青稞产业体系还为我们青年科技人员在科研方向上提供了发展思路。大麦青稞是一个小宗作物，又受到国内国外两个市场的影响，在国外进口占有很高比例的情况下，我国大麦青稞产业的发展更具有重要的战略意义。大麦青稞是一个耐逆性强、分布广泛的作物，其遗传机制研究对于所有禾谷类作物具有很好的借鉴意义；对于我国西部边远贫困地区，大麦青稞种植对于当地经济发展，实施精准扶贫仍是大有可为；大麦青稞作为青藏高原地区藏族同胞的主粮，也突显了其对于藏区粮食安全和民族团结的重要作用。体系首席张京老师在体系会议上讲到，大麦的需求是多元化的，我们的研究就是要和生产上这种需求相对接，解决生产中的实际问题。作为国家大麦青稞产业体系成员，我们团队和我都和大麦已结下了不解之缘，目前我已晋升了副研究员职称，我会依托我们体系大平台，结合我们团队优势，围绕大麦青稞产业需求问题，潜心科研，努力做出一些创新性研究成果。

育种技术岗位科学家陆瑞菊团队　　陈志伟

（上海市农业科学院）

体系工作累并快乐着，忙并成长着

我是新疆维吾尔自治区农业科学院奇台综合试验站的一名青年科技人员。自参加工作以来，我一直从事啤酒大麦、青稞新品种选育及栽培技术研究。在加入国家大麦青稞产业技术体系以前，我们试验站从事大麦青稞科研工作的只有两人，每年只能申请一些自治区级的小项目作为经费支持，工作的重心是新品种选育，示范推广力度不够。我们试验站自 2011 年加入国家大麦青稞产业技术体系以来，中央财政每年为奇台综合试验站投入 50 万元研发和试验示范经费，基本可以保证我们在不申请其他项目的情况下能够安心科研。借助国家大麦青稞产业技术体系这个平台我受益匪浅，我有幸结识了一些从事大麦青稞科研工作的专家老师，也有机会实地观摩学习交流，不仅提升了自身专业技术水平，还开阔了视野。体系工作不仅推动了奇台综合试验站大麦青稞科研进展，还促进了新品种、新技术大面积示范推广，同时还团结稳定并凝聚了科技人员，意义很大。体系工作的任务也十分明确：围绕产业发展需求，集聚优质资源，进行共性技术和关键技术研究、集成、试验和示范，为政府决策提供咨询，为技术用户提供服务，为农民提供技术示范。

我认为，体系不是在实验室里的单纯做科研，也不是单纯的基层科技服务，而是两者有机地结合起来。既要"下得去"，到基层一线开展实地调研；也要"上得来"，凝练研究课题和方向；还要"坐得住"，找到可推广的技术解决方案，这与一般的课题项目是完全不同的。一般的科研项目，好比是"建桥墩"，解决的只是产业链上某个环节的问题；而体系就好比是"铺桥面"，将分散的桥墩连接起来，形成一条可以让产业发展起来、将科研成果集成起来的大路。体系不仅保证了每个产业的每个环节、每个区域都有相应的科技力量分布，也使得围绕同一目标开展分工协作成为可能，消除了技术支撑方面的"空白"和"短板"。同时，综合试验站的建立也确保体系成果能够快速、大面积地"落地生根"。

奇台综合试验站是新疆维吾尔自治区农业科学院下属的一个场站，主要开展麦类科研工作，与一些省级农科院和一些高等院校相比，我们的专业水平和设施条件有差距，这些年我们积极与内地一些专家交流学习，引进一些优异的大麦青稞种质资源，并实地交流学习，联合协作，也取得了一些成果。对我来说，感受最深的就是体系的考核方式。"以解决实际问题为核心"的评价导向，改变了科研一味追求论文、专利的状况，让科研更加符合实际，也激发了科研人员的创新热情。在考核方式上，体系采用首席科学家、岗位科学家、试验站站长共同测评评价模式，一年一次的总结，考核，末位淘汰制度，让每个人都充满了危机感，同时，这也是我们扎实工作的动力。

在李培玲站长的带领下，我逐渐成长起来了。她爱岗敬业，求真务实，不怕苦，不怕累，与农民朋友打成一片的精神深深鼓舞着我，我一定要向她学习。新疆地域辽阔，占地面积大，奇台综合试验站5个示范县相距较远，每次整个示范县跑一圈需要一周时间，每天在车上的时间占多数，尤其是冬天去科技培训，山路难走，有时车坏在路上，有时下雪封路，什么意外都遇到过，在李老师的带领下，我们迎难而上，克服了种种困难，只为把我们的工作做扎实，让农民能够增产增收。新疆哈密市巴里坤哈萨克自治县和伊吾县均为国家级贫困县，这两个县均为半农半牧县，农民生产条件及技术相对比较落后，种植水平低，田间杂草严重，农民收入低。从2016年开始我作为科技特派员到那里开展科技扶贫工作，在大麦青稞生育期间深入田间地头进行跟踪服务，给农民推广新品种、新技术，刚开始难度很大，农民根本不愿意投入成本，总是运用传统的种植模式。通过我们的不懈努力，终于得到了广大农牧民的认可，他们种植大麦青稞的积极性大大提高，种植水平也得到了提升。

虽然这几年我们的工作也取得了一点成绩，但我深知我们的工作中还有许多不足，以后我们会努力改进，争取把体系工作做得更好，主要从以下几方面做起：一是要提高思想站位。破除体系任务的专业界限，充分利用国家产业技术体系平台，时刻了解和掌握整个产业发展现状与趋势，不断拓宽知识面。二是要提升研究深度。要善于学习和掌握新的研究技术和方法，如在育种过程中，要注重学习和掌握基因编辑等前沿技术在育种中的应用。三是产业技术体系要成为绿色发展、绿色技术示范的引领者。要紧紧围绕绿色发展战略，抓紧研究制定节水、化肥农药减施、精量播种等方面的绿色栽培技术规程。四是产业技术体系要成为新品种、新技术、新装备应用示范的引领者。加强技术指导和服务能力，为农民增收打牢基础。五是产业技术体系要成为小农户、新型农业经营主体与市场对接的桥梁和纽带。通过技术推广，引导小农户成立专业合作社，引导农业企业成立产业技术联盟等方式，推动农业科技成果转化，促进农业健康发展。六是充分利用好国家产业技术体系的专家资源优势，促进奇台综合试验站与内地科研单位和专家的沟通交流。

奇台综合试验站　向莉

（新疆维吾尔自治区农业科学院）

我的体系工作七年

2011 年到 2018 年说长不长，说短不短，工作 7 年，几乎就是和大麦打交道。研究生时，我的老师是研究玉米的，我跟老师学了些玉米育种的相关知识，对玉米的栽培管理有过一些了解。工作后，我的工作主要是进行大麦新品种选育及配套栽培技术的研究、示范。虽然研究对象不同，还好农作物之间大抵是相通的。慢慢地也就按部就班地做着力所能及的工作，日子久了，也会想，我的工作有意义吗？我们的努力和付出值得吗？每个人在成长过程中应该都曾问过自己这样的问题吧，只是有的人找到了答案，有的人终其一生也不知道是为了什么忙忙碌碌。

大理州农科院是国家大麦青稞产业技术体系大理综合试验站的建设依托单位，我于 2011 年到农科院工作，开始慢慢接触体系的方方面面。从抱着试验数据记录本懵懂不知所措，到能独立完成工作，到学会理性思考，感触很深。

相较于水稻、玉米和小麦，大麦是很多人相对陌生的作物。经常会有人问我，大麦是什么？大麦这个作物有什么用？工作后，经常要到生产一线去，接触了很多山区的农民朋友，对云南尤其是大理周边山区农村的经济结构、农业生产情况做了些了解。在这些地方，我意外地发现大麦这个一度被认为比较小众的作物却有着很重要的地位。大麦具有早熟、适应性广、劳动力投入少、营养丰富等优势，面临可耕土地资源有限、农业生产条件差和劳动力偏老龄化的状况，山区农户通过种植大麦养牛养羊获取收入以维持家庭基本开支，种养结合的循环模式增加了土地附加值，收入也大大提高。大麦的生物学优势和营养价值在这里得以充分的利用，大麦种植面积稳步发展。截至 2018 年，大理州大麦种植面积达 4.89 万 hm^2，总产 19.7 万 t。在大理的弥渡、永平、鹤庆等地，大麦已成为人们生产生活中不可或缺的角色。

有需求、有困难、有方向是我对目前大麦产业发展的一个认识。农产品需求多元化是一种发展趋势，大麦有的被用作饲料，有的用来酿制白酒或加工成大麦茶等，每一种用途对品种、栽培管理都有不一样的要求，在云南"一山分四季、十里不同天"的气候条件下，这些要求尤为突出。所以，生产中经常会出现各种始料未及的情况，我们地州级的科研院所，人力物力不足，能力也有限，还好我们有个后盾，就是强大的体系平台，其实也就是体系里的大麦专家，这几年，体系里的人和事给了我很多帮助。

一、交流学习，开阔了视野

产业发展推进会、青年学术论坛、体系年底的述职考核，每年都有两到三次的机会让我们走出试验田，到全国各地交流学习。在育种新方向、种质资源收集、病虫害防治、农业机械、产业经济、基础研究等方面聆听行业里的专家传授经验，与崭露头角的中坚力量、默默无闻埋头研究推动产业发展的同行交流经验体会、探讨产业问题，到田间地头或生产车间现场感受农民与企业家们的困惑与担忧。

"采他山之石以攻玉，纳百家之长以厚己。"每一次走出去，都让我获益匪浅。在学习与交流的过程中，我们的工作被更多的人了解，我对大麦青稞产业技术体系的理念有了更清晰的认识、对大麦青稞产业的发展也有了更多思考。通过观察对比，我们认识到了自身的不足，对今后的发展方向也有了更准确的定位。去的地方多了、结识的人多了，一些曾经模糊的问题也就变得清晰起来、一些不曾留意的现象也会学着去关注。

二、携手合作，提高了效率

解决研究工作或生产中的问题，都需要不同学科、专业间的合作，体系这根线把各方面的优势力量牵引了起来。我自己是做育种的，所以在品种选育工作中的体会更多一些。一个农作物新品种的选育，不仅需要种质资源和遗传育种知识，还需要植物保护、生物技术、生理生化、土壤肥料、生态环境、数理统计及信息技术等不同学科的配合。由于缺乏相应的设施设备和人才，种质资源、生物技术、生理生化、信息技术等方面都是我们的短板。然而，我们的短板在体系中可以得到弥补。

过去，要想把选出的品种送出去做品质检测，对我们来说是件非常困难的事情，大麦青稞产业技术体系建成以后，要想获得这方面的帮助比过去容易得多，如今在品种选育的初期就可以请体系中的同仁来做，避免了选育出的品种不能满足品质需求的问题，而且还是免费的。近5年来我们通过体系平台收集到各地的优异种质资源 1 000 多份,极大地丰富了我们的种质资源库,为专用大麦品种选育提供了必要条件。此外,在病虫草害防控、农机农具的应用、产业经济发展等方面也都通过体系得到了专家们的指点和帮助。不同研究领域、不同管理体系、不同行政级别科学家间的大门似乎一下子就打开了。

三、良性竞争,激发内生动力

不论是岗位科学家,还是综合试验站,大家在加入之初,都是签订过协议的,规定了基础性任务、重点研究任务和应急性任务,都有相应的考核指标。有了任务,大家身上的担子也就更重了。在同一个单位,体系里的人和体系外的人工资待遇不见得有差异,但体系里的人却忙并快乐着。显然,这个群体里的人,不管是年长的还是年轻的,更多的是看重精神层面的东西,更看重自身价值的体现。

大理综合试验站是 2008 年首批遴选为国家大麦青稞产业技术体系试验站的,至今已有 10 年,从最初的建立,发展到现在,我听到站长说得最多的就是,压力很大。特别是像我们这样的地州级科研院所,内外都面临着很大的压力,在单位里,我们是人人羡慕的"国家队",经费有保障,同时也是监督检查的重点对象,工作中容不得半点马虎;在体系里,我们又只是众多试验站中的普通一员,工作不到位,没有自己的核心竞争力,随时存在着被淘汰的危机。然而,也正是这样的压力,激发了我们想做事的内生动力。

据说国家大麦青稞产业技术体系刚建立时,十个成员里就有九个是做育种的,研究方向的同质化比较严重。经过几年的调整,这样的情况已经有了较大改观,现在体系里研究病虫草害、农业机械、产后处理及加工的队伍比重已经有了增加。虽然很多试验站继续以育种工作为主,但关注的焦点也不仅仅是产量,而是考虑到底怎么做更能满足当地的需求,在育种方向上也各有侧重,有的人专注于饲料大麦品种选育,有的人倾向于做青贮大麦,有的人在尝试着做加工专用品种的选育。总之,大家都在根据当地的需求在调整,尽量地避免重复。

四、群策群力,推动产业发展

认真了解过农业的人就会明白,生产上的问题不是一个学科就能解决的,还可能涉及耕作栽培、病虫害防控、生产加工、质量安全等不同技术领域的知识。不久前，一个搞肉牛养殖的合作社负责人找到我，说是对大麦做青贮饲料很感兴趣，可是我们试验站并没有开展这样的研究，对于这样的应用技术听说过，也在文献上了解一些皮毛，可是并没有生产上的经验，我想到体系里有专家做过这方面的研究，通过体系通讯录很快联系上相应的专家，自己不擅长的生产问题也得到了及时解决。在过去，有类似的问题找到我们，我们尽量从品种上想办法，如果品种解决不了，也就无能为力。因为我们不知道能够去找谁，谁能提供可靠的技术支持。现在生产上遇到问题都可以在体系里找到相关领域的人来解决，如果一个专家解决不了，还有一群专家可以出来出谋划策。体系平台，让我们在生产一线工作时更有底气。

大家群策群力办实事的脚步不止于此，有的科学家或试验站站长想得更远，他们以大麦青稞饲料为桥梁，主动走出去，与做水产的、奶牛或肉牛的合作开展研究，把与大麦青稞相关的其他体系的人也联系在一起。现在的农业生产已不是单一作物或者单一产业独自发展的情况，现在的农业其实是一个大农业，是一个产业链式的农业。分散在全国各地各领域的农业科研人员，大家不分你我，不分体系内外，互帮互助共同为我国农业科技的进步、农业产业的发展努力，这是体系带给我们的最大转变。体系路上，我们任重道远。

大理综合试验站　刘帆

（云南省大理白族自治州农业科学技术推广研究院）

让高原上开出最美的青稞花儿

——参加体系工作的体会

青稞，也称裸大麦，具有生育期短，耐寒性强等特点，含有丰富的膳食纤维和营养元素，是世界麦类中 β-葡聚糖最高的作物。青稞是我国藏区的第一大作物、主导优势作物和藏区同胞赖以生存的主要食粮，也是酿造工业、饲料加工业的重要原料，在青藏高原有 3 500 年种植历史。青稞以其早熟、耐寒、耐瘠、抗逆性强等特点成为适宜甘南藏族自治州（以下称甘南州）高海拔地区生长发育的优势作物，是藏族群众在特殊环境和生活条件下不可替代的主要食粮，也是甘南州的主要粮食作物，种植面积和产量均居各类农作物之首。但在生产中存在着生产工艺落后、加工方式简单、标准体系不完善不健全等问题。要将资源优势转化为产业优势，使其走上产业发展之路，在高原上开出最美的青稞花儿。

甘肃省甘南藏族自治州农业科学研究所自 2017 年加入国家大麦青稞产业技术体系，我作为体系甘南综合试验站的团队成员，一名在基层工作多年的农业科技人员，心中激情澎湃，同时也对甘南州现代农业建设工作进行了深入的思考。根据党中央国务院关于继续坚持把解决好三农问题作为全党工作重中之重，进一步加大强农惠农富农政策力度，扎实推进现代农业建设，加快发展现代农业，增强农业综合生产能力，发展多种形式规模经营，构建集约化、专业化、组织化、社会化相结合的新型农业经营体系的号召和要求，有机地将甘南州现代农业建设现状与国家大麦青稞产业技术体系的工作目标结合起来，有以下几点体会：

一、加强农业基础建设，改善青稞生产条件

抓住党中央支持藏区经济社会发展的机遇，积极争取国家扶持和投资，集中投入到青稞产业的开发，加强青稞生产区域农业基础建设，加大优势产区高产稳产农田建设和主产区中低产田改造力度，提高土地生产和抗御自然灾害的

能力，提高青稞产区生产能力。现代农业建设，要求标准化生产、要求机械化生产，要求利用新模式、新技术，而这些条件，是我们传统意义上一家一户的小农生产模式不能解决的问题。在这种现状下，我们必须在依法维护农民土地承包经营权的基础上，适时引导土地流转工作，使土地等农业资源合法向有能力的经营大户集中，为农业规模化、机械化经营创造条件。在此基础上，发展标准化生产，逐步构建起集约化生产体系。

二、强化科技支撑，提高青稞生产能力

根据全州青稞生产的区域布局、基础条件等，依托现有县市农业科研和推广机构，建立健全良种繁育、技术推广、植保工程、农机服务和产品质量控制等青稞生产保障服务体系。加快青稞良种品种选育，培育青稞优良品种，按照市场需求，系统选育适合甘南州不同区域种植的优质、高产加工型青稞品种，扩大良种繁育面积，做到良种生产与推广面积协调发展，扩大青稞良种覆盖面。切实做好技术服务，制定青稞高产栽培技术规程，广泛开展青稞高产栽培技术培训，提高栽培技术应用水平，促进青稞生产。

三、落实生产政策，调动农牧民积极性

全面贯彻落实党中央关于发展藏区青稞生产的有关政策，广泛宣传青稞生产的有关政策，认真兑付青稞良种补贴、农资综合直补资金，财政、农业部门要加大补贴资金检查力度，保证各项补贴足额兑付，严禁截留、挪用补贴资金，充分调动农户发展青稞生产的积极性。做好青稞种植保险工作，做到应保尽保，及时做好受灾青稞种植保险的理赔工作，充分发挥农业保险的作用，进一步增强青稞生产抗风险能力，不断加快发展青稞生产。

四、加强产销对接，搞活市场流通

扩大青稞生产规模，提高生产水平后，加强产销对接是青稞产业连接市场的关键环节，要利用市场机制把千家万户的青稞生产与加工企业的原料供应连接起来，把生产出来的青稞转化为商品，大力发展订单农业、合同农业，对农户生产的青稞实行保护价收购，为青稞加工企业提供优质原料，解决原料供应的实际问题，使企业不断发展壮大，促进农业增产增效、农民增收，从而实现企业盈利、农民增收双赢。积极鼓励农民专业合作组织、青稞加工企业和农业

推广机构参与青稞收购，确保青稞产品的市场流通。

五、扶持产业发展，加大资金支持力度

财政每年安排青稞产业发展专项资金，专项资金随财政增收逐年予以增加，主要对青稞产业发展中青稞良种生产、技术推广等环节进行必要的支持，不断扩大青稞种植规模。加大对青稞产品加工龙头企业和农民专业合作社的支持力度，创新扶持方式，采取补助、贴息、奖励等方式，加大对青稞加工企业的扶持，引导和吸引金融资本、民间资本、外资参与青稞产业开发建设。对与农户形成青稞产、供、销利益联结机制环节进行支持，对青稞流通基础设施建设给予补助。

总之，加入国家大麦青稞产业技术体系之后，我感觉到建设现代农业，尤其是青稞新品种的选育、推广、开发任重而道远。作为一名基层农业科技工作者，我将在体系的指导下，统一思想，鼓足干劲，为扎实推进甘南州现代农业建设贡献自己的力量！

甘南综合试验站　郭建炜

（甘肃省甘南藏族自治州农业科学研究所）

致大麦青稞产业技术体系
那些最可爱的人

    农业农村部南京农业机械化研究所于 2017 年进入国家大麦青稞产业技术体系。我院朱继平研究员担任国家大麦青稞产业技术体系生产机械化研究室主任及生产机械化岗位科学家。首先我很感谢朱继平研究员的信任让我加入生产机械化岗位科学家团队，让我有机会接触到大麦青稞产业技术体系这个大家庭，让我有幸结识了一批为大麦青稞事业永远奋斗在第一线的优秀科研工作者——他们是我眼中最可爱的人。

    当初入选研究室时，我并不是很激动，觉得这只是给我增加工作量，没有什么其他感想，可能是自己对这个行业并不很了解吧，在陪同朱继平研究员调研后，我改变了我的想法。

    2018 年我陪同朱继平研究员到体系一个综合试验站调研，接待我们的站长年龄不大，与我想象中的科学家形象不太一样，个子不高，偏瘦，肤色偏黑，讲话声音低，语速不快，但是吐字很清楚，衣着很普通与我老家那里的农户很像。他带领我们参观了站里的农机库，介绍了常用的农机具，之后又带我们去试验田看看。在田边，他介绍了刚播的品种，谈论品种的优劣势。整个过程，他一直在谈着他的试验情况，基本没有重复的内容。我注意到在他说这些情况时，他的神情很放松很自然没有表现出一丝对枯燥的试验工作的不满情绪。后来，我向他的同事了解，他的待遇其实并不高，而且职称晋升也不是很顺利。这些对我们这些参加工作不久的年轻人来说是比较震撼的，大多数刚参加工作的年轻人更关心的是工资待遇、发展空间问题，面对娶妻买房等生活压力，很难静下心来做研究。可是在知道这位站长的情况后，我觉得应该重新思考我们的工作目的。科研人员的最终目的是出成果改善人们的生活，个人得失固然不可忽视，但这并不就意味着可以忘记我们从事科研工作的初衷。我想只有在认认真真地思考过后，才能保持真我之心持续进行科研工作。

    借助这次机会，我想再提一件事，这件事情也是发生在我们的调研过程中。同样是体系综合试验站的一位站长，他与我们乘车一起赶往位置比较偏远的试验田。那天的天气不太好，一直刮着大风，他盯着车窗外看了很久，突然说了一句"俺的麦子估计全趴下了"，当时没反应过来他说的意思，后来想想，他的意思是，他试验田中的大麦可能被风吹倒伏了。现在回忆起来，觉得这位站长除了挂着育种专家、试验站站长等头衔之外，其他方面其实和农民很像，一样的在田里干活，出门在外一样挂念地里的庄稼。也许从某种角度来说，我们就是农民，遵循农时，日出而作，日落而息。但究其本质我们不是农民，我们的工作是为了提高农民的生活水平。

加入体系短短两年遇到这么多有意义的事情，让我很庆幸自己当初是多么地幸运能够加入到国家大麦青稞产业技术体系这个大家庭中来。它让我零距离接触到了科研的意义，改变了我对体系工作的看法，更让我有幸认识了一批默默工作、奉献自己的科研人员。

生产机械化岗位科学家朱继平团队　陈伟
（农业农村部南京农业机械化研究所）

我与体系同成长共进步

一、我的工作起步

2011 年 7 月，我博士研究生毕业到安徽省农科院作物所参加工作，成为大麦青稞产业技术体系大家庭的一员。那一年是我取得博士学位刚满一年，由于博士期间我做小麦研究，当时对大麦青稞并不了解。

我所在的团队是大麦青稞产业技术合肥综合试验站，也是刚加入体系不久，很多工作处于起步阶段。工作之初，就面临着生产上大麦面积小的尴尬局面。冬季，安徽北部种植的基本全是小麦，中南部除了小麦、油菜等，剩下的大多是空闲田，而大麦只是零星种植。因此，如何开展工作是摆在我们团队面前的一道难题。

在体系各位专家的帮助与支持下，我们收集到 600 余份新的大麦种质资源，加上团队前期的工作积累，为大麦科研工作持续开展做好资源储备。按照体系任务要求，我们制定各项试验方案，认真组织实施，试验工作顺利开展。

然而，与以往科研工作不同的是，体系工作不仅要做好科研创新，还要了解本产业的发展动态，解决产业发展需求问题。我们深入农户、合作社、企业对大麦种植、生产、销售等情况进行调研，分析当前阻碍大麦产业发展的因素。在示范县，我们开展试验示范、技术培训，通过田间地头现场指导或电话咨询等方式解决大麦种植生产中遇到的技术问题。

经过两年的不断探索，我们已明确工作方向，将产业体系的工作任务与育种研究紧密结合，以生产问题为导向，促进新品种、新技术的研发。

二、感受体系组织管理与体系文化

国家大麦青稞产业技术体系是我国建设的 50 个现代农业产业技术体系之一，是执行专家组集体负责制，由体系首席、专家岗位与综合试验站构成，为保障体系研发任务顺利完成，设置了功能研究室，起督导等作用。对于我所在的合肥综合试验站来说，团队由试验站站长负责，成员 5～6 名，另有 5 个示范县，每个示范县 3 名科技人员。试验站按任务要求完成年度任务。

每个年度考评会是体系内最为重要的一次会议，既是对每个岗站年度任务完成情况的测评，又是岗站展示自己工作的机会，更是体系内科研人员交流的平台。自我加入体系工作以来，每次年终考评会我都参加，深切感受到体系工作取得的进步。无论是基础较好的东南部地区，还是相对薄弱的西部地区，尤其是自然条件恶劣的高海拔地区或偏远山区，大家都铆足劲为大麦青稞产业的发展贡献自己的一份力量。年终考评会又像是一次年度聚会，忙碌一年的科研人员们彼此相见时，如同春节亲人相聚，格外亲切。大家谈谈一年来的工作体会，将新问题、新思路或是好经验拿出来交流分享时，也不忘彼此问候保重身体。

除了年度考评会，还有区域内的岗站对接会、现场观摩会、青年学术交流会等。记得 2012 年，我们合肥试验站承办了一次规模较大的会议"中国作物学会大麦专业委员会第七次全国会员代表大会暨大麦产业发展研讨会"，参会人员近 200 人，我们团队全力以赴，精心准备，在各方的配合与支持下，保障会议取得了圆满成功。

通过岗站对接，全体系协调完成病虫草害调查、种质资源收集与共享、产业基础数据采集、小孢子单倍体育种技术服务、不同生态产区穿梭育种和南繁加代合作协助等，大麦青稞产业技术体系内形成了一种诚信守则、求真务实、科学民主、分工协作、精诚团结的文化理念。

三、开展科技创新与服务

科技创新是科研工作的核心，科技创新是科技服务的动力源泉。"十二五"以来，大麦青稞体系科技创新成果显著。大麦基因组图谱的绘制、育种目标性状的定位、重要性状基因的克隆、功能标记的开发，多元化、专用化新品种的选育，耕作栽培模式的革新、农牧结合技术的发展，大麦病虫草害防控体系的构建，营养功能的安全评价与食品加工技术的研发，等等。这些无不体现出从理论到应用，从品种到技术，从成果到产业各环节的科技创新。与此同时，体系的岗站专家密切关注产业发展动态，积极为政府决策提供服务。

在安徽，合肥综合试验站前期调研发现，早期农户种植大麦，主要是用作猪饲料或是调节茬口，存在品种老化、需求量小等问题，这种传统的一家一户利用方式正逐渐萎缩。同时，在调研中我们也发现，新型农业经营主体如种养大户、合作社等在养殖中对饲料的需求量极大，尤其冬春季青饲料短缺，导致饲料成本增加，产品效益下降。然而，大麦作为优质饲料作物，传统上主要用其籽粒，对其绿色植株用作青饲、青贮等饲草料价值知之甚少，限制了其应用范围。基于以上分析，我们确定了饲料大麦育种方向，并着手开展全株大麦饲用方法研究。

近年来，合肥综合试验站先后育成饲料大麦新品种"皖饲麦1号""皖饲2号""皖饲啤14008"，开展了刈割期、刈割次数对大麦饲草产量与品质的影响，比较了不同大麦基因型间、大麦与小麦间饲草产量与品质的差异，构建了一种大麦种养结合循环利用模式。在此基础上凝练成"大麦青饲（贮）种养结合生产技术"，经体系推介，连续两年入选农业农村部农业主推技术。

每个年度，合肥综合试验站都要在大麦生育期间对田间苗情、病虫草害发病情况等开展调查与技术指导，组织大麦专题或与地方高素质农民技术培训等活动相结合，进行大麦系列技术培训，发放技术培训手册、技术明白纸。与种养合作社、家庭农场等对接，介绍种养结合生产技术，召开现场观摩会，并建立了"安徽大麦人"微信群，为大麦种养殖户技术交流搭建平台。

四、与体系共成长

加入体系工作之前，研究生学习阶段主要是偏重基础性研究，大多工作都是在实验室完成的。进入体系工作后，研究视角需要逐步拓宽，不仅要关注自己的研究兴趣点，还要了解生产，解决生产实际问题。

每次去生产一线都有很多收获，发现的问题也不尽相同。渍害、冻害、草害、病害、播量偏大、整地质量差、排水差等，都是大麦生产中存在的问题。在与农户的交流中，了解到一些具体需求，这又进一步推动了我们的研究。比如，安徽省的羊养殖规模较大，冬春季青饲料短缺，导致饲料成本增加，羊肉品质难以改善。同时，安徽中南部地区存在大量冬闲田、抛荒地，小麦往往因播期晚难以安全播种，而大麦具备耐迟播、早熟、生长快等优势却未能得到发挥。经查阅资料后，发现国内相关饲草生产研究主要集中在少数牧草上，发酵饲料主要是青贮玉米，对于其他农作物用作饲草料相关研究基本属于空白。在团队专家的指导下，我重点承担全株大麦绿植体饲用技术的研究工作。

通过持续研究，合肥综合试验站建立了大麦绿植体饲草生产系列技术，大致分为两类：一是以单收饲草为目的，包括青草、干草、青贮；二是以饲草与籽粒双收为目的，前期收获青草，后期收获籽粒。相关的研究论文已陆续发表，一些成果已申报专利，也入选农业农村部主推技术。目前，该技术已在安徽省养殖户中取得成效，有效缓解了冬春季青饲料短缺难题，大大提升了养殖效益。

在去其他岗站交流学习时，我感受到生态类型间的差异，不同的土壤、不同的气候特征、不同的病虫草害及对大麦品种适应性的要求不同，生产中需要解决的问题也有差异。我也目睹了其他团队取得的成绩，也认识到交流与合作对当前科研工作的重要性。这些为我将来的科研工作积累了宝贵经验。

结语

转眼我在体系已工作八年，见证了大家齐心协力为大麦青稞产业体系的发展做出的巨大贡献。当前，农业生产结构正沿着种养一体化方向发生调整，为体系迎来了新的发展机遇。相信，大麦青稞的明天一定会更好！

合肥综合试验站　陈晓东

（安徽省农业科学院）

图书在版编目（CIP）数据

现代农业产业技术体系建设理论与实践. 大麦青稞体系分册 / 张京，李先德主编. —北京：中国农业出版社，2021.1

ISBN 978-7-109-27825-7

Ⅰ.①现… Ⅱ.①张… ②李… Ⅲ.①现代农业—农业产业—技术体系—研究—中国②大麦—农业产业—技术体系—研究—中国③元麦—农业产业—技术体系—研究—中国 Ⅳ.①F323.3②F326.11

中国版本图书馆 CIP 数据核字（2021）第 008288 号

现代农业产业技术体系建设理论与实践——大麦青稞体系分册
XIANDAI NONGYE CHANYE JISHU TIXI JIANSHE LILUN YU SHIJIAN——
DAMAI QINGKE TIXI FENCE

中国农业出版社出版

地址：北京市朝阳区麦子店街 18 号楼
邮编：100125
策划编辑：郑　君　马春辉
责任编辑：郑　君
版式设计：杜　然　责任校对：赵　硕
印刷：北京通州皇家印刷厂
版次：2021 年 1 月第 1 版
印次：2021 年 1 月北京第 1 次印刷
发行：新华书店北京发行所
开本：700mm×1000mm　1/16
印张：23.25　　插页：6
字数：430 千字
定价：80.00 元

◀ 大麦复种移栽
向日葵（巴彦淖尔）

▶ 大麦复种移栽西葫芦
（巴彦淖尔）

◀ 蒙啤麦 3 号生产示范
（巴彦淖尔）

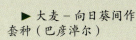

▶ 大麦－向日葵间作
套种（巴彦淖尔）

◄ 经济岗位和育种岗位科学家联合调研

► 产业经济与育种岗位科学家联合开展品种选育和生产成本调查

► 病害防控岗位科学家徐世昌研究员（右二）和栽培岗位科学家张凤英研究员（左二）进行大麦田间病害调查（海拉尔）

◄ 加工岗位科学家朱睦元教授（右二）和产业经济岗位科学家李先德研究员（左二）调研加工企业大麦利用情况

◀ 病害防控岗位科学家
蔺瑞明（右三）与海北综合
试验站站长安海梅（左三）
及团队人员一起，进行青稞
生产病害调查

▶ 大麦刈割青饲青贮试验
研究（合肥综合试验站）

◀ 大麦刈割青饲青贮试验
研究（合肥综合试验站）

▶ 大麦刈割青饲青贮试验
研究（合肥综合试验站）

◄ 饲料大麦新品种生产展示（合肥综合试验站）

► 粮草双高品种皖饲啤14008原种生产展示（合肥综合试验站）

◄ 海北综合试验站青稞示范基地

▲ 青稞生产技术培训（海北综合试验站）

▶ 指导农民化学除草（甘南综合试验站）

▲2016年奇台大麦植保丰产综合防控技术展示

▶保大麦 12 号生产示范

◀育种岗位科学家曾亚文（左一）随云南省领导赴西藏考察

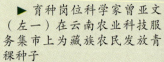

▶育种岗位科学家曾亚文（左一）在云南农业科技服务集市上为藏族农民发放青稞种子

► 云南省师宗县彩云镇——烟后旱地大麦云饲麦 3 号生产示范

◄ 奇台综合试验站科技人员田间测产

► 奇台综合试验站组织田间试验示范观摩

◄ 病害防控岗位科学家蔺瑞明在青海省开展青稞病害调查

◀ 大理综合试验站开展技术培训

▶ 大理综合试验站大麦品种生产示范

◀ 石河子综合试验站齐军仓站长（右二）开展大麦水肥一体生产技术指导

▶ 石河子综合试验站大麦水肥一体生产技术培训

▶ 育种岗位科学家
孙东发教授（左四）
开展田间技术培训

▲体系岗站新品种选育与生产示范交流（武汉综合试验站）

▶ 体系首席科学家张
京（中）和栽培岗位科
学家张凤英（左一）在
大麦青贮青饲生产现场
（山东商河县）

▶ 大麦青贮青饲生产

▲ 体系首席科学家张京（左四）与成都综合试验站站长冯宗云（右五）到四川凉山州调查饲料大麦生产

▲ 国家大麦青稞产业技术体系举办内蒙古大麦生产技术交流

▲ 育种技术岗位科学家黄剑华（前排右六）团队开办单倍体育种技术培训

▲ 大麦青稞产业技术体系"十二五"工作总结考评会议合影（四川农业大学）

◀ 体系岗位科学家李作安研究员提供品种与加工企业开展啤酒原料生产示范

▶ 时任农业农村部余欣荣副部长（右一）到青海省农林科学院调研，听取青海省农林科学院副院长、国家大麦青稞产业技术体系青稞育种岗位专家迟德钊研究员（右二）汇报青稞科研情况

▲ 国家大麦青稞产业技术体系"十三五"启动会议合影（四川康定）